## 版权声明

MELANIE KLEIN TODAY: DEVELOPMENTS IN THEORY AND PRACTICE, VOLUME 1: MAINLY THEORY by ELIZABETH BOTT SPILLIUS

Copyright © 1988 General introduction and introductions to parts: Elizabeth Bott Spillius

Individual articles: the authors or their estates

This edition arranged with The Marsh Agency Ltd.

Through BIG APPLE AGENCY, LABUAN, MALAYSIA

Simplified Chinese edition copyright © 2023 China Light Industry Press Ltd. / Beijing Multi-Million New Era Culture and Media Company, Ltd.

All rights reserved.

保留所有权利。非经中国轻工业出版社"万千心理"书面授权，任何人不得以任何方式（包括但不限于电子、机械、手工或其他尚未被发明或应用的技术手段）复印、拍照、扫描、录音、朗读、存储、发表本书中任何部分或本书全部内容，以及其他附带的所有资料（包括但不限于光盘、音频、视频等）。中国轻工业出版社"万千心理"未授权任何机构提供源自本书内容的电子文件阅览、收听或下载服务。如有此类非法行为，查实必究。

# MELANIE KLEIN TODAY
## Developments in Theory and Practice
### VOLUME 1: MAINLY THEORY

# 当代克莱因
## ——第一卷 理论发展篇——

[英] 伊丽莎白·博特·斯皮利厄斯 (Elizabeth Bott Spillius) / 主编

张真 秦琳 / 译

中国轻工业出版社

图书在版编目（CIP）数据

当代克莱因. 第一卷，理论发展篇 /（英）伊丽莎白·博特·斯皮利厄斯主编；张真，秦琳译. —北京：中国轻工业出版社，2023.12
ISBN 978-7-5184-4212-6

Ⅰ.①当… Ⅱ.①伊… ②张… ③秦… Ⅲ.①精神分析-文集 Ⅳ.①B84-065

中国版本图书馆CIP数据核字（2022）第236871号

责任编辑：刘　雅
策划编辑：阎　兰　刘　雅　　责任终审：张乃柬
责任校对：刘志颖　　　　　　责任监印：吴维斌

出版发行：中国轻工业出版社（北京东长安街6号，邮编：100740）
印　　刷：三河市鑫金马印装有限公司
经　　销：各地新华书店
版　　次：2023年12月第1版第1次印刷
开　　本：710×1000　1/16　印张：25.25
字　　数：270千字
书　　号：ISBN 978-7-5184-4212-6　定价：128.00元
读者热线：010-65181109，65262933
发行电话：010-85119832　传真：010-85113293
网　　址：http://www.chlip.com.cn　http://www.wqedu.com
电子信箱：1012305542@qq.com
如发现图书残缺请与我社联系调换
220044Y2X101ZYW

# 推荐序一

当秦琳向我提出让我为这套译著写点什么的时候,我浮想联翩。

首先呈现出来的是那些年我在塔维斯托克求学时每周痛苦地去参加理论课的经历。塔维斯托克的教学秉承比昂的理念,叫作从体验中学习,完全不是我过去上大学时读课本、背理论的那一套经验。在塔维斯托克,上课前大家要先回去阅读指定的文献,上课时再针对讨论的主题自由漫谈。我花了好长时间才适应这种教学方式,而等我接受了这种方式后,突然发现,再回到中国去授课,又完全不适应了。很多学生对我讲的理论课有很多抱怨,他们觉得我在课上思维散漫、不知所云。这给我带来了很多创伤性体验,我最终决定,尽量不去讲授理论课。

扯远了,如果这是一篇高考命题作文,那我的这段文字显然文不对题、语无伦次,不要说拿到高分,甚至连及格都有问题。

我其实想要表达的中心思想是,我在塔维斯托克上理论课时,《当代克莱因》(*Melanie Klein Today*)这套书是必读的,是要翻来覆去读的,是要被翻烂好几遍的。每次上课讨论这套书的相关内容,大家都坐在教室里自由联想。有人抱怨作者们描述的案例片段都是那么经典、他们的诠释如此精准,大师的水平让我们这些平庸鼠辈感到遥不可及。有人联想到自己和分析师的工作,调侃、比较分析师的诠释和大师的差距,顺便平复一下自己内心羡慕、嫉妒的情绪。有人直接攻击克莱因,拿出很多今日反克莱因学者的论点论据,说着和相关章节根本无关的理论解读。每每一个半小时下来,我这个中国人——英语不好又抓不到重点——都要云里雾里地走出教室,想到辜负了祖国人民的重托,异乡求知而不得,一头撞死的心都有。

我在这样的"浸泡"下，在塔维斯托克待了9年。你要让我今天闭上眼睛来说说《当代克莱因》这套书讲了点什么，哪些是当代最著名的理论更新，其亮点重点是什么，我怕只能依稀记得又实在无从说起。于是，我决定放弃将一章一节的理论总结作为这篇序言的主体内容，我想把还留在脑子里的对这套书的感受和理解呈现给大家。

《当代克莱因》，重点在于"当代"两个字。

没有一个理论是一成不变的，只有与时俱进的理论才最具有生命力。当代的克莱因理论学者，都是在继承、发扬、挑战、否定和创新的过程中，推动着克莱因理论的进步。我希望每一个阅读这套书的读者，都可以理解这点。也希望每一位读者都加入这个队伍，你也是当代克莱因理论的继承者、发扬者、挑战者、否定者和创新者。

中国文化强调尊老，西方文化注重爱幼。这是一个硬币的两面。我们中国人需要留意，如果过分强调尊老，就容易忽视自己作为学生的创新力量。我们的文化里，大家争先恐后地要当老人，为人师表，这样可以把自己放在能够一锤定音的位置上（在这里，精神分析大有可谈之处，暂且不表）。而《当代克莱因》给我留下的最大收获是，权威可以被挑战、攻击甚至否认。这其实也是克莱因本人一生都在做的一件事情，她口口声声宣称自己是弗洛伊德的继承人，但提出了很多和弗洛伊德背道而驰的理论。

我希望中国读者在认真阅读这套译著的时候，一定不要把这些理论奉为神明，过于教条的、机械的全盘接受只有死路一条。当然，全盘拒绝接受、自说自话、自以为是也不是当代克莱因的精神。

希望有一天，我们中间还有学者可以写出一本叫《当代中国克莱因》的著作！

王　虓

## 推荐序二

如果要找一本（套）书能够既代表梅兰妮·克莱因之后的克莱因学派发展的整体面貌，又显示克莱因学派后续发展的主要方向，那么《当代克莱因》无疑是最好的书籍之一了。该套书英文版首版印刷于1988年，反映了克莱因思想逐步成熟以后克莱因学派在理论和技术领域的重要发展。哪怕从今天来看，依然让我们在克莱因学派的种种著作中，得以一窥克莱因学派发展的脉络与轨迹，洞见这棵枝繁叶茂大树的主干。

梅兰妮·克莱因本人的思想发展自然有其逐步成长、成熟的过程，克莱因学派同样如此。本书的作者多是克莱因最重要的学生、被督、被分析者等，如罗森菲尔德、西格尔、约瑟夫、比昂等人——他们受教于克莱因思想的成熟时期，有着共同的思想来源，又如此忠实于自己的临床，极其富有创造性地发展了克莱因一系列重要的思想。从20世纪五六十年代开始，到20世纪80年代，他们的思想显然相互启发，又各有拓展。在无意识幻想、偏执-分裂位、抑郁位、象征、嗜知（epistemophilic）本能、投射性认同等一系列重要概念的基础上，发展出影响巨大的理论假设。

本套书的主编伊丽莎白·斯皮利厄斯（Elizabeth Spillius）熟知克莱因学派思想内在的变迁，抽丝剥茧、直指核心，在理论方面提炼出四个最重要的部分（这构成本套书第一卷，即本书的内容）：和精神病人工作、投射性认同、思考以及病理组织。

对于上述四个部分的探索，将我们的目光带向人类个体心智发展的最初阶段。在精神分析的病理观上，将不同的病理结构的固着点与特定的人格发展阶段相关联，一直是重要的理论构建模式。克莱因学派对人类个体早期发展的假设得益于儿童精神分析，以及在克莱因的假设基础上与精神病、边缘人格的开拓性工作，这些工作不仅仅印证了梅兰妮·克莱因的理论假设，更是做了进一步的推动与发展。分析工作不仅包括识别精神病性焦虑、防御组织，并与之工作，也包括与被诊断为具有精神病性人格、边缘性人格等被传统精神分析视为不能分析的群体进行工作。尤其重要的是，对投射性认同、思考、象征形成等一系列议题的探讨，使我们对于人如何发展成为人有了可能的想象和假设，而这些在今天使我们有可能理解极其困难的个案的内在世界，成为和他们工作的重要理论依据。约翰·斯坦纳所提出的病理组织概念涵盖了早前的自恋性组织、防御性组织等概念，在偏执-分裂位、抑郁位之外界定了一种结构化的病理组织，对于一些病理现象，包括自恋、边缘状态、施受虐、倒错、成瘾等背后的结构做了清晰描述，同样为临床干预提供了理论依据。

《当代克莱因》是我常常翻阅的专业书，不管间隔多久，再次阅读总是会有新的启发。幸运的是，我们现在有了简体中文翻译版本。我们都知道，一本好的精神分析专业书籍的翻译，外文功底只是一个初步要求，有相应的临床实践和理论功底更为关键，最后还要有能力使用恰当的中文将之表达出来。本套书的两位主要译者我都非常熟悉，她们在心理动力学临床领域深耕多年，更有着克莱因学派的理论与实践基础，她们能够翻译这套书，实在是一件大大的好事。相信读者也会从阅读中不断受益。

姜启壮

# 译者序

《当代克莱因》共两卷，是一套精神分析克莱因学派的经典文献集，收录 20 世纪中后叶多位克莱因学派学者的重要贡献，其中的讨论涉及精神病性人格部分，投射性认同，病理组织，对成人、儿童的精神分析临床工作，技术的发展，以及克莱因学派理论在其他领域的应用等。本书是第一卷，以理论发展为主。

有幸翻译这套专著是源于 2021 年年初我和几位朋友的一次讨论。随着咨询经验的积累，我们都不约而同地意识到唯有具有准确清晰的理论知识，秉承精神分析的工作态度，才能伴随来访者冲破重重迷雾，获得稳定、长期的改变；而克莱因学派丰富而极富活力的理论深深地吸引着我们。同样的价值认同激发了工作热情，在机缘巧合下，我和我的同事秦琳从中国轻工业出版社"万千心理"接下了《当代克莱因》这套专著的翻译工作。另一位同行欧麟以往也在积极参与克莱因派理论的学习理解和讨论，听说本书的翻译之后，表达了浓厚的兴趣，并参加了其中一章的翻译工作。翻译过程令人兴奋又疲惫，激发感想颇多，学习颇多，其间特别感谢本套书简体中文版编辑刘雅的支持和鼓励。

在这篇译者序中，我们想跟读者分享我们对于翻译本书时涉及的个别专业术语的一些讨论。相信本书读者在精神分析的阅读与学习中一定也时常体会到，思维和语言差别带来的困惑与隔阂感。希望以下这些讨论可以对读者理解书中文字有些帮助。

**投射性认同（projective identification）** 林涛老师在简体中文版的

《伴侣心态》(A Couple State of Mind)* 中推荐将这个词翻译为"投射认同",并在译者注中进行了解释。我同意林涛老师指出的投射与认同之间是顺序关系,认同是终点。不过我感到投射认同这个说法过于提高了投射过程在这一概念中的分量,有与认同并列的感觉,削弱了认同作为终点的分量。将投射保持为属性的表达,更有利于将这一过程的重点保持在认同上。

**自身(self)** 将 self 翻译成自体,是自体心理学派自有的定义,在此之前,它在英文里面是一个日常用语,相当于我们说"自己",是一种天然的、抽象存在的被描述对象。随着精神分析临床理论在不同国家和文化背景下的发展,哈特曼(Hartmann)、雅克布森(Jacobson)等人使用 self 时,这个单词开始被凝聚出一些特定含义。然而在克莱因本人及其追随者的语境中,我们发现这些特定含义并不存在。因此在本书大多数语境中为了特意区分这种理论发展脉络,采用了更接近日常用语一些的译法,即"自身"。在个别语境里,比如病人和分析师的口语表达中,则采用了"自己"这样最接近口语的译法。

**内射(introjection)** 这一术语在精神分析书籍中曾有内射和内摄两种翻译。在零星场合有"内投"的译法,我们认为这种译法的内在逻辑和"内射"是接近的。

费伦齐(Ferenczi)首先将这个术语使用在精神分析当中,弗洛伊德首次将其表述为一种自我机制,"呈现在它面前的客体是快乐的源泉,它把这些客体吸入自己之中,内射了它们……"(摘自《内化》北京大学医学出版社)可见内射的动力在主体内部。中文中"摄"表现的是主体把外部事物吸取和捕捉到内部的过程,如"摄取""摄人魂魄"等说法;而"射"表现的是开弓放箭,主体把持有的某种事物投到远处,例如"射

---

\* 本书简体中文版已由中国轻工业出版社出版。——译者注

箭""放射"等。如果说内射的动力在主体内部，那么"内摄"更符合术语的意思。

然而从另一个角度考虑，在客体关系语境下，当内射发生时，被吸取回主体内部的是主体的一部分，而非纯粹的外部事物。这一点对于客体关系理论是相当独特而重要的考虑。从这个意义上讲，"内射"更能突出主体与其操作的那一事物之间的关系。而且，正是出于这个原因，introjection 和 projection 在拼写上存在着对应，"内射"和"投射"的译法具有更好的呼应。在这两个用词中斟酌一番以后，我们选择使用"内射"，虽然损失了一些主体动力的感觉。

**涵容、容纳（contain）** 在克莱因学派思想概念中，contain 一词具有非常核心及重要的位置，这个词在英语中本身的意涵也是非常有趣的。大部分读者会首先注意到的是容器（container）和容纳（contain）的含义。容器之所以可以具有容纳的功能，是因为它有壁，能够阻止内容物向外蔓延的趋势。在分析和治疗中，分析师或咨询师由于能够理解和消化病人想要放到自己身上的一些痛苦部分而允许病人这样做，这对病人很重要，是因为它提供的机会让病人的痛苦得以遏制，病人的困难不会成为两个人的困难，而是立即得以转化。在本书中，不同作者的文章以及同一篇文章的不同语境中，contain 的意思有着精细的不同，当意思偏向转化多一点的时候，我们用涵容来翻译它，当意思强调接受多一点的时候，我们使用容纳，希望能足够准确地传达上下文的意涵。

**具象化（concrete）** 本书在多篇文献中都提到 concrete 一词，特别是在一些与象征过程和精神病性问题有关的文章中，识别 concrete 的行为和表现具有重要意义。这个词在以往的翻译中通常翻译为具体化，但这一翻译始终让人感觉无法表达术语的含义，还会造成一些误解。在训练咨询师的过程中，老师经常要求学生邀请来访者具体谈一谈他的情况，这个技术在一些教材中被称为"具体化"，但这与 concrete 表达的不是一个意思。concrete 的具体是与抽象相对的具体，而中文的具体更多时候是与概括相对、更多细节的意思。基于以上考虑，我们把 concrete 翻译为"具象化"，与抽象化相对应。希望能传达这个重要专业概念的含义。

**妒忌（envy）** 在克莱因学派的讨论中，envy 有着特指的意义，与日常语境中的含义截然不同，在中文中并无直接对应的固定表达。它并非一种情感，而是对于自身脆弱和依赖的一种互动反应，带有需要抚养者遏制它的压力。此前有翻译为嫉羡的先例，我们经过讨论，感到妒忌能够基本传达 envy 的含义和情感色彩，于是不再采用新创词；并将 jealousy 相应地翻译为嫉妒，但在本书中出现并不多。

以上是我们对这几个术语的理解以及对其译法的简单说明。读者可能会有自己的认识与见解，欢迎讨论和指正。最后，再次感谢出版社和编辑的信任，感谢翻译小伙伴们的支持。

张　真

# 致　谢

在此感谢梅兰妮·克莱因信托基金会，他们的慷慨资助使我们可以编写本书，并感谢许多同事的帮助，特别是贝蒂·约瑟夫（Betty Joseph）小姐、汉娜·西格尔（Hanna Segal）博士和埃德娜·奥肖内西（Edna O'Shaughnessy）夫人，他们给予了细致入微的建议和协助。

我还要感谢吉尔·邓肯（Jill Duncan）女士和简·坦伯利（Jane Temperley）女士，她们在参考文献方面提供了帮助；感谢詹妮弗·杰尼斯（Jennifer Jeynes）女士和我的女儿西西发·斯皮里厄斯·米特坡洛（Sisifa Spillius Mitropoulou）女士，她们耐心地将经过显然无数次修改的手稿和参考文献敲打成电子文稿。

我还要感谢以下允许我转载版权资料的单位和人士：《国际精神分析杂志》（*International Journal of Psycho-Analysis*）、弗朗西斯卡·比昂（Francesca Bion）夫人、贝蒂·约瑟夫小姐、洛蒂·罗森菲尔德（Lottie Rosenfeld）夫人，以及在该杂志上发表论文的几位作者（第1部分：第1—3章；第2部分：第4—5章、第7章；第3部分：第9—10章；第4部分：第12—18章）；杰森·阿伦森（Jason Aronson）公司和汉娜·西格尔博士（第3部分：第8章）；杰森·阿伦森公司（第4部分：第11章）；爱思唯尔（Elsevier）科学出版社和医学文摘以及洛蒂·罗森菲尔德夫人（第2部分：第6章）。原始出版物的全部细节在每篇论文的标题下给出。

# 目　录

总引言 ·············································································· 001

## 第1部分　对精神病性病人的分析

引言一 ·············································································· 011

第 1 章　关于一名急性精神分裂症病人超我冲突的精神分析说明
（赫伯特·罗森菲尔德）············································· 015

第 2 章　精神分裂症病人的抑郁（汉娜·西格尔）···················· 055

第 3 章　精神病性与非精神病性人格的区分（W.R. 比昂）······· 065

## 第2部分　投射性认同

引言二 ·············································································· 087

第 4 章　对联结的攻击（W.R. 比昂）····································· 093

第 5 章　肛门自慰与投射性认同的关系（唐纳德·梅尔泽）······ 111

第 6 章　对精神病状态精神病理学的贡献：投射性认同在精神病病人的自我结构和客体关系中的重要性（赫伯特·罗森菲尔德）·································································· 127

第 7 章　投射性认同——一些临床方面（贝蒂·约瑟夫）········· 151

## 第3部分　关于思考

引言三 ······················································································· 167

第 8 章　关于象征形成的说明（汉娜·西格尔）···························· 175

第 9 章　思考理论（W.R. 比昂）················································· 195

第 10 章　早期客体关系中的皮肤体验（埃斯特·比克）················· 205

## 第4部分　病理组织

引言四 ······················································································· 213

第 11 章　边缘病人中的分裂现象（亨利·雷伊）·························· 221

第 12 章　恐怖、迫害和恐惧——对偏执性焦虑的剖析

（唐纳德·梅尔泽）······················································ 251

第 13 章　精神分析中生死本能理论的一种临床方法：对自恋攻击性

方面的研究（赫伯特·罗森菲尔德）······························ 261

第 14 章　残忍与心灵皱缩（艾瑞克·布伦曼）···························· 281

第 15 章　自恋组织、投射性认同以及认同行动的形成

（莱斯利·索恩）·························································· 299

第 16 章　对防御组织的一例临床研究（埃德娜·奥肖内西）········ 323

第 17 章　濒死成瘾（贝蒂·约瑟夫）········································· 345

第 18 章　病理组织与偏执 – 分裂位和抑郁位之间的相互作用

（约翰·斯坦纳）·························································· 359

总引言及其他引言材料中的参考文献·········································· 379

图书采购：13811556948（微信同号）

/ 专业图书，陪伴您的专业成长 /

易为微店 万千心理微信公众号

# 总引言

伊丽莎白·斯皮利厄斯（Elizabeth Spillius）

《当代克莱因》意在介绍和讨论一组论文，这组论文阐述了梅兰妮·克莱因（Melanie Klein）的概念和阐释的发展，这些论文由她的同事和追随者在过去30年里写就。

在这篇总引言中，我将以非常概要的方式来浏览克莱因追随者工作中的某些主题。然后，其中一些主题将在本书后续章节中进行更详细的讨论。对于这些更详细的讨论，我挑选的是那些特别地激发了克莱因的同事们并使他们通过新研究来延展和推进其原有阐释的主题。

《当代克莱因》的第一卷（即本书）主要关于理论，涉及四个主题：对精神病性病人的分析、关于投射性认同的工作、思考理论的发展，以及关于精神病理组织的新想法。第二卷介绍的论文主要关于临床和应用方面的实践：技术、成人病人的临床描述、儿童分析以及克莱因学派思想在其他领域和学科中的应用。虽然我觉得以这种方式将理论论文和临床论文分开很方便；但这种分开不可避免不太自然，特别是作为克莱因学派传统的一部分：即使论文的主要目的是对理论做出贡献，临床材料也应该是论文讨论的重点。我希望思想和证据之间的互动能在这些论文本身中得到充分体现。

因为我是根据主题而不是根据作者来选择论文的，所以许多重要的论文和一些作者没有被包括进来，因为他们没有写过所选主题的论文。我进一步限制了讨论，几乎完全局限于克莱因学派思想在英国的发展，排除了其在北美、南美和欧洲大陆的使用。我主要关注的是20世纪

50年代以来的工作，因为当时克莱因的同事们的重要论文已经在著名的《精神分析新方向》（*New Directions in Psycho-Analysis*，克莱因等人编纂，1955）一书中集结发布。在大多数情况下，我默认读者对克莱因本身的工作是熟悉的。原始文本见于《梅兰妮·克莱因著作选》（*The Writings of Melanie Klein*, 1975），汉娜·西格尔对克莱因的工作也做了全面介绍（Segal, 1964a, 1973）。

贯穿克莱因所有著作的一个重要经验是，它是在研究和治疗儿童的过程中开始的。这是基础。这使她的工作具有一种特殊的直接性；它鼓励并充分利用了她在把握无意识幻想的意义方面的天赋。同时，克莱因从未忽视过一名儿童是一个整体，是一个与难以驾驭的力量斗争着的人，而非一组幻想和心理机制。与儿童打交道的临床材料给了她成套丰富的事实来解释，并引导她最终孕育出新的理论。然而，理论建设本身从来不是克莱因的目的。它是一种手段，目的是为了更好地理解在对病人（不论是成人还是儿童）的工作中所发现的事实。

克莱因的同事和追随者受到她态度的启发，并试图遵循她的基本方向。她发起的许多工作路线得到了探索和进一步发展；另一些工作路线得到了完善和填补。某些新的临床事实得以发现，特别是在治疗精神病病人方面的，而导向了新的构想。但她的基本方向和阐释仍被保留了下来。

事实上，克莱因的一些最重要的概念虽然一直被用到，却几乎没有被她的追随者改变或发展。她对无意识幻想、内部客体和内心世界的特别看法，她对本能理论和客体关系的定位，她对死本能和妒忌的看法，以及她关于防御的许多工作都属于这一类。这些观点受到了非克莱因分析师的批评，但克莱因学派分析师认为它们有效且有用，也许是因为这些观点在后来的工作中没有太多修改，所以没有人觉得有必要就它们进行大量写作。克莱因学派的分析师发表的关于这些主题的论文，是为了阐述目前使用的克莱因观点，而不是为了扩展或发展它们。

例如，克莱因从弗洛伊德（Freud）对无意识幻想的几种用法之一发展了自己的想法。她把它扩展为指本能的精神表象和无意识心理过程的主要内容（Isaacs, 1948）。克莱因展开了这种无意识幻想的观点，主要是因为她发现她所分析的儿童有激烈的攻击性和爱的幻想，这些幻想是强烈焦虑的来源。她对这些幻想的生动性和身体的具象性以及它们所表达的冲突的强度印象深刻。她强调无意识幻想的心理现实，强调无意识中爱与恨的冲突，强调焦虑是自我面临的主要问题，强调情感和观念一样都是重要的无意识内容，强调通过特定的无意识幻想表达的那些防御机制——所有这些关于无意识幻想的观点都为克莱因的追随者所接受和使用，甚至成为默认共识。值得注意的是，自从艾萨克斯（Isaacs, 1948）的原创性论文的写作和讨论之后，相对来说很少有人专门写这个话题，尽管这种观念是每个克莱因学派者日常工作的基础（特别见 Segal, 1964b; Joseph, 1981）。

克莱因的理论同时是一种本能理论和一种客体关系理论。同弗洛伊德一样，她认为个人是由生与死的本能驱动的，但她从不谈论本能本身或将本能从客体脱离；它们本质上是依附于客体。因此，尽管克莱因学派对客体本身作为目标的书写相对较少，但是他们认为客体关系是他们取向的根本。但（见 Riesenberg-Malcolm, 1981b）人们会惊讶地发现，克莱因及其追随者的工作有时竟然被认为不是一种客体关系理论，这大概是因为克莱因强调本能及其在幻想中的表达同时具有重要性。

因为在克莱因看来，本能本质上是依附于客体的，只要有任何形式的心理活动，与外部客体的关系就会被当成无意识幻想的焦点。克莱因假设个人在出生时就有一个基本的自我，具有感受焦虑的能力，并试图在心理上做一些事情来抵御焦虑。同样地，她假设新生儿有初步的能力与外部现实中及幻想中的客体发生联系，不过她也明确指出区分内部和外部的能力最初是非常有限的（M. Klein, 1942）。通过幻想中投射、内射和认同的不断运作，一个由客体和自身组成的内心世界就建立起来了，它终生都被用来赋予外部世界的事件以意义。

克莱因在临床上使用死本能的概念比弗洛伊德更多，并认为体质性（与生俱来的）妒忌是其最具破坏性和最难解决的形式，这构成了她最后一部主要理论著作《嫉羡和感恩》(*Envy and Gratitude*, 1957) 的主题。特别是在 1969 年举行的关于这个主题的研讨会上，她关于体质性妒忌的观点受到了英国精神分析协会中非克莱因学派的批评，但克莱因的追随者继续感到这个概念对他们的工作至关重要。很少有专门关于这个概念的论文（但见 Segal, 1973，第 4 章；Joseph, 1986），尽管它被广泛使用并出现在几乎所有其他主要议题的讨论中。

克莱因对精神分析理论的重要贡献是她对偏执 – 分裂位（paranoid-schizoid position, P/S）和抑郁位（depressive position, D）的表述（M. Klein, 1935, 1940, 1946; Segal, 1973）。有时人们会说，尽管克莱因作为一个临床医生很出色，但她不是一个理论家（Meltzer, 1978; Mitchell 1986），这种观点忽略了一个事实，即她对偏执 – 分裂位和抑郁位的理论表述从根本上改变了许多分析师对心理发展和功能的看法，并影响了许多人的观点，包括许多非克莱因学派者。这些概念已被证明是伟大的开创性表述，成为许多后续工作的起点和灵感。

克莱因认为，抑郁位是一种典型的焦虑、防御和客体关系的组合，通常在婴儿三到六个月大时开始出现，但在整个生命中持续，不会完全解决。所有克莱因学派分析师都发现这个概念是他们工作的基础。克莱因描述了抑郁位的独有特征，即部分客体整合而形成了整个客体，以及个人痛苦地认识到其爱与恨的感觉是针对同一个整体客体的。关心客体这一主题是该思想的核心。克莱因的同事们保留了这些特征，但在研究精神病病人、边缘性病人和非常妒忌的病人时，使用这一想法的方式表现出人们逐渐越来越强调，认识到客体的分离性和独立性是抑郁位的另一个标志。对思维和艺术事业的研究也表明，在抑郁位、象征性思维和创造力之间存在着非常密切的、实际上是本质性的关系（Segal, 1952, 1957, 1974）。

克莱因作品中最引人注目的特点之一，尽管从某种意义上说是一个表面上的特点：她将解剖学上的部分客体作为婴儿和无意识最早关注的客体，特别是乳房和阴茎。她的依据是这些部分客体在小孩子的思维和游戏中具有的重要性，以及它们在大龄儿童和成年人的无意识中的持续重要性。她认为这种重要性的基础在于，乳房是婴儿对母亲最初体验的焦点，因此在某种意义上就是母亲本身，并在实际上被用作母亲的代表。出于《当代克莱因》第二卷中技术部分所讨论的一些原因，一些克莱因学派分析师在使用解剖学上的部分客体的语言去构成诠释时，开始更为谨慎。

但这种变化不只是在术语方面。而是从结构逐渐转向功能的变化，也就是说，我们从关于解剖上的部分客体的想法，转到关于心理上的部分客体（这是埃德娜·奥肖内西向我建议的措辞）的想法，以及从主要关于它的物理结构，到更多是关于部分客体的功能。看见、触摸、品尝、听见、嗅闻、记忆、感觉、判断和思考的能力，无论是主动的还是被动的，都被归结为并被感知为是与部分客体有关的能力。从某种意义上说，以解剖学上的部分客体来思考（虽然是小孩子一开口就能清楚表达出来的内容），但其实可以被认为是一种相对高级的概念，其中各种部分功能被汇集到一起，形成一套整体的具有物理解剖结构特征的集合。如今，克莱因学派分析师在他们的临床工作中关注的是功能而不是解剖学上的部分客体，而且诠释至少在一开始很可能是以功能而不是解剖结构的语言来表述的；与克莱因的投射性认同概念一致，这些功能经常被理解为自身的一些方面被投射到了部分客体上。

克莱因将偏执–分裂位构想为最早的婴儿期所特有的焦虑、防御和客体关系的组合，这对她的同事来说是一个重大灵感来源。20世纪50年代，对于克莱因有关偏执－分裂位的观点在分析精神病性病人方面的应用，人们产生了特别的兴趣，这是一项非常富有成效的探索，带来了大量进一步的工作，特别是赫伯特·罗森菲尔德（Herbert Rosenfeld）关于混乱状态和自恋的工作、西格尔的符号理论和比昂（Bion）对思维过程的工作。对精神病性病人和常规病人的精神病性方面的进一步研究，证实了克莱因对偏执－分裂位的焦虑和防御的描述，特别是对分裂（splitting）、投射性认同、碎片化（fragmentation）、内射和理想化这些防御的描述。尽管其他防御在克莱因学派的思考和工作中也同样重要，但是投射性认同一直是许多工作和写作的重点。

在接下来的几十年里，这项研究被扩大到包含了许多克莱因学派分析师对精神病病人的研究，也包括对自恋和边缘性病人的研究，最引人注目的可能是赫伯特·罗森菲尔德、亨利·雷伊（Henri Rey）、莱斯利·索恩（Leslie Sohn）和约翰·斯坦纳（John Steiner）。对自恋和边缘性病人的研究让人们对所谓的"病理组织（pathological organization）"产生了极大的兴趣，这意味着自身内部存在着相对稳定的共谋关系，其中充斥着死本能，用来维持个人的心理平衡，但是整个客体关系的维持是不稳定的，对心理和外部现实的接受是不可靠的。通过对自恋和边缘性病人的此类工作，一些分析师发展了关于性倒错（sexual perversion[1]）和性格倒错（perversions of character）的观念，这指的不仅仅是直白的性行为不当，而是指对心理和外部现实的扭曲和误用。贝蒂·约瑟夫对性格倒错和移情倒错特别感兴趣。

有一些分析师则发展或保持了对其他心理病理学实体和过程的兴趣，这些实体和过程与偏执－分裂位的焦虑和防御密切相关。精神病，有索恩

---

[1] "perversion"这个词也译作"变态"。——译者注

和其他一些人在继续研究；躁狂状态，为 S. 克莱因（S. Klein, 1974）所研究；癔症，布伦曼（Brenman, 1985b）的研究；有关分离的问题和分离性，布伦曼（1982）的研究；自闭，梅尔泽和 S. 克莱因在研究（Meltzer et al., 1975; S. Klein, 1980）；进食障碍，索恩、斯科特、索纳和修斯在研究（Sohn, 1985b; Scott , 1948; Thorner, 1970; Hughes, Furgiuele, & Bianco, 1985）；法医学，有海厄特·威廉姆斯（Hyatt Williams, 1960, 1964, 1969, 1978, 1982; Williams, Hyatt, & Coltart, 1975）、索恩（出版中）、高尔威（Gallwey, 1985 和出版中）和 S. 克莱因（1984）在研究；心身疾病，特别为梅尔泽（1964）、S. 克莱因（1965）、罗森菲尔德（1978b）和 M. 杰克逊（M. Jackson, 1978）所研究。但是，关于用来解释自恋和边缘状态信息的病理组织的一些观点得到了反复研究和讨论，并因此被选择在本书中进行详细讨论。

最后，克莱因学派的技术已经得到重要的发展和概念化，这是克莱因方法的一个核心方面，但她的追随者只有最近才开始就这个问题写作。某些分析师对移情中的付诸行动（acting in）分析形成了特别的关注，将这种分析作为促进情感接触和改变的一种手段，贝蒂·约瑟夫是个中翘楚。

也许是在回应约瑟夫的想法，其他同行开始更清晰地说明他们自己关于技术的想法。对这项工作的讨论构成了《当代克莱因》第二卷的重要部分。第二卷还将介绍几篇关于成人和儿童病人的临床论文，它们解说了第一卷中讨论的许多主题。第二卷的最后一部分讨论了克莱因学派思想在其他工作领域的应用，特别是在艺术创造和对社会的理解这些领域。

## 注释

总引言和四个部分各自的引言的参考文献见本书末。

# 第1部分

## 对精神病性病人的分析

# 引言一

20世纪50年代是克莱因学派实践和思想发展的重要时期，因为克莱因关于精神病性焦虑和防御的想法在重病病人，主要是精神分裂症病人身上得到了检验。进一步的目的，是看是否可以在不偏离精神分析技术本质的情况下对精神病病人进行分析。正如克莱因对儿童的分析一样，对精神病病人的分析提供了新的材料，并带来了新想法和兴趣领域的发展。

罗森菲尔德、西格尔和比昂是这个领域的第一批探索者［见Rosenfeld, 1947, 1949, 1950, 1952（本书中重新刊载）, 1954, 1963；Segal, 1950（在本套书第二卷中重载）和 1956（本书中重新刊载）；Bion, 1950, 1954, 1955, 1956, 1957（本书中重新刊载）, 1958a, 1958b, 1959（本书中重新刊载于"第2部分：投射性认同"）］。1947年罗森菲尔德的《人格解体的精神分裂状态分析》（*Analysis of schizophrenic state with depersonalization*）为这一系列引人注目的论文开了个好头，它说明了克莱因在1946年发表的划时代论文《关于一些分裂机制的说明》（*Notes on some schizoid mechanisms*）中所描述的许多观点。西格尔于1950年的论文《对一位精神分裂症病人分析的某些方面》（*Some aspects of the analysis of a schizophrenic*）特别引人关注，并在《当代克莱因》的第二卷中重载，因为这是对一位住院的精神分裂症病人的详细精神分析治疗的最早描述，而且没有对精神分析技术进行重大修改。

西格尔、罗森菲尔德和比昂都同意精神分析方法在治疗精神病病人方面的可行性，不过罗森菲尔德比西格尔和比昂讨论得更详细

（Rosenfeld, 1952）。他们都报告说他们的病人有所改善，不过，他们也清楚地表明，这些病人极为难以理解。他们都发现克莱因关于偏执－分裂位是精神分裂症的固着点的观点得到了令人印象深刻的证实，也都发现她关于投射性认同、早期的迫害性超我、抑郁性焦虑的痛苦以及从它撤退到偏执－分裂位的防御的观点得到了大量证实。

不过，这些作者都没有止步于仅仅确认克莱因的观点。罗森菲尔德对在偏执－分裂位中未能区分爱与恨以及自我与他人的问题产生了兴趣，他在关于混淆状态和自恋的论文中发展了这些想法［1950, 1964, 1971b（载于本书"第4部分：病理组织"）］。西格尔被激励着进一步研究解决抑郁性焦虑之成败在象征性思维的发展和创造力中所扮演的角色［Segal, 1952, 1957（重载于本书"第3部分：关于思考"）］。比昂可能是克莱因的学生和同事中最有创意的一位，他开始形成关于偏执－分裂位的正常和不正常经验之间差异的想法，这使他区分了用于疏散与碎片化精神内容的投射性认同，和作为一种可以影响接收者并反过来允许自己被接收者影响的交流形式的投射性认同。他开始了对思维的研究，一直以来，这种研究在各种发展中以不同的形式作为他精神分析生涯的主要关注点［Bion, 1959（重载于"第2部分：投射性认同"），1962a（重载于"第3部分：关于思考"），1962b，1963，1965，1970］。

有三篇论文说明了这个早期阶段的工作。在《关于一名急性精神分裂症病人超我冲突的精神分析说明》（*Notes on the psychoanalysis of the superego conflict of an acute schizophrenic patient*, 1952）中，罗森菲尔德详细叙述了他坚持用完全精神分析的方法来治疗精神分裂症病人，并与当时在美国使用的技术修改进行对比。他接着描述了一位年轻的精神分裂症病人的简要分析中的一些细节，该病人与其他精神分裂症病人一样，有着一个极其原始和严厉的超我。读者很难不被罗森菲尔德努力理解病人怪异但感人的交流的临床表现所打动。他详细说明了分裂、投射性认同、内射、通过大规模投射性认同引起的自我解体，病人在区分自我和客体方面的困难；他还关注病人对乳房和母亲身体资源的原始妒忌。

西格尔的《精神分裂症病人的抑郁》(Depression in the schizophrenic, 1956)不仅对分裂和投射性认同做了深刻的临床说明，还对克莱因的这一观察做了说明：精神分裂症病人无法忍受抑郁位的痛苦而退缩到偏执－分裂位的防御(M. Klein, 1946)。在一连串的材料中，病人无法忍受承担责任的痛苦，也无法意识到曾有过攻击她的分析师和她父亲的幻想（她的父亲已经自杀了），她扮演了奥菲利亚的角色，捡起并撒下想象中的花朵，从而在她的分析师心中激起悲伤（和理智），并声称无法为自己的疯狂负责。

有趣的是，西格尔的这篇论文几乎是在比昂的论文《精神病性与非精神病性人格的区分》(Differentiation of the psychotic from the nonpsychotic personalities, 1957, 本书中重载)发表的同一时间发表；他们事先没有讨论过各自的论文，但他们的研究思路非常相似。比昂的论文侧重于病态投射性认同的一般理论，而西格尔的论文则对其进行了具体说明。比昂在自己的论文中进一步发展了克莱因的观点，即每个人，无论多么"正常"，都有某种程度的精神病性焦虑和对它的病理性防御，并指出所有的精神病病人都有某种程度的非精神病性功能，分析师正是针对这部分人格提出诠释的。他描述了精神病病人人格的细微碎裂，尤其是意识到现实的那部分心灵。当人格中的非精神病部分使用压抑时，精神病部分则试图让自己摆脱执行压抑的那部分心灵。由人格中的精神病部分所执行的投射性认同，涉及碎片化，分裂成许多颗粒，并对它们进行投射，这导致了比昂所说的"怪异客体"的形成。该文的观点为他的思维分析的发展奠定了基础。

20世纪50年代往后，许多克莱因学派分析师继续对精神病病人进行分析，但很少有人专门就精神病病人的可分析性或克莱因对偏执-分裂位的勾画发表论文。人们的兴趣已经转移到对自恋和边缘性病人的分析，以及他们维持心理平衡的方式上。

# 第1章

# 关于一名急性精神分裂症病人超我冲突的精神分析说明

赫伯特·罗森菲尔德

这篇文章于1952年首次发表在《国际精神分析杂志》(*International Journal of Psycho-Analysis*, 33: 111-131)。

在过去十年中,我在分析一些急性和慢性精神分裂症病人时,越来越注意到超我在精神分裂症中的重要性。在本文中,我将详细介绍对一名急性紧张型分裂症精神病人的精神分析,以便简要说明精神分裂症超我的结构以及其与精神分裂症的自我紊乱的关系。我还想讨论治疗急性精神分裂症病人在方法上的争议。

## 关于用精神分析治疗精神分裂症病人的争议

在讨论精神分析方法对精神分裂症的价值时,我们必须记住,持不同理论和不同技术的心理治疗师,都宣告在帮助精神分裂症病人的急性疾病状态方面取得了成功。无论采用何种方法,集中精力对急性精神分裂症状态产生快速治疗效果的尝试,对作为个体的病人来说都可能暂时有价值,对治疗师来说也令人满意;但困难的问题是如何处理疾病的慢性缄默期。[1] 治疗急性精神分裂症病人的方法很重要,原因有几个。第一,我们必须确定所使用的是科学的调查和治疗方法,这样才能正确地评估精神病理学发现。第二，我们的方法应该可以用于治疗多种病例，这样才有可能把它教给学生。第三，我们的方法还必须有助于而不是阻碍急性期之后的精神分裂症慢性期的治疗，精神分析师们已经清楚地知道精神分析是一种既能为神经症做治疗、也能为研究进行服务的调查方法。然而，对于精神分析是否可以用于治疗急性精神分裂症，却存在分歧。大多数研究精神分裂症的美国精神分析工作者，例如哈里·斯塔克·沙利文（Harry Stack Sullivan）、弗洛姆－莱克曼（Fromm-Reichmann）、费德恩（Federn）、奈特（Knight）、韦克斯勒（Wexler）、艾斯勒（Eissler）和罗森（Rosen）等，已经大大改变了他们的方法，以至于不能再称为精神分析。他们似乎都同意，将精神分析方法视为对急性精神病有用是徒劳的。他们都认为再教育和安抚（reassurance）是绝对必要的；像费德恩这样的工作者甚至认为必须培养正性移情，完全避免负性移情。他还告诫我们不要诠释无意识的材料。罗森似乎会诠释正性移情和负性移情中的无意识材料，但他使用了大量的安抚，这个问题我将在后面更详细地讨论。在梅兰妮·克莱因对婴儿发展早期阶段的研究的刺激下，一些英国[2]精神分析师已经成功地用一种保留了精神分析基本特征的方法来治疗急性和慢性精神分裂症病人。在这个意义上，精神分析可以被定义为一种方法，它包括对正性移情和负性移情的诠释而不使用安抚或教育措施，以及对病人产生的无意识材料进行识别和诠释。儿童分析师的经验可能有助于我们在这里更详细地界定对急性精神分裂症病人的精神分析方法，因为在分析急性精神病病人时产生的技术问题与分析幼童时遇到的问题相似。在讨论从 2 岁 9 个月大开始对儿童的分析时，梅兰妮·克莱因发现，通过从分析的一开始就诠释正性和负性移情，移情神经症就会发展起来。她认为，任何试图通过非分析手段，如建议或礼物，或者通过各种手段的安抚来产生正性移情，都不仅是不必要的，而且对分析确定是有害的。她发现在分析儿童时有必要对成人的分析方式进行某些修改。不能指望孩子们会老实地躺在沙发上,而且不仅他们的语言,他们的游戏也会用作分析材料。孩子的父母和分析师之间最好能够合作,因为必须有人带孩子来会谈,父母要提供婴儿期的历史,并让分析师了解真实的事件。尽管如此,在梅兰妮·克莱因所描述的儿童分析中,精神分析的基本特征是完全保留的。

所有这些经验都可以用来描述分析精神病病人,特别是急性精神分裂症病人的指导原则。如果我们避免试图通过直接的安抚或爱的表达来产生正性移情,而只是单纯地诠释正性移情和负性移情,那么精神病性表现就会附着在移情上,而且,正如在神经症病人身上出现移情神经症一样,在分析精神病病人时,也会出现所谓的"移情精神病"。分析的成功取决于我们对移情情境中精神病性表现的理解。

对于急性精神分裂症病人,我们几乎没有使用过分析躺椅,我们不仅使用口头表达,而且使用姿势和游戏作为分析材料。分析师和父母或护士之间的密切合作必不可少。另一个重要的问题是,每次见病人应该用多长时间。我发现急性精神分裂症病人每周至少要见 6 次,而且通常 50 分钟的治疗似乎是不够的。根据我的经验,最好不要改变特定会谈的时间长度,而是在必要情况下规律地给病人一个长时间的会谈(1 小时 30 分钟)。当病人仍处于急性期时,中断治疗超过几天也是不明智的,因为这可能会导致其临床状况和分析工作的长时间受挫。

对精神分裂症病人的分析有很多陷阱,没有经验的分析师可能会发现自己无法以分析的方式应对这个问题。在我看来,正是精神分裂症过程的性质使分析任务变得困难,而且这是人们对分析方法的可能性产生争议的原因之一。争议的答案只能在实践中找到:通过展示对急性精神分裂症病人进行移情分析是可能的,并通过研究精神分裂性移情的本质和其他核心的精神分裂性问题和焦虑。

我的印象是,使用控制性和安抚性方法的需要与通过精神分析来处理精神分裂性超我的困难相关。韦克斯勒（M. Wexler, 1951）在论文《精神分裂症的结构问题》(*The structural problems in schizophrenia*)中为理解这一点做出了贡献。在批评亚历山大否认精神分裂症病人存在超我的观点时，韦克斯勒说："把精神分裂症病人的冲突（幻觉和错觉）完全解释为失去相互联系的、失序的本能需求的表达，是对精神分裂症临床情况的歪曲嘲弄，而它（分裂症的临床表现）常常反映着我所遇到的一些最残酷的道德。当然，我们面对的不是一个功能完好的超我，而是一个原始的、古老的结构，在这个结构中，原始的认同（合并了母亲的形象）带来的前景只有谴责、抛弃和随之而来的死亡。虽然这种结构可能只是超我的前身，而超我本来是随着俄狄浦斯情境的完全解决才出现的，但是它的轮廓和动力力量在幼儿和精神分裂症病人身上都可以感受到，如果我们没有看出它（超我），我怀疑这是因为我们还没有学会识别其发展中最古老的方面。"

虽然韦克斯勒充分认识到古老超我的重要性，然而他在自己的临床方法中却大大偏离了精神分析。显然，他并没有试图分析移情情境。他试图通过同意病人最残酷的、道德上的自我指责，特意使自己认同病人的超我。通过这种方式，他与病人建立了以前建立不了的联系。治疗继续进行，而治疗师则接管了那个扮演控制和禁止的角色（例如，他禁止病人进行任何有可能干扰治疗关系的性欲挑逗或攻击性挑衅）。韦克斯勒说得很清楚，他也是以非常友好、令人放心的方式对待病人的。

明确受到韦克斯勒方法帮助的病人是一名患精神分裂症的女性，她在精神病院住了5年。韦克斯勒方法的理论背景是治疗师尝试让自己与病人的超我认同。一旦以这种方式与病人建立了联系，他（治疗师）就认为自己已经成功地完成了第一项任务，然后他就开始充当一个控制但友好的超我。他声称，通过这种方式逐渐建立了令人满意的超我和自我控制，从而结束了精神分裂症的急性期。

罗森（1946）描述了一种用来治疗激动的急性紧张型分裂症病人的

技术，这些病人感到在被一些可怕的人物追赶。罗森"特意假装成那个或那些显得是在威胁病人的人物，并向病人保证，他（们）绝不是在威胁他，而是会爱他和保护他"，借此来与他建立联系。在另一个个案中，罗森（1950）直接假扮了控制者的角色，他告诉女病人放下她抢来的香烟。他还在身体上控制她，让她静静地躺在沙发上，不要动。但在他描述的这次会谈结束时，他改变了态度，说道："我现在是你的母亲，我允许你做任何你想做的事情。"在韦克斯勒和罗森的个案中，很明显，特定的方法旨在通过直接控制和安抚来改变精神分裂症病人的超我。韦克斯勒认为，奈特和海沃德（Hayward）在治疗精神分裂症病人方面的成功一定也是由于他们接管了超我的控制权。似乎所有这些使用友好的安抚的方法都有一个类似的目的，即修正超我。

事实上，从这轮批判性审视来看，所有这些心理治疗方法的目的都是为了直接改变超我。但我要补充的是，我所引用的这些工作者迄今为止都没有明确说明他们是否曾试图通过精神分析来治疗急性精神分裂症病人，如果有，他们为什么会失败。

## 关于精神分裂症中超我的一些精神分析观点

弗洛伊德（1924）说："移情神经症相当于自我和本我之间的冲突，自恋性神经症相当于自我和超我之间的冲突，而精神病则相当于自我和外部世界之间的冲突。"这个公式似乎表明，他不认为超我在精神分裂症中会发挥任何作用。但在更早的时候，也就是1914年，他指出，被观察的幻觉和偏执疾病中的听到不同声音，与良心的表现有相似之处。他认为，"被观察的幻觉以一种退行的形式呈现出良知，从而揭示了这种功能的起源"。然后他进一步将自我理想与同性恋和父母批评的影响联系起来。在同一篇论文

（1914）的后面部分，他说，在偏执疾病中，起源或"良心的演变被退行性地再现出来"。弗洛伊德（1914）的这些陈述暗示，他确实体会到超我在精神分裂症中的重要性。他似乎还暗示，对患有幻听的退行性精神分裂症病人的分析可能有助于解释超我的起源。比熊·里维埃（E. Pichon Riviéré, 1947）也强调超我在精神分裂症中的重要性。他认为，精神病（包括精神分裂症）和神经官能症一样，都是本我和为超我服务的自我之间冲突的结果。他说："在退行的过程中，出现了本能的解体，其中攻击性本能由自我和超我共同引导，从而决定了前者的受虐态度和后者的施虐态度。这两种情况之间的紧张关系产生了焦虑、内疚感和对惩罚的需要……"

派厄斯（Pious, 1949）说，他"开始相信，精神分裂症的基础结构性病理很可能位于超我的形成中"。他相信超我的早期发展，但只强调了它的积极方面。他说："超我的发展来自几个点，其中最早的是对爱和保护的母亲形象的内射。我相信，这种发展会因为长期的匮乏和母亲的敌意而受到损害。"在他看来，精神分裂症病人的超我有缺陷，但他并没有解释这个有缺陷的超我的结构。

1920年，纳姆伯格（Numberg）表达了他对精神分裂症中超我的看法。他的病人受苦于极其严重的内疚感，声称他已经毁灭了世界；而且很明显，他认为他是通过吃东西来毁灭世界的。纳姆伯格说："在他的食人幻想中，病人将所爱的人与食物和自己联系起来。对婴儿来说，母亲的乳房是唯一被爱的对象，而这种爱在那个阶段主要具有口欲和食人的特征。当时还不可能存在内疚的感觉。"然而，纳姆伯格认为，口腔和肛门区域的某些还不能用语言来表达的感受和感觉，"构成了后来被称为内疚感的观念情结发展的情感基础"。

在阅读纳姆伯格对其病人的描述时，我们对于他说"在口腔期还不可能存在内疚感"的说法感到惊讶。因为他的个案表明，前语言期是存在内疚感和超我的，并且似乎也说明了，他所提到的口腔感受与消耗或

## 第1章 关于一名急性精神分裂症病人超我冲突的精神分析说明

内射客体的幻想有关。

梅兰妮·克莱因[3]对我们理解超我的早期起源贡献最大。她发现，婴儿通过将力比多和攻击冲动投射到外部客体，最初是他母亲的乳房，而创造了一个好的和一个坏的乳房形象。这两个形象被内射，对自我和超我都有影响。她还描述了两个早期发展阶段，与婴儿早期的两种主要焦虑相对应。"偏执－分裂位"在生命的头三到四个月里持续；"抑郁位"紧随其后，在第一年剩余月份的大部分时间里持续。如果在偏执位的时间里，攻击性和因此而产生的偏执性焦虑通过内部和外部原因变得越来越多，那么迫害性客体的幻想就会占主导地位，并扰乱维持内在好客体的能力，而正常的自我和超我的发展都依赖于此。在这种情况下，原始超我的核心将具有迫害性特征。还应考虑另一点，偏执阶段的特点是，客体被分成好的和坏的。这些好的和坏的客体之间有一种相互关系，即如果坏的客体是极坏的和迫害性的，那么好的客体就会变得极好，从而被理想化。理想化的客体对超我有所贡献，在许多慢性和边缘性精神分裂症病人中，理想化的客体和迫害性的客体似乎都有一些超我功能。高度理想化的好客体增加了超我的严苛，而且由于它有着不可能和严格的要求，它常常被感觉成是迫害性的。在对急性精神分裂症病人的分析中，我们往往只能观察到迫害性客体在行使超我的功能。这可能是因为，理想化好客体的极端要求使得我们很难将它们与迫害性客体的要求区分开。好的和理想化的客体对急性精神分裂症病人的超我的影响，只有在迫害性焦虑减少的时候才能被分析师发现，而这与抑郁性焦虑的出现相吻合。当婴儿在其正常发育过程中走向抑郁位时，迫害性焦虑和客体的分裂都减少了，焦虑开始围绕着害怕失去外面和里面的好客体。在生命的头三四个月后，重点从恐惧自我会被迫害性客体所摧毁，转为恐惧好客体会被摧毁。同时，有一个更大的愿望是要把它保存在内部。对无法在内部和外部恢复这一客体的焦虑和内疚，从此变得更为显著，构成了抑郁位的超我冲突。抑郁位的正常成果是加强爱的能力和修复内部和外部好客体的能力。但是，如果抑郁位的正常修通过程失败了，朝向分裂－偏执位的退行就会获得增强。[4]

这可能解释了为什么我们经常会在一名急性退行的精神分裂症病人身上观察到一个包含迫害性和抑郁性特征的超我。在任何时候，我们都可能在临床上看到，与一个主要是迫害性的超我的"斗争"转变为，与一个含有更多抑郁特征的超我的斗争[5]，而且，在抑郁水平上未能处理内部冲突之后，我们将观察到更早的迫害性斗争的回归。

对精神分裂症的心理病理学的研究也显示了某些机制的重要性，这些机制被梅兰妮·克莱因命名为"分裂机制（schizoid mechanisms）"。它们涉及自我及其客体的分裂。梅兰妮·克莱因将自我的分裂描述为，是由转向自身的攻击以及将自身的全部或部分投射到外部和内部客体中所引起的，她称这一过程为"投射性认同"。[6]

我希望在我提供的临床材料中呈现出，急性精神分裂症病人中存在着原始的超我，超我的起源可以追溯到生命的第一年，而且这种早期超我具有特别严苛的特征，这是因为迫害性特征正在主导。

我无法在本文中讨论自我分裂（ego splitting）的所有机制，但我将提醒注意超我与自我分裂的一些关系。

## 对一名急性精神分裂症病人的精神分析中几个方面的讨论

### 诊断

当我第一次见到这名病人时，他患急性精神分裂症大约三年了。他对电击或胰岛素昏迷总是有短暂的反应，他做了至少 90 次这样的治疗。

# 第1章 关于一名急性精神分裂症病人超我冲突的精神分析说明

因为他经常傻乎乎地偷笑，所以有人怀疑他是否患有青春型精神分裂症；但是，尽管他有一些青春型精神分裂症的特征，几乎所有见过他的精神病医生都将此诊断为预后不良的紧张型精神分裂症。有人建议进行白质切除术以减少他的暴力行为，并以期帮助护理问题，但在最后一刻，他的父亲决定尝试精神分析。

## 病人的历史

病人于1929年在国外出生，经历了艰难的产钳分娩。他是长子（四年后有个弟弟出生）。他对母乳喂养反应不佳，四个星期后改用奶瓶喂养。在整个儿童期和潜伏期，他都存在着进食困难。在患病之前的几年，他发生了变化，突然有了巨大的食欲。在婴儿时期，因为父母被建议不要把他抱起来，他会一连哭好几个小时。从孩提时代起，他就经常发作神经性呕吐。他还有一些症状，那是一些让他心烦的感觉，如手臂和腿部僵硬，舌头有被扭曲的感觉。他无法忍受受伤，当他疼痛时，经常试图掐他的母亲，就像因为疼痛生她的气。他在学校很受欢迎，有很多朋友。他9—11岁有一段时期患有露阴癖。在他大约16岁时，假期中发生了一件令人不安的意外事件，当时他和弟弟住在父母卧室的隔壁。他母亲看到他站在四楼阳台的护栏上，以为他要跳楼自杀。她设法阻止了他，而他"崩溃了"，并指责父亲没有告诉他生活的事实。很明显，在这一事件之前，病人有一段强烈的手淫期。17岁时，他爱上了一个芭蕾舞演员。她抛弃了他，不久后他第一次精神分裂症发作。

## 病人的父母

他的母亲在整个怀孕期间都感觉不舒服，分娩后，她患了哮喘病，无法照顾孩子，孩子被交给了一名护士。要清楚地评估母亲与病人的关系 [7] 是非常困难的，但看上去她更喜欢弟弟。病人长大期间经常与母亲争吵，与父亲相处则好得多。他生病时，他母亲不愿意让他待在家里，而且后来很明显，她强烈反对他接受精神分析治疗。他父亲是个情绪化的人，非常喜欢大儿子，但不坚定、不可靠。

### 治疗

我第一次见到病人时，他社交退缩，有幻觉，几乎不说话，有时还很冲动。最初的两个星期，他是被人用车从一处精神疗养院送来的，他在那里接受照护。后来我去那个疗养院见他，他有两名私人男护士。在治疗的最初四五周，他有时会有危险的暴力倾向。那之后，暴力行为减少了很多，他变得更容易对待，直到护士和我开始意识到，以及病人自己也间接意识到，他的父母打算停止治疗，特别是他的母亲。从那一刻起，他变得越来越暴力，但在此之前，不论他是在消极和积极的状态下，他都在与我合作，从未试图攻击我。

### 技术

我每天规律地见他约 1 小时 20 分钟，星期天除外。他说话时，很少使用整个句子。他几乎总是只说几个字，并希望我能够理解。他经常承认他认为是正确的诠释，而且能清楚地表明他对理解是多么高兴。当他感觉到对诠释的抵触，或因诠释产生焦虑时，他经常说"不"，然后说"是"，表示既拒绝也接受。有时在诠释后，他通过呈现清晰和连贯的材料，表现出他理解了诠释。也有时，他在构思语言方面有很大困难，他呈现姿势来表达他的意思。其他时候，由于某些焦虑，他完全失去了说话的能力（例如，当他觉得一切都变成了体内的粪便），但这种能力因相关的诠释而得到改善。后来在治疗过程中，他开始以戏剧性的方式进行表演，以这种方式说明他的幻想，特别是关于他内部世界的幻想。

**个案展示的问题**

在展示这样一个分析的某些方面时，我不可能重现病人提供的所有材料和所有诠释。还必须记住，对于这样一名重症病人，分析师不可能理解病人所说或试图所说的一切。

然而，我希望我能够表明，即便这名深度退行的病人在用语言表达他的经历方面有很大的困难，他仍然成功地向我传达了他的问题，不仅足够清楚，让我们有可能建立持续的关系，而且他的方式详细地勾勒了他在移情情境中的内疚冲突，以及他试图处理它的方式和方法。

由于我的主要关注是描述我与病人的言语接触，因此有必要讨论言语诠释的重要性，因为有一些分析师，如艾斯勒，否认诠释在急性精神分裂症中的重要性。艾斯勒强调精神分裂症病人对分析师心智中原始过程的觉知，在他看来，正是这些原始过程决定了治疗的结果，而不是诠释。我的理解是，那意味着精神分裂症病人具有极强的直觉，似乎能够无意识地从与病人相协调的治疗师那里获得帮助。艾斯勒似乎认为，考虑心理治疗师是否有意识地理解精神分裂症病人并不重要，而且会导致自我欺骗。他写道："我没有得到这样的印象，在急性期使用诠释的情况下，诠释和临床恢复之间存在特定的关系。可以假设，另一套诠释很可能会取得类似的结果。"

在我看来，精神分析师对病人所传达内容的无意识直觉理解是所有分析中的一个基本因素，取决于分析师使用反移情[8]作为一种敏感的"接收组"的能力。在治疗有严重言语困难的精神分裂症病人时，分析师通过反移情得到的无意识直觉理解就更为重要，因为这有助于他确定真正重要的东西。

但是，分析师也应该能够有意识地归纳自己无意识认识到的东西，并以病人能够理解的形式将其传达给病人。这当然是所有精神分析的本质，但在治疗精神分裂症病人时尤其重要，他们已经失去了大量的意识运作能力，因此，如果没有帮助，他们就不能有意识地理解他们有时非常生动的无意识体验。因此，在介绍以下材料时，我请读者记住，我必须不断观察病人对我的诠释的反应，并经常摸索，直到我确定能以他可以使用的形式提供这些诠释。例如，我惊讶地发现，如果我使用那些简单的词，他就可以毫无困难地理解对复杂机制的诠释。

即便如此，有时病人也很明显无法理解语言交流，或者至少误解了所说的内容。我们从对神经症病人的治疗中知道，分析师的话可能成为特定情境的象征，例如，哺育或同性恋关系；而这必须得到理解和进行诠释。但是对于精神分裂症病人来说，困难似乎更多。他有时对分析师所说的一切都理解得很具体。汉娜·西格尔（1950）表明，如果我们向精神分裂症病人诠释一个阉割的幻想，他会把诠释本身当成一个阉割。她认为，病人在形成象征或使用象征方面都有困难，因为它们变成了等价物而不是象征。在我的经验中，我发现大多数精神分裂症病人只是暂时无法使用象征，而对正在讨论的这名病人的分析，有助于我理解这个问题的深层原因。这名病人当然已经形成了象征，例如他对内化客体的象征性描述就非常引人注目。但每当由于病人难以理解作为象征的文字而使语言交流受到干扰时，我观察到他进入我内部和在我内部的幻想就变得更加强烈，这导致他无法区分自己和我（投射性认同）。这种自我和客体之间的混淆，也导致了现实和幻想的混淆，同时还伴随着区分真实客体和其象征性表征的困难。我们总会发现某种程度的自我和内化客体的投射，它们却不一定会干扰语言交流。因为在投射性认同过程中所涉及的自我的量，决定了是否可以区分真实客体和它的象征性表征。对引发投射性认同的冲动的分析可能也解释了为什么精神分裂症病人经常把幻想当作具体的真实处境,把真实处境当作幻想。每当我看到投射性认同增多并诠释了在移情中进入客体内部的冲动之后,病人理解象征的能力就会提高,从而理解文字和诠释的能力得以改善。

**治疗进展**

我稍后将描述治疗的某些阶段,这些阶段给了我一些关于病人的超我问题的详细而相互关联的材料,在此之前,我将简要地描述治疗的头四个星期,在此期间他的合作特别好。在最初的几次治疗中,他表现出明显的正性和负性移情的迹象。他最主要的焦虑是害怕失去他自己和我,以及难以区分他自己和我、现实和幻想,还有内部和外部。他谈到了他对将要失去和已经失去阴茎的恐惧:"有人拿走了叉子""傻乎乎的女人"。他一心想成为一个女人。他有一个愿望,希望重生为一个女孩:[9]"安王子"。通过分析类似"圣母玛利亚被杀"或"一半被吃掉",以及"比伯(阴茎)被杀"这样的材料,我们开始意识到,他把对母亲以及对一般女性怀有的危险、凶残的感情都归属于他的男性一半和他的阴茎。我们还了解到,他想成为女人的幻想被他想摆脱自身攻击性的愿望大大加强了。当他开始理解其处理攻击性的方法时,他想成为女人的愿望减少了,他变得更有攻击性。

有时他的攻击性转向外部,会攻击护士,但经常是转向自己的。然后他谈到"被杀的灵魂",或"自杀的灵魂",或"死去的灵魂";"灵魂"显然是他自己的一个好的部分。有一次,当我们讨论这些死亡的感觉时,他通过说"我想继续下去——我不想继续下去——真空——灵魂已死"来说明他对自己的攻击性,后来他明确指出"问题是——如何防止解体",这让我很吃惊。我在与他交谈时从未使用过这个词,有趣的是,攻击性转向自身被描述为造成精神分裂症的解体过程的一部分(Klein, 1946;

Rosenfeld, 1947）。在分析情境下，非常主要的一种焦虑是关于他对我的需求，病人只在很少的情况下才能够总结出这种焦虑。每个星期天我都不在他身边，有时这似乎是无法忍受的，有一次他在星期六说道："在这期间我应该做什么，我最好在医院找个人。"还有一次他说："没有你我不知道该怎么办。"他一再表示，他的所有问题都与"时间"有关，当他觉得他想从我这里得到什么时，我就必须"立即"给予他。

任何时候只要他在身体上攻击了别人，他就会产生抑郁、内疚和焦虑的反应；渐渐地我们明白了，当他的攻击行为不是针对自己，而是针对外部或内部客体时，就会出现内疚和焦虑的问题，这实际上占据了分析中的大部分时间。

现在我将介绍一些详细的材料，这些材料出现在他开始接受治疗的四周后，在他对 X 修女进行了攻击之后。在攻击发生的前几天，他似乎被攻击和咬乳房的幻想和对女性的恐惧（"巫术"）所困扰。他口齿不清，难以理解。他谈到"三个小圆面包"，可能是指三个乳房，但当时并不清楚为什么会有三个乳房。他突然攻击了 X 修女，当时他正在和她及他父亲喝茶，他突然狠狠地打在她的太阳穴上。当时 X 修女正亲昵地用胳膊搂着他的肩膀。攻击发生在一个星期六，我发现他在下一周的星期一和星期二都沉默不语，处于防备状态。星期三，他多说了几句。他说他已经摧毁了整个世界，后来他说"怕"。他又说了好几次"伊莱（Eli）"（上帝）。他说话时看起来非常沮丧，头耷拉在胸前。我的诠释是，当他攻击 X 修女时，他感到自己摧毁了整个世界，他觉得只有伊莱能纠正他所做的事情。他仍然沉默不语。我继续诠释说，他不仅感到内疚，而且害怕受到内部和外部的攻击，之后他变得更能沟通一些。他说："我再也无法忍受了。"然后他盯着桌子说："这一切都被扩散了，所有人都将会有什么感觉？"[10] 我说，他再也无法忍受自己内心的愧疚和焦虑，于是他把抑郁、焦虑和别的感受，还有他自己，都放到了外部世界。这样做的结果是,他觉得自己变得扩散开来,分裂成许多个人,他想知道自己的不同部分会有什么感觉。然后,他看着自己的一根弯曲的手指说:"我再也做不了了,我无法完成所有事。"之后,他指着我的一根也是微微弯曲的手指说:"我害怕这根手指。"他自己弯曲的手指经常代表他的疾病,并成为他受损的自我的代表,但他也表示,它代表了他内心被摧毁的世界,对此他觉得自己无法再做什么。在说他做不到一切时,暗示了他对外部客体的寻找。但我们在移情情境下会发现什么样的客体关系呢?我似乎立刻变得像他一样,让人感到害怕。我向他诠释说,他把他自己和他无法处理的问题放在我身上,并担心他把我变成了他自己,而他现在害怕我会带给他什么。他表达了对我可能停止治疗的焦虑,同时希望我继续见他。

　　我现在将从理论的角度来研究这个材料。在攻击修女后,病人感到抑郁和焦虑。他的行为、姿势和他说的几句话和几个词表明,他感到自己破坏了外面的整个世界,他也感到自己内心的世界被破坏了。他在后面的分析中更清楚地说明了这一点;但在这个阶段,非常重要的是要认识到,他感到他已经把被摧毁的客体——世界——纳入了自我。内疚和抑郁与修复这个内在世界的任务有关,这个世界起到了超我的作用,但他的全能却辜负了他。他还感到被所摧毁的世界迫害,他感到害怕。在压倒性的内疚和迫害性焦虑这两种由超我引起的压力下,他的自我开始变得支离破碎:他再也无法忍受了,他把内在被摧毁的世界和他自己都投射到外面。在这之后,一切似乎都扩散了,他的自我被分裂成许多个人,这些人都感受到他的内疚和焦虑。超我的压力在这里太大,自我无法承受:自我试图通过投射来处理难以忍受的焦虑,但这种方式引起了自我的分裂,于是自我失去整合。当然,这是一个非常严重的过程,但如果我们能够分析移情情境中的这些机制,就有可能分析性地应对分裂过程的灾难性结果。

病人自己给出了移情情境的线索，表明他将受损的自身——内含着被破坏的世界——投射到我身上，并以这种方式改变了我。但是，他并没有通过这种投射得到缓解，而是变得更加焦虑，因为他害怕我将把什么东西放回他体内，这导致他的内射过程受到严重干扰。因此，人们预计他的病情会严重恶化，事实上在接下来的十天里他的临床状态变得非常不稳定。他开始对食物越来越怀疑，最后拒绝吃和喝任何东西。他变得很暴躁，而且出现了幻视和味幻觉。在移情中，他对我产生了怀疑，但没有暴力倾向，尽管他几乎是默不作声，但我们从未完全失去接触。他有时对诠释说"是"或"不是"。在这些诠释中，我充分使用了以前的材料，并将其与他现在的姿势和行为联系起来。在我看来，相关的问题是他没有能力处理内疚和焦虑。在把坏的、受损的自身投射到我身上之后，他不断地在外面到处看到自己。同时，他带进内部的所有东西在他看来都是坏的、损坏的、有毒的（像粪便），所以吃任何东西都没有意义。我们知道，投射总是会再次导致内射，所以他也觉得自己体内似乎有所有被破坏的和不好的客体，而这些客体是他投射到外部世界的：通过咳嗽、反胃以及嘴和手指的动作，他表明自己被这个问题占据了身心。第一次明显的改善发生在某一天，当时男护士在桌子上留下了一杯橙汁，他（病人）非常怀疑地看着。我回顾了以前的材料，并向他表明，目前的困难局面是由于他试图通过将内心的愧疚和焦虑置于自身之外来摆脱它们而产生的。我告诉他，他不仅害怕自己体内有不好的东西，而且害怕把好东西，即好的橙汁和好的诠释带入体内，因为他害怕这些东西会使他再次感到内疚。当我说这句话时，一种震惊的感受直接穿过他的身体；他发出一声理解了的呻吟，他的面部表情也发生了变化。1小时结束时，他喝光了那杯橙汁，这是他两天来第一次吃喝的食物。从那时起，他吃东西的情况有了明显的改善，我觉得很有意义的是，一个病人能够在产生这种强烈幻觉的状态下从诠释中受益，这种诠释向他展示了急性幻觉

## 第1章 关于一名急性精神分裂症病人超我冲突的精神分析说明

状态与内疚问题的关系。

我在这里描述的分析材料和机制并不只是一次孤立的观察。它们很可能是急性精神分裂症状态发展的典型方式。我已经强调，正是由于精神分裂症病人无法忍受他内射的客体或代表超我的客体所引起的焦虑和内疚，才导致自我或包含内化客体的部分自我投射到外部客体上。结局便是自我的分裂、自身的丧失和感受的丧失。[11] 同时，产生了一个新的危险和焦虑情境，导致恶性循环和进一步解体。通过将坏的自身和它所包含的一切投射到一个客体中，这个客体被病人感知为已经发生了变化，变得很坏，在迫害自己，正如上面的临床材料所示。在这种形式的投射之后，预期的迫害是客体强势而富有攻击性地重新进入[12]自我。因此，在这个阶段，内射可能受到抑制，以期阻止迫害性客体进入。

对已经受到投射的客体重新进入自己的最重要防御是消极主义，它可能表现为拒绝与外部世界发生任何关系，包括拒绝食物。然而，这样的防御很少成功，因为几乎就在自我投射到外部客体的同时，包含自我的外部客体也被内射。这意味着，客体同时存在于外部和内部的幻想中。在这一过程中，自我面临着被完全淹没的危险，几乎是被挤压到不存在的地步。此外我们必须记住，整个过程不是静止的，因为一旦包含自我部分的客体被重新内射，就会再次出现投射的趋势，投射后将再一次内射那令人极为不安的分崩离析之物。

在临床上和理论上，至少要从两个角度来考虑这个过程：首先，投射的发生是为了保护自我不受破坏，因此可以被认为是一个防御的过程，这个过程是不成功的，甚至是危险的，因为会发生自我的分裂，也就是自我的解体；其次，还有一个与投射相关联的极其原始的客体关系，因为被内射的客体和自身的一部分被投射到一个客体上。这很重要，因为对客体重新进入的迫害性恐惧的强度，取决于与这种原始客体关系有关的攻击性冲动的强度。在以前的一篇论文（1951）中，我曾更详细地描述过这种客体关系，所以我只想在这里重复一下，有证据表明，除了与乳房的关系外，婴儿从出生起就有力比多冲动和攻击性冲动，以及让自己的一部分进入母亲身体的幻想。[13] 当存在自身侵入性地进入母亲身体的幻想，且该幻想是压倒性的并完全占有的时候，我们必须预料会看到焦虑，不仅焦虑于母亲和进入母亲的自身会被摧毁，还焦虑于母亲将变成迫害者，她将要把她自己逼迫回到自我中，并以报复的方式占有自我。当这个迫害性的母亲形象被内射时，最原始的超我形象就会出现，这代表着内部产生了针对自我的可怕的压倒性危险。精神分裂症病人的自我没有能力处理内射形象，很可能是由于这种早期客体关系的特殊性质。

前面描述的临床材料里，我并没有解释为何病人会攻击 X 修女。因此，我想在这里补充说，在之后某天，我掌握了更多关于这一事件的材料，我向病人诠释说，在 X 修女用手臂搂住他的那一刻，他害怕她的占有欲，这唤起了他的幻想：她可能会将她自己逼迫进他的内部。当我说完时，他猛烈地颤抖起来，用手臂做了一个动作，就好像在抵挡一个想象中的入侵者。

现在我将报告大约两星期后发生的事情。在我星期一见到病人之前，我从一个男护士那里得知，在上个星期天，病人似乎很紧张，几乎就要对他进行一次攻击。攻击没有发生，但病人脸色变得非常苍白，并说"广岛"。

当我在星期一找到他时，他迎接我的方式是说道："你来得太晚了。"他的四肢在颤抖，当护士在隔壁房间打喷嚏时，他吓得跳了起来。他后来说"我不能看"，他重复了几次，"我什么都不能做"。他几次提到死亡，然后变得沉默不语。他张开嘴，就好像想说话，但语言没有出现。我说，他不能说话，是因为他害怕他内心的感受以及会从他身上出来的东西。他回答说"血"。我用诠释告诉他，他在周末很想念我，并且感到非常不耐烦。他觉得他已经在他自己的体内杀死了我，并认为我作为

## 第1章 关于一名急性精神分裂症病人超我冲突的精神分析说明

一个外在的人，现在做任何事情来救他和救他体内的我都太晚了。他不敢看内在的破坏，他说话困难，担心血会从他身上流出来，这表明这种内心的谋杀性攻击对他来说感觉上是多么真实。在星期二，他说："我们必须停止，我不能再这样做了。"他再次展示了他弯曲的手指，提到了死亡和血，并耸了耸肩。在我再次强调他内心对我的杀戮攻击是多么真实和具体，以及他无法使我活过来之后，他指着医院的某个地方说："我想进行电击治疗。"当我问他电击治疗对他意味着什么时，他毫不犹豫地回答："死亡。"我说，在杀了我之后，他现在觉得作为一种惩罚，他自己应该被杀死，他同意了我的说法。在这两次会谈中重要的是，他更意识到对我这个内部客体进行了攻击。在我到达时，他向我打招呼说："你来得太晚了"，这令他认识到我是一个外部客体，并在某种程度上将这个外部的我与内部被谋杀的我（血）区分开。他正在努力修复他所造成的伤害，但他觉得自己无能为力。他觉得自己受到的迫害减少了，却更加内疚，他想接受电击治疗的愿望表达了他对惩罚的需要，以减轻他的内疚。然而，这个过程并没有就此停止。和以前一样，在内疚的压力下，分裂的过程暂时加剧。当我在星期三见到病人时，他看起来非常困惑。他问道："我能帮你吗？"他在地板上四处寻找，就好像在寻找丢的东西，他捡起了想象中的碎片。我诠释道，他对我这个助人者感到困惑，他把自己放在我里面寻求帮助，因为他无法处理内心的问题，但他现在觉得自己被分裂了，到处都是，因此试图收集起自己。他用肩膀做了一个动作，就好像是他想说："当然，我还能做什么？"在这之后，他做了吃东西的动作，我诠释道，他在吃我，想要自己体内获得一些好东西，也想把他放在我身上的自身吞回去。他马上停下来说："不能再吃下去了。我可以做什么呢？"

病人对我诠释的反应给人的印象是，他把我说他在吃我的诠释当作一种责备。这在治疗精神病病人，甚至精神病前期的病人时是非常常见的。我认为这意味着诠释被具象化了，病人觉得分析师在说："你实际上在吃我，你不能这样做！"从技术的角度来看，我们可以尝试向病人诠释，他把这个诠释仅仅当作一种责备，他觉得被这个诠释攻击了。这有时可能是有帮助的，但更有效的方法是理解造成误解的深层原因。我在讨论精神分裂症病人暂时无法使用象征时曾提出，当投射性认同被加强时，病人失去了一些理解象征的能力，因此也失去了理解词语的能力，他把解释看得很具体。我觉得内部客体（超我）对我的投射在这个例子中是基本因素，是投射导致投射性认同，我在诠释中集中于投射。因此，我再次向病人解释，他把自己投射到我这个外在客体身上，因为他无法处理对于自己在内心杀害我的愧疚。作为这种诠释的结果，他现在好像是在逆转这个过程，他说，"血和死亡"，然后他谈到了伊莱，试图为我们之前讨论的冲突找到一个全能的解决方案。然后他看起来更放松了，他以一种友好、慈爱的方式说，"我的儿子，我的儿子"，并补充说，"记忆"。我向他表明，他已经能够恢复与父亲的良好关系的记忆，所以与我的关系也是如此，他已经开始意识到，关于他父亲和我的美好情感及记忆是在帮助他处理仇恨和内疚。在这次会谈中，病人重复了一种通过将自己投射到外部客体中来处理内疚感的方法——我在讨论更早的会谈时已经描述过这个过程了（在攻击 X 修女后）。两次投射性认同都伴随着混乱和分裂，但这次，在诠释之后，他能够逆转这个过程，并尝试用其他方法来处理内疚。

我将试图解释这两种内疚情境之间的一些区别，这两种情况最后都是将内疚和自我的一部分投射到外部客体上。在第一种情况下，病人确实攻击了一个外部客体，即 X 修女，而且他觉得自己摧毁了整个世界。他似乎感觉到了外部和内部的破坏。在把内疚情境投射到我身上之后，他感到我被改变了，变得具有迫害性。在第二个例子中（当病人说"广岛"的时候），他一定感受到了剧烈的攻击性，他事后对自己内心体验的

## 第 1 章　关于一名急性精神分裂症病人超我冲突的精神分析说明

描述强调的是，他感觉自己在内心杀死了一个客体（血、死亡），但在暴怒的时候，他设法控制了自己，没有攻击一个真实的人。后来，当他把他的内疚和他的自身投射到我身上时，他不认为他把我变成了他那个坏的自身，但他感到他已经变成了我，变成了一个有帮助的人——他认为我在这种情况下是有帮助的。

### 几天后

下面的访谈显示了病人处理其超我的另一种尝试。在访谈开始时，他碰了我的手几次，他焦急地看着我。我诠释道，他想看看我是否没事。然后他直接问我："你还好吗？"我指出，他害怕自己已经伤害了我，他更能承认他对我这个外部人的担忧。然后他说"鸡肉"—"热"—"腹泻"。我回答说他喜欢鸡肉，他感到他像吃鸡肉一样吃了我，他的腹泻让他觉得他在吃掉我的过程中破坏了我这个内在客体。这增加了他的恐惧，他担心也破坏或伤害了作为外部客体的我。他现在变得更担心他的内心。起初他说"运动"和"呼吸"，我诠释为那是我还活在他体内的希望。但后来，他让腿僵硬了几分钟，当被问及这意味着什么时，他说"死了"。我把这诠释为一种幻想和感觉，即我死在了他体内。然后他说，"不可能"—"上帝"—"直接"，我诠释为他觉得我应该像上帝一样无所不能，直接做一些事情，使这种不可能的内心处境得到改善。然后他说了几次"吓到了"，他看起来确实非常害怕。突然，他说"不要打仗"。他站起来，以最友好的方式与我握手，但在握手时他说"虚张声势"。我说，他在有了吃掉我、杀了我的幻想后，觉得内心在与我交战，他现在害怕我从内部和外部进行报复。他想与我内外和平相处，但他觉得不可能有真正的和平，这只是"虚张声势"。我把这与他过去的生活联系起来，他觉得他与外面的人的良好关系是建立在虚张声势之上的，而且他觉得他与内疚和焦虑的和解往往建立在虚张声势和欺骗之上。

在思考这次会谈时，我认为我的病人试图清楚地表明，他的内疚和恐惧与内射客体有关，他认为他通过吞噬杀死了这个客体。他表明，他与这个内化客体的关系是关切和迫害的混合；当对被死亡的内部客体所迫害的恐惧增加时，除了全能的解决方案外，唯一的解决方案似乎是安抚迫害者，它也代表着他的超我。他感到这是在虚张声势。

在接下来的几次会谈中，病人发现了另一种方法来帮助我理解他与我的内在关系，也就是他的超我冲突。当我走近他时，他非常安静地坐在椅子上，专注地看着自己的手，起初是从外部检查。之后，他死盯着里面；看起来就好像他想象着自己在持有什么。我问他看到了什么，他回答说"火山口"。我接着问他火山口里是否有东西。他回答说"没有——空的"，似乎是想打消我的疑虑。我现在诠释道，他怕我在火山口里，而且我已经死了。后来，他握起手，紧紧地捏着拳。我诠释道，他幻想把我囚禁在他的手中，他在压碎我。他继续攥着他的手一段时间，他看起来很退缩。突然，他站了起来，惊恐地看了看四周，然后从并没有上锁的治疗室里逃了出去。护士们把他带回来，他又坐下来，没有任何挣扎。我向他指出，当他幻想着在自己内部持有我、挤压我的时候，房间对他来说突然变成了一个危险的监狱，他刚试图从中逃脱。我还诠释说，他把自己和我相认同了，因为他对自己在体内对我所做的事情感到内疚。当我诠释他对房间的恐惧时，他的焦虑似乎减轻了，他又回到了攥拳的状态。

这时有个有趣的续集。第二天，护士们报告说，病人在散步时变得非常惊恐。他突然停下来，盯着地面。他一步也不愿意走。护士们在询问他时，发现他听到了威胁要用死亡惩罚他的声音。他停下来不走，是因为看到面前有一个深渊。一段时间后他平静下来。后来，他似乎出现了两次木僵发作，他突然向前倒下，就像死了似的。护士们确信他在这

## 第1章　关于一名急性精神分裂症病人超我冲突的精神分析说明

次发作中没有失去意识。第二天我对病人使用了这一信息，因为他自己没有提到这一点，我把这一可怕的经历解释为我们在上一次会谈中所讨论内容的延续。我把深渊与火山口联系起来，并诠释说他不仅觉得他在火山口杀死并摧毁了我，而且感到他把我变成了一个报复性客体，这个客体正在用惩罚和死亡来威胁他。木僵发作代表他自己和我的死亡。这一经历的突出特点是威胁性的超我声音和他自己对我的攻击幻想之间的明显联系。在这里，超我又一次根据同态复仇原则迫害他、威胁他。

到目前为止，我们已经看到，病人头脑中主要是把我当作他已经杀死了的一个内部客体。一次是他感到他通过吞食杀死了我；另一次，当他渴望与作为外部客体的我在一起时，他在自己内在攻击了我。在对这些会谈的审视中，似乎他对这个内部客体同时感到内疚和被其迫害，而这个内部客体，特别是在其迫害形式下，有着超我功能。

他表现出各种方法来处理这个可怕的超我。他试图通过把它投射到一个外部客体中来驱逐它。但这并没有带来临床改善，因为在投射超我的过程中，他也投射了自身的一部分。在第一个例子下（在攻击 X 修女之后），以攻击性的方式将坏的自身投射到外部客体中是有精神压力的，不仅分裂增加，而且来自外部的迫害也增加了。在投射的第二个例子中（"我能帮你吗？"），超我也被投射了，但重点是将好的自身投射到外部客体中。这也产生了分裂，但没有外部迫害。好的部分的投射导致自我中的好被耗尽，因此增长了口欲的贪婪，即试图夺回好的自身，以及通过在幻想中吃掉好的客体来夺回它。

这两个例子说明了超我与自我分裂的关系，我想提出的是，作为处理超我的方法，它们通常发生在带有困惑的急性精神分裂症状态下。

在这件事中，病人表现出来的其他方法是对惩罚的渴望和对迫害者的安抚：两次木僵发作[14]似乎意味着对杀戮超我的完全受虐式[15]顺从，同样的解释也适用于要求电击（死亡）治疗的惩罚需要。但在后一种情况下，受虐式顺从不是对内部超我的顺从，而是对外部客体的顺从。这顺便帮我们理解了电击治疗[16]在心理上的重要性，电击治疗让病人经历死亡，但并没有真正杀死他。正如我的病人所演示的那样，通过虚张声势来安抚迫害性超我，是一种非常普遍的机制，特别常见于慢性精神分裂症病人。作为对急性精神分裂症状态的一种防御，它也起着相当大的作用。此外，安抚机制的加强可能会带来急性发作的缓解；但从精神分析方法的角度来看，用这种方式恢复并不令人满意，因为它完全扼杀了人格的任何发展。

### "有帮助的"超我

在接下来那次会谈中［我将称之为（a）］，我们学会了更多地理解病人与超我的正性关系。会谈的开始，他在口袋里找东西。他找不到，结果发现他要的是他的手帕。我诠释说他不是在找手帕，而是在找身上帮助他控制自己的那一部分，但他找不到。我向他指出，他经常失去对自己和内心的控制，因为他觉得自己无法忍受内心的焦虑和内疚。这时他非常理性地看着我，说道："问题是如何感受到恐惧。"我诠释道，他想要感受恐惧，恐惧意味着内心的焦虑和内疚，因为他意识到自己需要控制。然后他看了看窗外，一个男人正在修剪树篱。[17]他以着迷的方式看着那人，没有明显的恐惧。我指出，这个人正在修剪树篱，他以这种方式来保持树篱的形状和控制，而不损害它们。这就是他想在自己内在感受到的与我的关系；一种有帮助的控制，而不会破坏。病人所说的"问题是如何感受到恐惧"很重要，因为这意味着他认识到自己一直在逃避内疚和焦虑的体验，因此没有内在的控制手段。护士们报告说，在这次治疗后，他自住院以来第一次有了理性。他能够与医生和护士交谈。这种状态持续了几个小时，并在大约三周的时间里几乎每天都会再次出现。

这种改善，与更有能力承认需要一个内部客体作为帮助的、控制性的人物紧密相连，并且他的迫害性焦虑有所减轻。在下一次会谈中（b），他更能够用语言表达他的超我冲突。我发现他以一种僵硬的姿势坐着。过了20多分钟，他的僵硬才有所缓解。接着，他说"没有能量"——"挣扎"，后来又说"我错了"。他叹了口气，继续说，"疲惫不堪"，"大力士"。在会谈后面的时候，他说"我只能尽力而为，我做不下去了"。（他看起来非常疲惫。）他还提到了宗教，但没有详细解释。我诠释道，我意识到他正在努力面对他的内疚感，这是一种挣扎，他的良心提出的要求是如此苛刻，以至于他感到相当疲惫，他认为他必须成为大力士才能完成他感到应该做的一切。在会谈结束时，他打开了一个黑盒子，这个盒子就在治疗室的一个角落里。盒子里装的是人的骨头，用来教学生和护士。[18]从那次开始，几乎每次他都会在治疗过程中或结束时打开盒子一两次，一直到后来，他完整地阐明了盒子里的这副骨架（他的超我）看上去是什么样的。

这里应该从不同的角度来评估分析的发展：病人更愿意接受和面对他的超我了。在这一小时里，他没有把它看作威胁要杀死他的东西，但他害怕它压倒性的、令他疲惫的要求。在临床上，这一进展伴随着更强烈的抑郁。打开盒子强调的是病人更愿意去看他的内在客体、他的超我；但它由死人骨头所代表，这一事实表明，它仍然是一个他关注的死客体。分析师必须牢记一个一直在变化而且变化很大的主要问题，这个死掉的内在客体（即超我）是否正在进行迫害，或者病人是否试图在抑郁层面上处理它，也就是说，病人是否能够面对毁掉一个好客体的内疚感和令人疲惫的修复要求。

### 原始妒忌

下一次会谈（c）中，病人一直忧虑着他的妒忌和如何摆脱妒忌。在之后的会谈（d）中，他静静地坐在椅子上，焦虑地看着他的手的外面和里面。我问："你在害怕什么？"他回答说："我什么都害怕。"我接着说，他害怕外面和里面的世界，也害怕他自己。他回答说："我们回去吧。"我认为这意味着他想在移情中了解早期婴儿的处境。他在桌面上向我伸出手，我指出他是想把他的感受指向我。然后他试探性地摸了摸桌子，收回手放进兜里，并靠回椅子。我说他害怕与代表外部世界的我接触，出于恐惧，他从外部世界撤回去了。他仔细听着我的话，再次把手从兜里拿出来。他接着说："世界是圆的。"并继续清楚而慎重地说："我讨厌它，因为它使我感到内心焦灼。"后来他像是为了进一步解释一样又补充说道，"黄色"——"妒忌"。我向他诠释说，圆形的世界代表我，他感觉是一个好的乳房，他讨厌外部的我，这个我引起了他的妒忌，因为他的妒忌使他感到想杀死和烧毁他内心的我。他不能让我在他的内心深处继续是好的且活着，而且他感到内在有一个坏的和燃烧的我。这增加了他的妒忌和他想进入我内在的愿望，因为他觉得我有一个好的内部。在会谈（d）结束时，他摸了摸治疗室中燃烧的暖气和暖气上方的木架。

这次会谈（d）特别重要，因为它在一定程度上揭示了病人与世界的本质冲突，以及他对好母亲和好乳房根深蒂固的妒忌。

在对神经症病人和精神病前期病人的分析中，经常会出现对这种早期妒忌的描述。然而，有趣的是，这名不善言辞的退行病人竟然如此强调他在最早的婴儿期与母亲的客体关系中的妒忌和嫉妒。有时他提到生命的开始，反复强调出生和妒忌，很明显，虽然他也经常讨论到对弟弟的嫉妒，这却不是他心中最想解决的问题。似乎从婴儿出生与母亲分离开始，一些最早的攻击就被体验为妒忌，因为所有让婴儿感到舒适的东西似乎都属于外部世界——母亲。

当我被等同于好母亲和好乳房时，这种冲突在移情情境中体现出来。从历史上看，病人与乳房在一起的时间很短，又不甚满意，他的母亲因

## 第1章　关于一名急性精神分裂症病人超我冲突的精神分析说明

为哮喘而无法照顾他。以前他确实曾表现出我不在时他恨我，但在这次会谈（d）里，是他对我的妒忌使他难以从我这里得到好东西。

对好母亲和她的好内在的妒忌，也增加了把自身强加进入母亲内部的冲动，因为，如果母亲拥有所有的好，那么孩子就想在她里面。但是，孩子在幻想中进入母亲内部时带有的妒忌和嫉妒，却创造了一个被摧毁的母亲形象。在这一小时结束时，病人触摸了暖气，这烫到了他的手，之后他又触摸了木头架子，那意味着他担心通过进入我而改变了我，使我的内部像他自己的一样灼烧。

另一个有趣的特点是，这名病人用他的姿势显示他的投注是指向外部还是内部客体。如果他把本能冲动转向外部客体，他就把手从口袋里拿出来，并通过手指的动作表示他正试图与外部世界接触。当他把投注从外部世界撤回，并把它指向他内在所发生的内容时，他就把双手放回兜里。当他的感受同时指向外部和内部时，他会把一只手放在兜里，另一只手放在桌子上。[19]

在接下来的会谈（e）中，他看了看盒子里的骨头，并再次碰了碰暖气。然后他从兜里拿出一些皱皱巴巴的纸，想把它捋平，但很快他显得又害怕了。他走过我身边，看着窗外。在下一次会谈（f）上，他强调说："我自己的出生。"他一直看向自己的手心，重复了好几次："出生时间和嫉妒。"

我认为，病人是想表明出生和妒忌的联系。是出生情境启动了对母亲和她好内在的妒忌。病人望向窗外，有可能是他正在我内部的一种表达。[20] 我曾指出，当一个客体被内射时，通过投射性认同，它已被与自我的某些部分相认同了，于是就会出现一种特别复杂的情境：在这里，病人试图处理一个内部客体，但他也觉得自己在这个客体里面。

在这期间，他似乎又难以正确理解我的诠释了，因为他把我说的每一句话都看得很具体。比如：当我在会谈（g）中向他诠释说他对我感到羡慕时，他突然站起来，从我身边走开了。然后他走到盒子前，从里面取出一块骨头，给我看了看，又放了回去。在这之后，他似乎更怕我，并试图离开房间，但护士们又把他带了回来。然后他坐在暖气片上，离我很远，以一种咄咄逼人和挑战的方式对我笑了起来。之后他在房间里走来走去，忽略我，显得很轻蔑；他挪动腿的方式，就好像他是在跳舞。在我诠释了他的妒忌之后，他对我的态度发生了变化。似乎他觉得我的诠释是对他的一种攻击，是在指责他的冲动。这时，他从盒子里拿出一块骨头，这突出了他经验的具象性：即不论这块骨头对他来说意义为何，他将我与之相认同起来；很可能是一个威胁性的超我。他的舞蹈表明他已经杀了我，他感到胜利和蔑视。他视我为粪土。病人经历的具象化在治疗后持续进行。护士们报告说，在我离开后，他有一次大量的排便，并且至少用了比平时多五倍的卫生纸来掩盖它。当我下次到达时（会谈h），他坐在平时坐的椅子上。在他面前的桌子上有两小堆东西：一小堆是半燃烧的烟丝和烟纸，旁边一小堆是灰色的灰烬。这些烟丝和纸张看起来就像一个微型的粪堆和厕纸。病人的眼睛一直盯着这堆东西看了好一阵子。他把嘴凑得很近，然后又移开。他这样重复了好几次。他没有显示出他注意到了我的存在。我诠释说，那堆看起来像粪便的东西代表我。我补充说，他感到上次他把我变成了一堆粪便。那一小堆灰烬似乎代表他自己与我混在一起的那些部分，他也感到这些部分被烧掉了，被摧毁了。他继续盯着那堆灰，做着吃东西的动作。我诠释道，他感到他既烧毁了我，也毁灭了他自己，他想通过吃东西把我和他自己重新找回来。他现在捡起不同的碎片，试图把它们整理出来，但它们又都掉进了混乱里。在盯着看和嘴部动作之后，他更激烈地触摸和玩弄这堆东西。他玩弄这堆乱七八糟的东西似乎是想把他自己和我区分开，并把我们还原，但这是一种不成功的尝试。玩完之后，他先是看了看自己的手，手很脏，然后又看了一会儿桌子上的一个白点。我指出，他似乎把玩自己

## 第 1 章　关于一名急性精神分裂症病人超我冲突的精神分析说明

的粪便和玩自己的阴茎混起来了，因为桌子上那个闪亮的点似乎与手淫（排放）有关。当他困惑的神情有所缓和时，我给了他更详细的诠释，向他详细说明了目前的情境是如何产生的。我还把它与过去联系起来，特别是他与母亲最早期的关系。

可能很难从提供的材料中看出我为什么在这里会提到病人的手淫幻想，但正如我之前解释的，在这样的分析中，并不总是能够显示出给予诠释的所有理由。我的病人在崩溃期间从未真正玩过粪便，也没有吃过粪便，但他手淫得很厉害。在我看来，他似乎很困惑，他可能感到自己很具体地处于他在游戏中向我展示的混乱状态。因此，给他诠释的方式必须能帮助他认识到其冲动之间的不同，同时要能区分他自己和他所感到困惑的客体。

最后两次会谈（g 和 h）与早先的会谈（"攻击 X 修女之后"和"我能帮助你吗？"）有关，在前面的会谈中，病人曾将他的自身和超我投射到作为外部世界代表的我身上。在前一个例子中，他曾拒绝食物，而且他当时可能有幻想，认为他被迫吃粪便——毒物——代表着他自己的坏自身和迫害性客体。在后一个例子中，他曾试图通过吃东西重新找回自己和作为一个已丧失的好客体的我。在目前的例子中（g 和 h），他在游戏中演示了他的经验，并清楚地表明，粪便代表我，是他试图驱逐和毁灭的指责性超我。作为观察者，我清楚地看到他的自身与客体的混淆，或者说困惑。在分析的这个阶段，他绝对无法把他的超我留在内部：当迫害性焦虑增加时，他仍然要驱逐超我；但他吃那堆粪便的幻想，以及他玩和整理那堆粪便，似乎表明他试图在抑郁层面处理他的冲突。

我想在这里提到亚伯拉罕（Abraham, 1924）对抑郁中的食粪幻想的观察。亚伯拉罕认为，病人的食粪幻想实际上是一种欲望的表达，即把以排泄物的形式排出体外的爱他的客体收回体内。亚伯拉罕认为，"食粪的倾向似乎包含了一种象征意义，这种象征对抑郁来说很典型"。他继续描述了驱逐（肛门意义上的）和破坏（谋杀）的冲动："这种谋杀的产物——死尸——被与驱逐的产物——排泄物相认同。"

我与这名精神分裂症病人的工作经验似乎证实了这样的观点：食粪幻想可以代表一种抑郁机制，即重新纳入与粪便相认同的丧失客体。但是，这个问题仍然有待回答：为什么成年人的食粪和玩粪便，是精神分裂症的典型表现？我想提出一个暂定的回答：精神分裂症病人不仅试图收回他所失去的客体，而且试图收回与该客体相混合的自我部分。此外，实际吃粪便不仅是退行的标志，也是失去象征性表述能力的标志。精神分裂症病人是否能够区分粪便作为被毁坏客体的幻想和粪便本身，这取决于其经验具象化的程度。

在这次会谈中，病人在内在体验的层面上，危险到近乎失去区分象征和真实客体的能力，这是由于投射性认同过程的加强，而我在两次会谈（g和h）中的第一次会谈（g）里没有充分地诠释投射性认同。在他玩一堆东西的那次会谈（h），我注意帮助他再次进行区分。

在同一会谈（h）中，病人说话有困难，但护士们报告说，之后他说话很理性，看起来并不糊涂。但必须记住的是，他的理性期从未超过几个小时。

在下一次治疗（i）中，他一开始就把目光从我身上移开，保持沉默，但他看起来带有渴望，也很理性，所以我决定和他一起回顾之前的会谈，详细地告诉他，他在以什么方式重复早期与母亲及其乳房之间关系的经历和幻想。我将他的沉默与他的愤怒和对乳房的妒忌联系起来。我谈到了起初对他来说代表世界的圆形，以及由于他的愤怒和内心被烧毁的感觉，他在用乳房喂养方面所经历的困难。我提醒他，他感到他内在的乳房已经变成了粪便，正在威胁他；以及，正如我们上次所看到的，他想把自己从这种内在的迫害中解脱出来，但他不能忍受失去这个内在的乳房，即使它已经变成了粪便，他全身心地想要把它拿回来，因为他想要

## 第1章 关于一名急性精神分裂症病人超我冲突的精神分析说明

一个他能爱的客体。我说他拒绝与我有任何关系，因为他害怕攻击我这个代表乳房的外在客体，他如此愤怒和妒忌是因为我与他是分开的，而不是他自己的所有物，也不是他自己。在这个诠释之后，他用双手抱住了自己的头。我向他诠释说，他想抱着我，想在自己的外面和里面都与我建立良好的关系。他同意了，但很快就把双手缩进了兜里，这里似乎是表明他从外面撤回了力比多投注。我诠释说，他内心对我这个代表乳房的外在客体的攻击性感情已经被激起，他害怕自己攻击性的、咬人的嘴巴。这就是他远离我的原因。他起初说："我什么都做不了。"然后他站起来，慢慢走到黑盒子前，仔细地看了看。之后，他拿出了一块下颌骨。我问他是否知道这是个什么骨头。他没有回答，而是转过身来，按照自己下颌骨的位置拿着这块骨头，让我知道他知道。接着，他把骨头放回盒子里，并重复了会谈（g）里的行为，只是这次他更清楚地表现出他对我的恐惧，并迅速从我身边走过。我诠释道，他怕我会攻击和咬他，因为他认为我已经变成了一张会攻击人的嘴巴。随后他向我走来，给了我非常轻微的一拳（这显然不是为了伤害，而是情境戏剧化的一部分）。在这之后，他以一种非常奇特的方式在非常大的房间里来回走动，肩膀隆起，表情凶狠。他挪动双腿的方式，就仿佛他产生了幻觉，认为地上躺着尸体，他必须跨过它们。他看起来非常像一只在笼子里跑来跑去的狼，所以我对他喊道："你的行为就像笼子里的狼。"他在大笑声中表示同意，并继续跑上跑下，有两次他试图走出房间。

在下一次治疗（k）中，他更加理性。他问我这一切与过去、与夜里的恐惧以及与我有什么关系，我们详细讨论了这些问题。然后他又说，"我错了"，这让我感到，他觉得我们在前几次治疗（从 g 到 k）中一起工作的所有内容都与他的内疚感有关。他说"豺狼""棕牛"和"黄牛"。之后，他从口袋里拿出一根火柴，将其分成三段。他问："怎么会有三块？"我说，他向我表明，目前他觉得自己的良心被分成了三块："豺狼""棕牛"和"黄牛"。我向他解释说,他在过去几天向我展示了这一点。他上次从黑匣子里取出下颌骨后,将"豺狼"戏剧化了。下颌骨代表了内化的乳房,他像一只咄咄逼人的饿狼一样攻击乳房,而乳房在他的幻想中变成了一张咄咄逼人的咬人的嘴巴。棕牛似乎是他感到已经被其破坏并变成了粪便的乳房;而黄牛似乎是他通过妒忌和尿液攻击而改变的乳房,它也变得糟糕和具有威胁性。超我在这里被分成了三个不同客体,似乎与被他分成三段的火柴相对应。数字"三"之前在他谈论三个小圆面包时出现过,这似乎代表了三个乳房。但他有时也谈到了第三个阴茎,在后来他提到了第三个男人。这样看来,三也代表了俄狄浦斯情境,但到停止分析的时候,晚期俄狄浦斯冲突还没有明确出现在移情情境中。

当然,要澄清所有这些细节是不可能的,但我认为足够清楚的是,病人用装有骨头的盒子来说明代表其超我的内部客体的幻想和感受。特别是,这些都被戏剧性地表现出来:"棕牛"指被破坏的乳房变成了粪便;"豺狼"代表迫害性的、内化的、攻击性的嘴巴(咬人的良心);"黄牛"指的是他谈论妒忌、出生和黄色的时候,我曾把它与他想进入母亲的那些幻想联系起来。但这些幻想可能更难以戏剧性的方式表现。

在接下来的几周里,病人更为抑郁,似乎没有那么兴奋或被迫害。在会谈中,他带着渴望,在言语和行动中表现出他正努力把内心的东西整合起来,并感到他想把好东西交给上帝和我。有时他明显渴望得到我的指引,但也害怕把一切都还给我,以免他自己一无所有。为了防止这种情况,他玩了一个游戏来对我隐瞒一些事情。例如,他的一只手拿着东西,而他只允许我看到另一只手。在这一时期,他曾对护士说,他有很多事情需要担心,但他觉得最后会好起来的。有时,他仍然把他的抑郁、连同他自身的一部分,投射到我身上;在这种时候,他又更多地感到被置身于一个客体内,而不是自己体内有客体。例如,他的表达方式

# 第1章 关于一名急性精神分裂症病人超我冲突的精神分析说明

是抽烟，走路时把烟灰掉在地上，然后跑回来寻找烟灰；或者，通过说"我怎样才能走出坟墓？"在把自己的一部分和他的抑郁投射到我身上时，我成了坟墓，他也失去了自己的一部分，然后他试图重新夺回。但在其他时候，当他处于抑郁状态时，他似乎完全专注于在内心试图恢复一个好的、理想化的客体。他安静地坐着，若有所思，当我问他在做什么时，他回答说他在"重建天堂"。在这一时期，抑郁持续的时间更长，兴奋期更短。自从他严重兴奋并完全拒绝食物的分析早期阶段以来，他在临床上有着稳定的进展，护士和医院的医生都清楚地注意到了。

大约在病人的母亲到达英国时，他不再像以前那样很好地合作了，很明显仍然有相当多的困难需要克服。很难评估母亲的即将到来在多大程度上与病人的合作情况恶化有关，恶化可能是一个暂时的困难。但很清楚的是，当她真的来了，并对精神分析表示不赞成，提出寻求其他治疗意见，并考虑进行白质切除术时，他就迅速变得暴躁和无法控制。

然而，在这个问题出现之前，尽管他的病情严重，但他与我合作得很好，以至于我感受到分析的进展以及从分析中得到的理解都恰如其分。我们必须记住，在治疗急性精神病病人时，我们的处境与儿童分析师治疗幼童的处境相同。如果父母心愿如此，那么我们没有办法阻止他们干扰或停止治疗。

这种改善还不稳定，是逐步的。在我看来，尽管分析并不完整，但已经明显减少了病人的迫害性焦虑，分裂自我的过程也有所减少。由于这个原因，抑郁更明显地浮出水面，这与超我的迫害性特征减少相吻合。

我想在此强调，在严重的精神分裂症病人中，即使精神分析正在取得良好的进展，还是要预计他们的病情会波动。尽管如此，我所讨论的几点仍可以被作为标准来考虑，根据这些标准可以在较长期间内判断精神分裂症病人的精神分析进展情况；稳定的改善取决于迫害性焦虑和自我分裂的逐渐减轻，以及处理抑郁层面冲突的能力的提高，这将意味着更有能力维持外部和内部好客体。这些变化也会影响超我，使超我的正性特征变得更加明显。

## 结论

在本文中，我通过对一名急性精神分裂症病人的分析来说明精神分裂症中超我的问题。然而这不是孤立案例，在我治疗过的所有精神分裂症病人中，我都遇到了特别严苛的、具有迫害性质的超我。

通常，想要追踪这种超我的发展至它在婴儿期早期的源头，都需要一个漫长而深入的分析。然而，在治疗急性退行性精神分裂症病人时，我们可以在分析的开始阶段直接看到早期的婴儿式过程，这可以让我们对这些理论和概念有一定程度的确认，它们确实是在深入分析神经症的、精神病的成人和儿童中逐渐建立起来的。我发现梅兰妮·克莱因的概念最有价值，因为它们使我能够理解人们在这种个案中遇到的各种困难问题，我的经验也完全证实了她的观点。

急于治疗精神分裂症病人的分析师必须记住，他们将面临大量的困难，这些困难起初看起来是无法克服的，但会向着更深入的精神分析理解屈服。如果我们因为这些困难而放弃了精神分析的方法，我们就放弃了对精神分析的更深洞察的希望。当观察超我冲突在如我所描述的这样一个分析过程中发展时，人们可能经常被诱惑去改变自己的方法。一些美国工作者可能会争辩说："为什么不直接切入超我死亡的主题，对病人说'我没有死，我不会杀你，我爱你，保护你，控制你'？"罗森已经表明了这样的方法常常奏效。我们不知道为什么它会奏效，而且在我们有机会分析接受过这种心理治疗的精神分裂症病人之前，我们无法回答这个问题。尽管如此，我还是想提到我的病人说"不打仗"的那次会谈，

# 第 1 章  关于一名急性精神分裂症病人超我冲突的精神分析说明

他在那里最友好地与我握手,说"虚张声势"。他之前的调整适应是基于成功的虚张声势吗?如果是这样,用力安抚可能再次建立起一个更稳定的虚张声势情境。我曾有机会分析过一位多年前患过急性精神分裂症的慢性精神分裂症病人。在急性状态期间和之后的大约十二年里,他接受一位对他非常感兴趣的治疗师的治疗,该治疗师用了大量的安抚和友好的方式。这名病人已经做了较好的调整,但也出现了其他非常令人困扰的症状。当我们分析他的疾病的上层建筑时,很明显,他的改善和合作是由于对外部世界的恐惧,他在不断安抚幻想出来的迫害者。友好的医生对他来说是一个迫害性的人物,以前的治疗以及与我一起治疗的第一部分,都被持续的安抚和虚张声势所支配。花了几年时间,才突破这种被安抚所强化的态度。这个病人经过长时间的分析,现在实际上是一个正常人了,而且自 1947 年治疗结束以来,他的状态一直很好。

我并不认为在所有的精神分裂症病人中都存在一种核心的虚张声势情境,但我认为这种情况确实非常普遍。在判断安抚方法是否成功时,我们还必须记住,每个精神分裂症病人都会反复将自己和自己的超我投射到治疗师身上。治疗师不改变,并且保持友好,这对精神分析和心理治疗情境都很重要。使用安抚的治疗师暂时缓解了病人对他的危险超我和危险自身的焦虑。当治疗师说:"我爱你,会照顾你"时,他暗示着:"你不坏,我不会报复"以及"你可以把你所有的坏放在我身上;我会为你处理"。这可能会起作用。安抚有效的必要条件是,治疗师无意识地理解和接受病人的感受,但这样的病人能否独立于治疗师、能否发展他的人格,这是值得怀疑的。在对精神分裂症的精神分析中,我们也必须接受这样一个事实:精神分裂症病人迫不得已把他的超我和他自己不断地放进分析师里,但分析师要诠释这种情境和与之相关的问题,直到病人逐渐能够接受,他的爱和恨以及他的超我都属于自己。只有这样,我们才能认为对精神分裂症病人的分析成功了。

## 总结

我记录了对这位重病病人的部分分析，不是为了宣告治疗成功，而是为了帮助和鼓励所有那些目标是通过分析治疗精神分裂症病人的分析师，以及那些想要更多了解精神分裂症的心理病理学的分析师。在我看来，对精神分裂症病人的心理病理学有详细的意识层面理解是非常重要的，因为这使人们能够在移情分析中充分利用自己对他们的言语和行为的无意识理解。

超我的问题及其发展和起源不仅对精神分裂症，而且对所有神经官能症都很重要。梅兰妮·克莱因关于超我的早期起源和最早期焦虑的研究，已经被许多人接受，但绝不是所有的分析师都接受。对于她认为这些起源可以在最早的婴儿期找到的观点，他们有一些怀疑，因为他们在评估某些材料所属的发展时期时遇到了困难。通常的建议是，对非常年幼的儿童和严重退行的精神分裂症病人的分析可能有助于进一步了解这个问题。

我已尽力说明，对深度退行的精神分裂症病人进行移情分析是可能的，它可以揭示最早的内射客体和它们的超我功能。

## 注释

[1] 艾斯勒（1951）提出了这样的术语："精神分裂症的急性期（或第一阶段）与缓和期（或第二阶段）"。他指出，急性期可能持续很多年，疾病可能完全只在第一阶段或第二阶段发展。艾斯勒的论点是，精神分裂症的所有精神分析问题只有在第二阶段才能解决。

[2] 在美国和南美可能有一些工作者，如考夫曼（Kaufmann）和比熊·里维埃，他们通过精神分析治疗过精神分裂症病人。然而他们并没有描述他们的临床方法。（比熊·里维埃关于精神分裂症的论文只是理论上的。）

# 第1章 关于一名急性精神分裂症病人超我冲突的精神分析说明

［3］ 我不打算在这里详细介绍梅兰妮·克莱因的观点，我只想集中讨论与我的论文主题相关的那些观点。

［4］ 梅兰妮·克莱因：《关于一些分裂机制的说明》（p.105）。

［5］ 根据梅兰妮·克莱因的观点，抑郁位的超我除其他特征外，还指责、抱怨、忍受痛苦及提出修复的要求，虽然仍然具有迫害性，但没有偏执位的超我那么严酷。

［6］ 对于这些机制的更详细研究，我推荐梅兰妮·克莱因（1946）和罗森菲尔德（1947）。

［7］ 在关于精神分裂症的一些论文中，特别是美国作者，如派厄斯和弗洛姆—莱克曼，强调了母亲的敌意和"导致精神分裂症"的态度。在这个案例中，母亲似乎一直无意识地敌视病人，而病人的疾病增加了她的内疚感。但是我们不应该忘记，在所有的精神障碍中，作为创伤的外部因素和主要由遗传决定的内部因素之间存在着密切的相互关系。在我们的分析方法中，我们知道，让病人指责外部环境是无用的，甚至对分析的进展有害。我们通常发现，存在着大量通过投射而对外部因素造成的扭曲，我们必须帮助病人理解他的幻想和对外部情境的反应，直到他能够区分他的幻想和外部现实。

［8］ 比较宝拉·海曼（1950）的《论反移情》。她写道："我的论点是，分析师在分析情境中对病人的情绪反应代表着他工作的最重要工具之一。分析师的反移情是研究病人无意识的一个工具。"

［9］ 比较一下罗森，他描述了精神分裂症女性常见的重生幻想，她们希望重生为男孩。

［10］ "这一切都被扩散了"也是指被摧毁的世界；但他的自我被包含在被摧毁的世界中，这似乎是需要认识到的相关因素。

［11］ 在我的论文《人格解体的精神分裂状态分析》中，我更详细地论述了自我分裂、失去自我和失去感受的问题。

［12］ 梅兰妮·克莱因在《关于一些分裂机制的说明》（1946）中描述了这一过程。

[13] 梅兰妮·克莱因在她的论文《关于一些分裂机制的说明》（1946）中描述了这些冲动和机制。

[14] 这些发作类似于紧张性木僵。这里提出的精神病理学也可能有助于我们理解紧张性木僵。

[15] 在此比较 H. 加马斯（H. Garmes，1931）和比熊·里维埃（1946）关于精神分裂症中受虐自我和施虐超我的理论。

[16] 在病人要求电击治疗的时候，他的内疚冲突会暂时得到缓解，很可能他仍然存在的急性状态会得到缓解，但这意味着放弃了对他的冲突的进一步精神分析理解。

[17] 人们当然很可能会认为，那个拿着大剪刀的人引起了他的阉割焦虑。但我认为这在当时只有间接意义，因为只有通过减少他的超我的迫害，他的阉割焦虑才能变得可以忍受和接受。

[18] 不幸的是，医院没有合适的咨询室。我不得不数次更换治疗病人的房间，最后院长认为我在课室里最不会受到干扰。有一天，病人发现了那个装着骨头的黑盒子。我事先对它的存在一无所知。我决定不把盒子拿走，而是分析病人对它的兴趣。但我想强调的是，我在这个房间里只是由于外部环境的力量，而不是我自己的选择。

[19] 我不希望读者认为我总是以这种方式解释手的游戏，而是在分析的这个特定阶段，这种诠释似乎对这个病人是正确的。

[20] 根据我对其他精神分裂症病人的经验，向窗外看常常意味着病人感到自己在分析师里面。

# 参考文献

Abraham, K. (1924) 'A short study of the development of the libido viewed in the light of mental disorders', *Selected Papers*, London: Hogarth Press (1942).

Alexander, F. (1951) 'Schizophrenic psychoses: critical considerations of the psycho-analytic treatment', *Archives of Neurology and Psychiatry*, 26.

Eissler, K.R. (1951) 'Remarks on the psycho-analysis of schizophrenia', *International Journal of Psycho-Analysis*, 32, 139.

Federn, P. (1943) 'Psycho-analysis of psychoses', *Psychiatric Quarterly*, 17, 3–19, 246–57, 470–87.

Freud, S. (1914) 'On narcissism: an introduction', *SE* 14.

Freud, S. (1924) 'Neurosis and psychosis', *SE* 19, 152.

Fromm-Reichmann, F. (1943) 'Psycho-analytic psychotherapy with psychotics', *Psychiatry*, 6, 277–9.

Hayward, M.L. (1949) 'Direct interpretation in the treatment of a case of schizophrenia', *Psychiatric Quarterly*, 23, no. 4.

Heimann, P. (1950) 'On counter-transference', *International Journal of Psycho-Analysis*, 31, 81–4.

Katan, M. (1939) 'A contribution to the understanding of schizophrenic speech', *International Journal of Psycho-Analysis*, 20, 353.

Kaufmann, M. (1932) 'Some clinical data on ideas of reference', *Psycho-Analytic Quarterly*, 1.

——(1939) 'Religious delusions in schizophrenia', *International Journal of Psycho-Analysis*, 20, 363.

Klein, M. (1935) 'A contribution to the psychogenesis of manic depressive states' in *The Writings of Melanie Klein*, vol. 1, London: Hogarth Press (1975).

——(1946) 'Notes on some schizoid mechanisms' in M.Klein, P.Heimann, S.Isaacs, and J.Rivièrel, J. *Developments in Psycho-Analysis*, London: Hogarth Press(1952), 292–320. [also in *The Writings of Melanie Klein*, (1975), 1–24].

——(1948) 'A contribution to the theory of anxiety and guilt', *International Journal of Psycho-Analysis*, 29, 114.

Knight, R. (1946) 'Psychotherapy of an adolescent catatonic schizophrenic with mutism', *Psychiatry*, 9, no. 4.

Numberg, H. (trans. 1948) *Practice and Theory of Psycho-analysis*, New York:

Nervous and Mental Disease Monographs no. 74.

——(1920) *On the Catatonic Attack*.

——(1921) *The Course of the Libidinal Conflict in a Case of Schizophrenia*.

Pichon Rivieré, E. (1946) 'Contribución a la teoria psicoanalitica de la esquizofrenia', *Revista Psicoanálisis*, 4, 1–22.

——(1947) 'Psicoanálisis de la esquizofrenia, *Revista de Psicoanálisis* 5, 293.

Pious, W.L. (1949) 'The pathogenic process in schizophrenia', *Bulletin of the Menninger Clinic*, 13.

Rosen, J. (1946) 'A method of resolving acute catatonic excitement', Psychiatric *Quarterly*, 20, 2, 183.

——(1947) 'The treatment of schizophrenic psychoses by direct analytic therapy', *Psychiatric Quarterly*, 21, 1, 3.

——(1950) 'The survival function of schizophrenia', *Bulletin of the Menninger Clinic*, 4, 3, 81.

Rosenfeld, H. (1947) 'Analysis of a schizophrenic state with depersonalization', *International Journal of Psycho-Analysis*, 28, 130–9; also in *Psychotic States*, London: Hogarth Press (1965), 13–33.

——(1950) 'Note on the psychopathology of confusional states in chronic schizophrenias', *International Journal of Psycho-Analysis*, 31:132–7; also in *Psychotic States*.

——(1951) 'Transference-phenomena and transference-analysis in an acute schizophrenic patient', *International Journal of Psycho-Analysis*, 33, 3.

Segal, H. (1950) 'Some aspects of the analysis of a schizophrenic', *International Journal of Psycho-Analysis*, 31, 268–78; also in *The Work of Hanna Segal*, New York: Jason Aronson (1981); paperback London: Free Association Books (1986).

Sullivan, H.S. (1931) 'The modified psycho-analytic treatment of schizophrenia', *American Journal of Psychiatry*, ii.

Wexler, M. (1951) 'The structural problem in schizophrenia: therapeutic implications', *International Journal of Psycho-Analysis*, 32, 157.

# 第 2 章

# 精神分裂症病人的抑郁[1]

汉娜·西格尔

这篇论文首次发表于1956年的《国际精神分析杂志》（37: 339-343）。

本文讨论的主题是，当精神分裂症病人在发展过程中到达了抑郁位却感觉无法忍受，从而通过投射其抑郁性焦虑来处理这一情形的过程。只有将自我的很大一部分投射到一个客体上才能完成这一操作，也就是通过投射性认同。我在这里谈到的抑郁位是指梅兰妮·克莱因提出的抑郁位概念。简言之，这是一个发展阶段，在这个阶段中，婴儿的自我得到充分的整合，客体得到充分的合成，婴儿体验到一种与完整客体的关系，包括体验到矛盾心理、对失去的恐惧、内疚感以及重新获得和复原客体的冲动。这里谈到的投射性认同，是指自我的一部分被分裂出来并投射到一个客体上的过程，随之而来的是自我的这一部分的丧失，以及对客体知觉的改变。

在对精神分裂症病人进行精神分析治疗的过程中，使其接触到自己的抑郁情绪，触及自己希望做出补偿的愿望，这是非常重要的。随着治疗的进展，经过对偏执性焦虑、理想化和分裂过程的分析，病人在短时间内越来越频繁地经历抑郁性焦虑。他通常通过投射性认同来摆脱这些焦虑。我们经常发现，病人将自我的抑郁部分投射到精神分析师身上，为了完成这种投射，病人可能会通过一连串步步为营、小心设计的分析情境，来激发精神分析师的抑郁感受。重要的是，找到病人在什么情况下将有能力体验抑郁的那部分自我投射了出去以及投射到了哪里，并把这些诠释给病人听。

我将从对一名 16 岁的精神分裂症女孩的分析中举两个例子来说明我的观点。这个女孩的幻觉开始于 4 岁，也可能更早。她是一个异常有天赋的聪明孩子。在很长一段时间里，她保留着天生的才智，但她经历了一个渐进的退缩过程，以及一个虽然缓慢但是稳定的人格退化过程，当她 16 岁开始治疗时，她已经确诊了慢性青春型精神分裂症。

## 例一

这件事情发生在她接受治疗的第 2 年 2 月份。自从圣诞节假期以来，她一直很沉默，一个小时最多说一两句话，大部分时间都在房间里蹦蹦跳跳，咬辫子、手指、垫子或沙发。她还经常抠鼻子、吃鼻屎，收集地板上的绒毛或灰尘，并经常把它们吃掉。我把她的行为主要诠释为口欲的贪婪和对我——作为乳房代表的攻击，以及她感到痛苦是因为她感到美好的食物变成了糟糕的粪便，只得吃地板上的泥土和粪便。在这段时间里，她还经历过迫害性幻觉。可以看到她使劲摆手，好像想摆脱什么东西；她撕掉小片皮肤和衣服，扔掉碎片；她惊恐地听到一些内心的声音，偶尔还大声喊起来。我把这些行为诠释为，这证明了她感到已变质的食物正在攻击她，与此类似，现在我的诠释也被感觉成坏食物了，在她的内部咬她或弄脏她。

她用语言确认了其中某些诠释，并提到了她的婴儿时代，她说，婴儿时，她除了撕咬和恨和哭没有别的事可做。这种行为持续了几周以后，有一天她进来，坐在沙发上，镇定且清醒地说，妈咪带她去看医生，因为她脸色非常苍白，很瘦弱，妈咪很担心。我问她对此的看法。她没有回答，但开始咬，又抠鼻子和吃鼻屎。所以我把她对自己的担心和她破坏食物、把食物变坏、浪费食物的感觉联系起来。但这个小时里我显然没抓住理解她焦虑的要点，因为她在下一个小时重复了和前面这个小时一样的行为和叙述。她非常强调"苍白"和"瘦弱"两个词，专注且怀疑地注视着我，然后把手放在喉咙底部，给自己挠出了两道非常轻微的划痕。在刚开始治疗的时候，有一些阶段她非常健谈，她经常谈论的其中一件事就是吸血鬼和他们应有的生活习惯，她对此非常在行。我知道吸血鬼据说会咬受害者的脖子底部，无一例外会留下两个小伤痕作为症状表现。因此，当我看到这两道抓痕时我说，她感到自己脸色苍白、很瘦弱，是因为她被吸血鬼吸食了，我让她把注意力转到她看我的眼神上，并说她怀疑我就是那个吸血鬼。

这个诠释带出了许多关于吸血鬼及其生活习惯的联想，她直接证实了我的移情诠释，她说我只有从她告诉我的话中才能做出诠释，她觉得我以她的生命为生，吸走了她的大脑和血液。像这样，直接用语言确认对我的感觉，在这个病人身上是最不寻常的。

第二天，她来得非常晚，离治疗结束只有 10 分钟了她才到。我提出说她害怕来治疗，担心我把她的血都吸出来了。她听后立刻开始抱怨我把她体内的东西拖拽了出来，甚至在她梦里也这样做。然后她补充说，也许正是因为这个原因，她不得不飞向自己内心的"理想的人"那里（那时我们才知道她有两种幻觉，一种是极度迫害性的形象，另一种是非常理想的形象）。

在接下来的时段里，她准时到来，并继续谈论她内部的"理想的人"。我从之前的内容中了解到，她的许多幻觉都是基于书中的人物，她直接吞下这些人物，用来在自己的内心创造一个基于书中人物的幻觉世界，她也认同了其中一些人物。我向她诠释说，她对待我的方式与对待书籍的方式类似，吸纳我的诠释，并用它们在自己内心制造愉悦的幻觉。她说她知道这一点，并补充说，她知道她正在吸干我的生命。然后她长久地看着我,说有时吸血鬼恋爱时,他们不会直接杀死受害者,而是慢慢杀,逐渐地杀死,极其享受吮吸的过程。

在接下来的几次会谈中,我们了解到在吸血鬼情境中她对我的各种感受。她感到她对我的爱就像她对乳房的爱一样,是残忍而贪婪的,和仇恨同样危险;她保持沉默,让我说话,是在缓慢地、逐渐地吸吮我生命的鲜血,她在自己内部建立一些美好的东西,而她不会告诉我这些。于是我变得空虚,我慢慢变成吸血鬼,吸走她的生命,带走她的美好幻觉,迫害她,威胁要杀死她。她害怕治愈,因为治愈意味着被驱魔,而被驱魔意味着人们会发现,原来她是最初的吸血鬼,她会被处死。她觉得这种情况只能以死亡告终。对这些材料进行一定修通以后,在有一次会谈结束时,她静静地坐在沙发上沉思,她说:"你的意思是说,所有这些恶性循环的发生是因为我总是索取、索取、吃啊、吃啊,而没有做任何事情来重建自己内心的好东西吗?"在这一次会谈中,她显得忧心忡忡、沮丧、沉思,比以往任何时候都清醒得多。

第二天,她在候诊室遇见我,微笑着,以一种异常开放和友好的方式向我打招呼。她看上去很正常,镇定自若。我还注意到她穿着一件开领衬衫,胸部比平时更显眼。她一走进咨询室,马上就变了。她开始以一种非理性和幻觉的方式行事。她蹦蹦跳跳地在房间里转了一会儿,拍打着胳膊,表现得躁狂而不是受迫害的样子。然后她跳到沙发上,躺在那里自言自语,偶尔手淫。她似乎完全忽略了我。与上周相比,这是一个令人吃惊的变化,上周她还可以自由联想,尤其是在前一次会谈中,她似乎还很好地接触自己的感情。过了一会儿,我意识到她的行为很典型,是对她过去几天在洞察力方面取得的巨大进步的负性治疗反应。在上一次会谈中,我的病人经历了一种感觉,她毁掉了喂养她的乳房,她得面临修复和重建的问题。这个情境对她而言很明显是无法忍受的,她的行为方式让她能把这种无法忍受的感情投射到我身上。首先,在候诊室里，她是那个正在引诱我的母亲，向我展示她的乳房，并友好地问候我，想唤起我的希望，然后她通过忽视我来挫败我，并通过自慰向我展示父母的性关系。她是母亲，我变成婴儿，经历着性兴奋、贪婪、挫败、暴怒和内疚。在这次会谈中我想起来，这个病人的母亲经常对她发脾气，然后感觉内疚直到崩溃，这让我强烈地意识到，这个病人一定是非常巧妙地让她的母亲表现得像一个发脾气的婴儿，然后又不得不背负罪疚感。

我首先向病人诠释了她行为的意义，她认同我是这样一个母亲，我在口欲方面挫败了她，又通过与父亲的性交激起了她的愤怒。然后我提醒她说，在上次会谈结束时，她要面对的是对我这个喂养她的母亲的愧疚感。我向她指出，她显然无法忍受自己那些内在的情感，所以她必须成为母亲，而我要成为婴儿。这样她就可以把自己无法忍受的内疚婴儿的部分放到我的身体里。我还告诉她，无论是在现在还是在她幼年的时候，她都是这么对待母亲的。她用心听着这个诠释，松了一口气，脸上又恢复了清醒的表情，说道："当然，那我就再也不用做那个依赖他人的孩子了。"

我试图通过一系列会谈来呈现病人的一系列变化。在经历了几周看似完全非理性和疯狂的行为之后，病人可以在移情中用语言表达她的偏执妄想了，即我是吸血鬼。进一步的分析帮助她把我的这个形象与她自己的吸吮冲动和幻想联系起来。与此同时，她意识到，她内心的理想形象和迫害形象是从同一个客体分裂出来的不同方面，分析师代表母乳或喂养的母亲。在那一点上，她的自我更为整合，她的客体也更加综合。病人受迫害的感觉减轻了，她不得不面对自己对乳房产生冲动的责任，以及她必须修复乳房的感受，特别是她必须修复内部乳房的感受。当她说："我总是索取、索取、吃啊、吃啊，而没有做任何事情来重建自己内心的美好吗？"那时，她接触到了自己的感情和现实，她接近了理智。

然而，这对她来说是无法忍受的，她立刻把自己抑郁而清醒的部分投射到我身上，从而摆脱这些感觉，也变得更加疯狂。

# 例二

我想描述的第二个治疗片段发生在同年 10 月份。她在暑假结束回来时，情感冷漠并产生了幻觉。从她的行为我可以判断她正在经历关于上帝和魔鬼的幻觉；他们代表了病人父亲好的和坏的方面，她父亲在她 15 岁时自杀了。有时，从她的姿势和表情可以清楚地看出，她正在一会儿与上帝性交，一会儿与魔鬼性交。这段时间她有大量的尖叫、吼叫和攻击；有时她看起来非常害怕。她还不断从沙发巾上挑线，生气地扯下来。我主要从分裂、理想化和迫害的角度向她诠释了她与父亲的关系，并把这些与移情联系起来，特别是与漫长的暑假联系起来。我也特别注意了她从沙发巾上扯下线的这个行为，我根据前后发生的事情将这个行为诠释为，她思想的线、分析的线、连接她内心世界和外部现实的线被弄断了。她的暴力行为逐渐平息下来，尽管她仍在挑线断线，像往常一样，她常常撕咬、做鬼脸、愤怒地颤抖，但她的情绪变化是显而易见的。随着时间推移，她的蹦蹦跳跳和舞蹈有所增多，动作也逐渐变得优雅，更少紧张感，她呈现一种半欢乐、不负责任和冷漠的气氛。有一天，她又在房间里跳舞，从地毯上摘下一些想象中的什么东西，接下来的动作好像是在房间里散落什么东西。这让我突然想到，她一定是在想象她正在草地上跳舞、摘花，再把花撒落在地上。我突然想到，她的行为与舞台上扮演莎士比亚的奥菲莉亚的演员一模一样。她与奥菲莉亚在某种特别的方面明显更加相似，她越是表现得快乐和不负责任，就越具有悲伤的效果，就好像她的快乐本身就是为了在观众中制造悲伤感受，就像奥菲莉亚"假装快乐的歌舞"一样,是为了让剧院里的观众感到悲伤。如果她是奥菲莉亚,她就是在把她的悲伤撒在房间里,就像撒想象中的花一样,是为了摆脱它,让我这个观众感到悲伤。[2] 由于病人过去常常认同于书或戏剧中的人物,我感觉这样说很有把握,我对她说:"在我看来,你现在是奥菲莉亚。"她立刻停下来说:"是的,当然。"就仿佛意外于我怎么才发现,然后她悲伤地继续说:"奥菲莉亚疯了,对吧?"这是她第一次承认她知道自己精神失常。

这时,我把她的行为与之前的材料以及我对她与父亲关系的诠释联系起来,向她呈现她对"父亲——爱人"的死所感到的内疚。她曾希望杀了他,因为他曾经拒绝了她,她认为是她杀了他。我还告诉她,她现在的奥菲莉亚式疯狂是在否认父亲死亡所带来的感受,并且她设法把这些感觉塞给我。当我这样诠释的时候,她扑倒在沙发上,让头从上面垂下来。我说她这是在表现奥菲莉亚的自杀,并向我表明她不能承认对父亲死亡产生的感觉,因为对这件事的内疚和痛苦会驱使她自杀,就像父亲一样。但是她不同意这一点,她说奥菲莉亚的死并不是自杀:"她不需要承担责任,就像小孩一样,她并不知道这有什么区别。现实对她来说并不存在,死亡不具有任何意义。"

于是我向她诠释,她的部分自己能够理解父亲去世的事实、理解现实中她矛盾的感情、体验内疚情感,她把那部分自己放在我身上,结果导致她失去了现实感、失去了理智。然后她就成了一个"不知道有什么区别"的人了。

第二天她回来时,有着严重的幻觉,感觉受到来自内部和外部的迫害。她显然产生了令人不愉快的幻觉,她也以一种愤怒和吓人的方式不想理我。她做很多鬼脸,自言自语,撕咬。她又开始挑线并把线扯断。我向她提到上一次会谈,她是如何通过把痛苦的感觉丢给我来摆脱痛苦感受的。我请她注意自己扯断线的行为,并告诉她,在摆脱那些痛苦的时候，她感到自己在试图摆脱和摧毁自己的清醒部分。同时，她感到我已变成一个迫害者，因为她把痛苦的感觉丢给我，而现在她感到我在试图把这些感觉还给她，用诠释迫害她。

隔天，她来时看起来悲伤而安静。她又开始从沙发上挑线，这一次她没有把线完全扯下来，而是把线缠起来。当我提到她的奥菲莉亚式感情时，她说："你知道吗，奥菲莉亚采花的时候，并不像你说的那样完全疯了。还有很多其他的事情。令人无法忍受的是这些交织在一起。"我说："疯狂与清醒交织在一起吗？"她说："是的，那才是无法忍受的。"这时我告诉她，那些对于她如何试图把自己的清醒部分丢给我的诠释，让她感到自己重新得到了清醒的部分，但她觉得这是无法忍受的，因为现在她清醒的那部分可以理解自己其他部分的解体，并感到痛苦。在上一次会谈中，她曾试图让我进入她清醒的部分，那一部分对她的精神错乱感到痛苦。我请她注意她正在如何挑起线并把线缠在一起，而之前她都是拽断线的。我向她诠释说，把线拽断代表她打破理智，因为她无法忍受清醒可能给她带来的痛苦、悲伤和内疚。

在接下来的一次会谈中，她非常仔细地看着我说："你笑过吗？我妈咪说她无法想象你会笑。"我向她指出，在过去的几个星期里，她一直在大笑和偷笑，她觉得她偷走了我所有的笑容和笑声，把她的沮丧和内疚都注入了我的体内，从而使我变成了她自己的那个悲伤部分。但这样做，她也把我变成了一个迫害者，因为她觉得我在试图把这种没人想要的悲伤推回给她；这样她就不用体验罪恶感和悲伤是自己的了，而是感到这是我为了报复和惩罚而强加给她的东西。她觉得我失去了笑声，而她自己却失去了悲伤的意义和对悲伤的理解能力。

在2月份的会谈中，可以看到在分析了病人的吸血鬼幻想之后，病人出现了抑郁状态。在刚刚描述的会谈中，在病人类似奥菲莉亚的行为中，抑郁首先以投射的形式被我观察到：我显然是注定要悲伤和抑郁的。

病人自己只有在诠释之后才意识到她的抑郁，这些诠释使她与自己投射出去的部分恢复接触。这两段时期的会谈还有一些其他的重要区别。在2月份，病人主要被自己与乳房之间的早期喂养关系占据，当抑郁出现时，它具有暴力和残忍的特点。投射到分析师身上的情感是粗糙而原始的：口欲的爱和贪婪，兴奋的妒忌，暴怒之后是内疚和绝望。在10月份的会谈系列中，她处理的是更晚一些的发育阶段的问题，更多的是与性器俄狄浦斯情结有关的问题。与此相一致的是，投射出来的情感更为复杂，不那么原始，也更精细地遮蔽着，不仅包括暴怒、内疚和绝望，还包括悲伤、悲痛和渴望。然而，这两种情境的相似性是很重要的，当病人能感受到她正在出现的抑郁情绪，她就能以理智清醒的方式进行交流，理智清醒和抑郁的感觉一起回到她的自我中。当抑郁情绪变得难以忍受时，就会再次发生投射，随之而来的是现实感丧失，疯狂行为再次出现以及迫害情绪增加。

## 结论

我试着在这些例子中呈现一个精神分裂症病人出现的抑郁情绪，以及她使用投射性认同来防御抑郁。在移情中对迫害焦虑和分裂防御的分析，带来自我和客体的更强整合。当这一切开始的时候，病人变得更加清醒，她开始面对自己冲动的现实、抑郁感受、内疚和修复愿望，以及面对自己疯狂的事实。对于精神分裂症病人来说，这种情况下的内疚和痛苦无法忍受，因此，病人走向理智的步伐不得不逆转[3]。病人立刻将抑郁部分投射给分析师。这个过程构成了负性治疗反应。自我中更理智的部分消失了，精神分析师再次成为迫害者，因为他被感觉为容纳了病人自我中抑郁的部分，并在把这种没人想要的抑郁逼迫回到病人身上。为了控制这种负性治疗反应，使病人能恢复、保留和加强理智清醒的人格部分，必须在移情中密切关注抑郁的出现和投射的全过程。

## 注释

［1］ 1955 年 7 月 24 日至 28 日在日内瓦举行的第 19 届国际精神分析大会上宣读。

［2］ 她自己情感的碎片和精神分析师分裂出来的若干部分被投射给一大群人：观众是自我和客体分裂为微小碎片的一个例子。这个观点由比昂提出，在 1955 年精神分析大会上宣读的论文《精神病性与非精神病性人格的区分》中描述。（请见本书第 3 章）。

［3］ 我不打算在这篇文章中讨论为何抑郁位对于这些病人来说如此难以忍受。罗森菲尔德 1952 年发表于《国际精神分析杂志》（33）的《关于一名急性精神分裂症病人超我冲突的精神分析说明》对此问题进行了阐述，请见本书第 1 章。

# 第3章

# 精神病性与非精神病性人格的区分

W.R. 比昂

这篇文章最初是1955年10月5日在英国精神分析协会宣读的一篇论文，1957年首次发表于《国际精神分析杂志》(38: 266-275)。

本文的主题是，精神病性人格与非精神病性人格的区分取决于人格中所有与认识内部和外部现实有关部分的微小分裂，以及对这些碎片的驱逐而使它们进入或吞噬客体。我将详细描述这一过程，然后讨论其后果以及它们对治疗的影响。

这些结论是在与精神分裂症病人的分析性接触中得出的，并由我在临床实践中进行了检验。我请你们注意这些结论，因为它们已在我的病人们身上带来了具有分析意义的发展，而且不会与精神病学家所熟知的缓解状态相混淆，也不会与那种无法与已知诠释或任何清晰的精神分析理论体系相联系的改善相混淆。我相信我所看到的改善值得精神分析的研究。

在整个对精神病所做的分析中弥漫着晦涩，我能对此做出澄清主要归功于三件工作。我提醒你注意它们，因为它们对理解下面的内容至关重要。第一，我在1953年伦敦大会的论文中提到过（Bion, 1954），弗洛伊德（1911）描述了由于现实原则的要求而唤起的精神装置，特别是其中与附着在感受器官上的意识有关的部分。第二，克莱因（1928）描述了婴儿在偏执-分裂阶段对乳房的幻想性施虐攻击。第三，克莱因发现了投射性认同（1946）。通过这种机制，病人将自己人格的一部分分裂出来，投射到客体中，它在那里得到安置，或者有时成为迫害者，使经历过被分裂的心灵相应地变得贫乏。

为了避免人们认为我把精神分裂症的发展完全归因于某些机制，而不是采用这些机制的人格，我现在将列举那些我认为的机制的前提条件，我想让你们把注意力集中在这些条件上。其中包括环境，我现在不讨论这个问题；还有人格，它必须具备四个基本特征。这四个特征是：破坏性冲动占主导地位，以至于连爱的冲动都被它们所充斥而转变成了施虐狂；对现实的憎恨，无论是内部现实还是外部现实，这份憎恨被扩展到所有能使人意识到的东西上；对即将到来的毁灭的恐惧（Klein, 1946）；最后，过早而仓促地形成了客体关系，其中首当其冲的是移情，其单薄程度与它们被维持着的韧度形成了明显对比。早熟、单薄和坚韧都是病态的，并有一个重要的衍生物存在于生死本能的冲突中，我今天无法说这个衍生物是什么，它从来不在明确的精神分裂症中。

在考虑源于这些特征的机制之前，我必须简单地处理与移情有关的几个要点。病人与分析师的关系是早熟而仓促的，并有强烈的依赖性；在他的生死本能的压力下，病人扩大了接触，两个同时出现的现象就会显现出来。第一，人格分裂并将碎片投射到分析师身上（即投射性认同）变得过度活跃，随之而来的是罗森菲尔德（1952）所描述的混乱状态。第二，主导性冲动（无论是生或死的本能）竭力表达自身而产生的精神活动和其他活动，立即受到暂时的从属性冲动的残害。由于病人受到残害的困扰，并且在竭力摆脱混乱的状态，所以他回到了受限制的关系中。病人在扩大接触的企图和限制的企图之间摇摆不定，并会在整个分析过程中持续进行。

现在回到我列出的精神分裂症人格的内在特征上。这些特征构成了一种天生品质，使得拥有这种天生品质的人在通过偏执-分裂位和抑郁位上取得进展的方式，明显不同于在这种品质上不那么突出的人。这种差异取决于这样一个事实，即这种品质的组合导致了人格的细微分裂，特别是弗洛伊德描述的在现实原则的要求下开始运作的认识现实的装置出现了分裂,以及将这些人格的碎片过度投射到外部客体上。

我在提交给1953年国际大会的论文中描述了这些理论的某些方面(Bion, 1954),当时我谈到了抑郁位与言语思维(verbal thought)发展的联系,以及这种联系对认识内部和外部现实的意义。在本文中,我讨论的是同一个故事,只是选择了一个更早的阶段,即在病人的生命之初。我正在处理偏执-分裂位的现象,这些现象最终与言语思维的混乱有关。我希望很快就能显现出为何会如此。

现在必须更详细地考虑我前面提到的弗洛伊德和梅兰妮·克莱因的理论。引用弗洛伊德在1924年《神经症和精神病》(Neurosis and psychosis)一文中的表述,他将区分神经症和精神病的其中一个特征定义为:"在前者中,自我凭借其对现实的忠诚,压制了本我的一部分(生本能),而在精神病中,同一个自我却为本我服务,将自己从现实的一部分中撤出"(Freud, 1924)。我认为,当弗洛伊德谈到自我对现实的忠诚时,他所描述的是随着现实原则的建立而发生的发展。他说:"新的要求使精神装置必须进行一系列的调整,由于知识不足或不确定,我们只能非常粗略地详述这些调整。"然后他列出了:朝向外部世界的感觉器官和附属于它们的意识的重要性提高了;注意力,他称之为一种特殊的功能,它必须搜索外部世界,以便在出现紧急的内在需要时,信息已经被熟知;一种记号系统,其任务是保存意识的周期性活动结果,他所描述的一部分即我们称之为记忆和判断力的东西,它必须决定一个特定想法是真的还是假的;在适当改变现实的过程中通过运动释放能量,而不仅仅是解除精神装置上累积刺激物的负担;最后,思考使人们得以容忍挫折,而挫折是行动的一种不可避免的伴随物,因为它具有实验性行动方式的性质。正如我们将看到的那样,我对思维的功能和重要性做了很大的延伸,但除此之外我接受自我功能的这种分类,弗洛伊德提出这种分类作为一种推定，使得本文所关注的人格的一部分得以具体呈现。它与临床经验非常吻合，并使事态清晰，如果没有它，这些事态将晦涩复杂得多。

我想对弗洛伊德的描述做两点修改，使之与事实更接近。我认为，至少对于我们在分析实践中可能会遇到的病人来说，自我并不曾完全从现实中撤退。我想说的是，它与现实的接触被一种全能幻想所掩盖，这种幻想在病人的思维和行为中占主导地位，其目的是破坏现实或对现实的认识，从而达到一种不生不死的状态。由于与现实的联系从未完全丧失，我们所熟悉的与神经症相联系的那些现象也从不会缺席，并且在取得足够进展时，它们在精神病性材料当中的存在也使得分析错综复杂。在这个事实上，自我保持着与现实的联系，这取决于一个与精神病性人格平行，但被精神病性人格所掩盖的非精神病性人格的存在。

我的第二个修改是，从现实中撤退是一种幻觉，而不是一个事实，它产生于针对弗洛伊德所列举的精神装置部署投射性认同的操作。这种幻想的主导地位是很明显的，对病人来说它不是幻想，而是一个事实，他举手投足就好像他的感知装置可以被分裂成微小的碎片并投射到他的客体上。

经过这些修改，我们得出这样的结论：病人的病情足以被证明为精神病病人，他们的精神世界包含了人格中非精神病的部分，那是各种神经症机制的猎物，精神分析已经让我们对此熟识；同时包含着人格中的精神病部分，这部分目前占主导地位，以至于人格中非精神病部分被掩盖了，两者对立并存。

弗洛伊德所说的对现实的憎恨的一个伴随物是精神病性婴儿对乳房的施虐攻击幻想，梅兰妮·克莱因将其描述为偏执-分裂阶段的一部分（Klein, 1946）。我想强调的是，在这个阶段，精神病病人将他的客体，以及人格中所有会使他意识到他所憎恨的现实的那些部分分割成极其微小的碎片，因为正是这一点在实质上促成了精神病病人的感受，即他无法

## 第3章 精神病性与非精神病性人格的区分

恢复他的客体或自我。由于这些分裂的攻击，所有那些原本有朝一日将会为直觉地理解自己和他人而提供基础的人格特征，在一开始就受到了危害。弗洛伊德所描述的在后来的阶段成为对现实原则的发展性反应的所有功能，也就是说，感官印象的意识、注意力、记忆、判断力、思维，在生命之初以尚不成熟的形式，受到施虐性的分裂瓦解性的攻击，导致它们被细微地分割开，随后从人格中驱逐出去，渗入客体，或者被客体囊裹。在病人的幻想中，被驱逐的自我颗粒独立地、不受控制地存在，或者被外部客体所容纳，或者容纳外部客体；它们继续行使它们的功能，就仿佛它们所经受的苦难只是为了提高它们的数量，激起它们对驱逐它们的那个心灵的敌意。因而，病人感到自己被怪异客体所包围，我现在将描述这些客体的性质。

每个颗粒都被感觉为由一个真实客体构成，这个客体被包裹在一个吞噬了它的人格颗粒中。这个完整颗粒的性质将部分取决于真实客体的特性，比如说，一台留声机部分取决于吞噬它的人格颗粒的特性。如果这个人格颗粒与视觉有关，那么正在播放的留声机就被感觉为在观察病人；如果与听觉有关，那么正在播放的留声机就被感觉为在听病人说话。客体因被吞噬而愤怒，可以说是情绪膨胀起来，填满并控制着吞噬它的人格碎片：在这个程度上，人格颗粒已经成为一个东西。由于这些颗粒是病人赖以作为思维原型的东西——后来形成了词语应该产生的基质——这种被包含但有控制性的客体对人格碎片的充斥，导致病人感到词语就是他们命名的实际事物，因此增加了西格尔所描述的混乱，这种混乱是由于病人使用等同，而没有象征。病人使用这些怪异客体来实现思维的事实现在导致了一个新问题。如果我们考虑到病人的客体使用分裂和投射性认同的目的之一是使自己摆脱对现实的意识，那么很明显，如果他能对感官印象和意识的联结（不管它是什么）发起这些破坏性的攻击，他就能以最省力的方式实现与现实的最大程度割裂。在我提交给

1953年国际大会的论文中（Bion, 1954），我表明了对精神现实的意识取决于言语思维能力的发展，而这种能力的基础与抑郁位相关。现在不能再讨论这个问题了。我向你推荐梅兰妮·克莱因写于1930年的论文《象征形成在自我发展中的重要性》（The importance of symbol formation in the development of the ego），以及西格尔（H. Segal, 1957）在英国心理学会（1955）发表的论文。在这篇论文中，西格尔证明了象征形成（symbol formation）的重要性，并探讨了它与言语思维和通常与抑郁位相关的修复性驱动的关系。我关注的是同一个故事中的较早阶段。我相信，在抑郁位下变得更加明显的伤害实际上是在偏执－分裂阶段开始的，当时应该为原始思维打下基础，但由于分裂和投射性认同的过度活动而没有发生。

弗洛伊德将提供约束行动手段的功能归于思维。但他接着说："思维很可能最初是无意识的，因为它超越了单纯的意念，转向了客体与印象之间的关系，而且它被赋予了更多的品质，这些品质只有通过它与语言的记忆痕迹的联系才能被意识感知"（Freud, 1911）。我的经验使我认为，一开始就存在某种思维，它与我们应该称之为表意符号和视觉的东西有关，而不是与文字和听觉有关的。但这取决于均衡地对客体内射和投射的能力，更取决于对它们的认识。这在人格的非精神病部分的能力范围内，部分原因是我已经描述过的意识装置的分裂和射出，还有部分原因是我现在要谈的。

多亏人格中非精神病部分的运作，病人能意识到，内射导致了无意识思维的形成，弗洛伊德称之为"转向客体与印象之间的关系"。现在我相信，正是这种被弗洛伊德描述为转向客体与印象之间关系的无意识思维，带来了"附着于感官印象的意识"。我看到12年后他在《自我与本我》（The ego and the id）一文中的陈述时，更确信这一点了。在这篇论文中，他说："'一个事物如何被意识到？'的问题可以更有利地说成'一个事物是如何进入前意识的？'，而答案是'通过同与之相对应的言语形象发生联系'"（Freud，1923）。我在 1953 年的论文中说，言语思维与对精神现实的意识相联系（Bion，1954）；我相信我现在所讲的早期前言语思维也是如此。鉴于我已经谈到过精神病病人对所有带来外部和内部现实的意识的心理装置的攻击，可以预料，投射性认同的部署对于转向客体与印象之间关系的思维会特别严厉，不管是什么样的思维。因为如果这种联系可以被切断，或者不如从未被建立，那么即使现实本身不可能被摧毁，至少对现实的意识可以被摧毁。事实上，毁灭的工作已经完成了一半，因为在非精神病病人心中以平衡的内射和投射的方式用来锻造思维的原材料，对于人格中的精神病部分来说是不可用的，因为投射性认同取代了投射和内射，只给病人留下了我所描述的那些怪异客体。

事实上，原始思维之所以受到攻击，不仅是因为它将现实的感官印象与意识联系在一起，而且由于精神病病人过度具有破坏性，分裂过程被扩展到了思维过程本身的内部联结上。正如弗洛伊德关于思维转向客体与印象之间关系的说法所暗示的那样，思维所源自的表意符号的原始母体本身就包含表意符号和其他表意符号之间的联结。所有这些现在都受到攻击，直到最后两个客体无法以这样一种方式结合在一起，这种方式指每个客体的固有品质保持不变，但通过它们的结合能够产生一个新的精神客体。因此，象征的形成现在就很困难了——就治疗效果而言，象征形成取决于将两个客体结合在一起的能力，从而它们的相似性得到体现，差异却不受影响。在更晚阶段，这些分裂攻击的结果体现在否定了作为词语组合原则的表达（articulation）。这并不意味着客体不能被结合在一起；正如我将在后面谈到聚集（agglomeration）时表明的那样，这绝不是真的。此外，由于"联结之物（that-which-links）"不仅被细微地分割开来，而且被投射出去到客体中，与其他怪异客体结合，所以病人感到被细微的联结所包围，这些联结现在被残忍所浸透，将客体残忍地联结在一起。

我在结束对于自我的分割及其被驱逐到客体中及围绕客体的描述时，我想说的是，我相信我所描述的过程是从人格非精神病部分中区分精神病性部分的核心因素，只要能不带扭曲地将这样的因素分离出来。它发生在病人生命的最初阶段。对自我和思维母体的施虐攻击，加上碎片的投射性认同，一定会使得人格中精神病部分和非精神病部分之间的分歧越来越大，直到最后感到它们之间的鸿沟是无法弥合的。

对病人来说的后果是，他现在不是在一个梦的世界里活动，而是在客体的世界里活动，这些客体通常也装饰了梦。他的感官印象似乎遭受了某种残害，对这种残害的适当描述是，它们所受的攻击，就像婴儿在施虐幻想中感受到的乳房所受的攻击一样（Klein, 1928）。病人感到被囚禁在他目前达到的心智状态中，无法摆脱，因为他觉得自己缺乏认识现实的装备，这种装备既是逃避的关键，也是他要逃往的自由。被驱逐的碎片的威胁性存在加剧了这种监禁感，他被包含在这些碎片的行星式运动中。这些客体原始却复杂，具有非精神病性人格中的物质、肛门客体、感官、观念和超我所特有的品质。

这类客体的多样性取决于填充它们的感受，这使我对其产生模式只能给出很粗略的说明。这些客体与表意思维材料的关系导致病人将真实客体与原始观念混为一谈，因此，当它们服从的是自然科学法则而不是心理功能的规律时，就会令病人混乱。如果他想在恢复自我的尝试中带回这些客体中的任何一个，而且在分析中他觉得有必要进行这种尝试，那么他只能通过投射性认同、以相反的方式并沿着它们被驱逐的路线把它们带回来。无论他是感到被分析师将其中一个客体放进了自身，还是感到自己已经接受了它，他都感到这种进入是一种攻击。他承载的客体和自我的分裂达到了极端的程度，使得任何合成的尝试都极为危险。此外，由于他已经清除了自己身边的"联合之物（that-which-joins）"，即他的表达能力，在他的感觉里可用来进行合成的方法就很单薄；他可以压缩但不能联结，他可以融合但不能表达。联结的能力被感受为已经变得像所有其他被驱逐的颗粒一样，比它们被排出时糟糕得多，这是它被排出的结果。任何发生的结合都是带有报复性的，也就是说，以一种明确违背病人当时意愿的方式进行。在分析过程中，这种压缩或聚集的过程失去了一部分恶性，然后新的问题产生了。

我现在必须提醒你们注意一个问题，这个问题本身就需要一篇论文，因此在此不再多提。在我的描述中隐含的是，精神病性人格或一部分人格用分裂和投射性认同代替了压抑。人格中的非精神病部分采用压抑的方式使得心灵中的某些趋势不被意识，也不采取其他形式的表现和活动，而人格中的精神病部分则试图摆脱执行压抑所依赖的全部装置；无意识看上去要被由梦来装点的世界所取代了。

我现在将尝试描述一次真实会谈；与其说它是基于对理论所依据的经验的描述，不如说这段临床经验基于这些理论，但我希望我能够指出以前的会谈中导致我做出如此诠释的材料。

我要描述这次会谈中的一小部分，会谈中的这位病人已经来找我 6 年了。他曾经迟到过 45 分钟，但从未缺席过哪次会谈；这些会谈都没有超时结束。这天早上，他晚到了 15 分钟，然后躺到沙发上。他花了些时间从一侧翻到另一侧，表面上看是在让自己舒服。最后他说："我不觉得自己今天会做什么了。我应该打电话给我母亲的。"他停顿了一下，然后说："不对；我之前以为会是这样。"随后又停顿了很久。然后，他说："除了肮脏的东西和气味，什么都没有，我想我已经失明了。"现在，我们的时间已经过去了大约 25 分钟，在这时，我做了一个诠释，但我在复述它之前，必须讨论一些以前的材料，我希望这些材料能使我的干预好懂一些。

当病人在沙发上谨慎移动时，我看到了一些熟悉的东西。5 年前，他曾解释说，他的医生建议他做疝气手术，可以认为是疝气引起的不适迫使他做这些调整。然而很明显,除了疝气和为了增加身体舒适度的合理活动外,还有更多内容。我有时会问他这些动作是什么,对于这些问题,他的回答是:"没什么。"有一次他说:"我不知道。"我感到"没什么"是在含蓄地请我管好自己的事,也是在否认一些非常糟糕的事情。在长长短短的时间里,我继续观察他的行动。一块手帕被放在他的右边口袋附近;他拱起了背——这肯定是一个性的姿态吧?一个打火机从他的口袋里掉了出来。他应该把它捡起来吗?是的。不,也许不会。好吧,是的。他把它从地板上捡起来,放在手帕边上。随即,一阵硬币雨从沙发上洒落到地板上。病人静静地躺着,等待着。他的手势似乎在暗示,他把打火机带回来是不明智的。这似乎导致了硬币雨的发生。他小心翼翼、鬼鬼祟祟地等待着。最后,他说了我所报告的那句话。这让我想起了他的描述,这些描述不是在任何一次会谈中发生的,而是在许多个月里,在他去厕所前、下楼吃早餐前或给母亲打电话前,他必须经历的曲折的谨慎操作。我很习惯于回忆起许多自由联想,这些联想可能很容易与他在这个早晨和其他许多早晨的行为相适应。但这些都是现在我的联想;有一次我试图在诠释中利用这些材料,这正是他的回答。我记得有一个诠释取得了一些成功。我指出,他对这些动作的感觉和他对他告诉我的一个梦的感觉差不多——他对那个梦没有想法,他对这些动作也没有想法。"是的,"他同意道,"是这样的。""然而,"我回答说,"你曾经对它有过想法;你认为它是疝气。""那没什么。"他回答说,然后停了一下,我想他几乎是狡猾地停了一下,看看我是否抓住了重点。所以,"没什么是真正的疝气。"我说。"不知道,"他回答说,"只是一个疝气。"我一直被留下了这样的感受,觉得他的"不知道"很像关于梦境或移动的"不知道",但至少在那节会谈上,我无法再进一步。在这方面,移动和梦境是十足的尝试合作受阻的例子,这也是我提醒他注意的事情。

你可能已经想到,就像我经常想到的那样,我正在观看一系列微型的戏剧性演示，为婴儿洗澡或喂食做准备，或换尿布，或性诱惑。更多的时候，应该说这个演示是由出自许多此类场景的一些片段聚集组成的，正是这种印象使我最终认为我在观看一种表意运动活动，也就是说，一种表达某种想法但没有为其命名的手段。从这一点出发，离把它看作具有弗洛伊德所描述的那种快乐原则至高无上性质的运动活动也就不远了（Bion, 1954）。因为，就我观察的精神病现象而言，病人的行动不可能是对外部现实认识的反应；他表现出弗洛伊德所说的，在快乐原则至上情况下的那种运动性放电，"有助于释放精神装置承载的刺激负荷，并在执行这项任务时向身体内部发出暗示（情感的举止表达）"。当病人说"我不指望今天能做什么"时，我又想起了这个印象。这句话可能是指他产生任何诠释材料的可能性，或者同样是指我产生任何诠释的可能性。"我应该给我母亲打电话的"，这意味着没能这样做被他视为是对做不了任何分析的惩罚。这也意味着他的母亲本知道该怎么做——她可以从他那里得到联想，或可以从我这里得到诠释；这取决于他的母亲对他意味着什么，但在这一点上，我着实一无所知。在分析中提到的她是一个简单的工人阶级妇女，必须为家庭工作；他对这种观点的相信，就像他坚决说他的家庭极度富有一样。我被浮光掠影地告知，她是一个有着无数社交活动的女人，以至于她几乎没有时间满足病人（她的长子）、她的长女（比病人大两岁）或家庭其他成员的需要。她被说成是没有常识或文化的，尽管她有参观国际知名画廊的习惯，如果他如此含混不清的东西可以被称为语言的话。我不得不推断，她对孩子们的教育是极端无知的，也是极端不辞辛苦的。我可能要说，在我写这篇文章时，我对他母亲真正的了解并不多：我描述过典型精神病病人摆脱自我的方式，在对病人母亲的了解上，我的了解还没有以这种方式摆脱自我的人多。尽管如此，我有这些印象，以及其他一些经我省略的印象，并在这些印象的基础上做出诠释。病人对这些诠释的反应是直截了当的拒绝，要么因为是错的而完全不能接受,要么是准确的,但因为我一定是未经他允许就使用了他的心灵(实际上是他与现实的接触能力)而属于不当达成。可以看到,他由此表达了对我的洞察力的妒忌性否认。

停顿后,当病人说他知道会是这样的情况时,我感到自己有相当的把握,确定我不可能在那次谈话中做什么,而他的母亲才是能使他更满意地与我相处的某人或某事。这种印象在下个联想中得到了加强。

如果我所描述的理论是正确的,那么在任何特定的情况下,就像这位病人一样,病重到足以获得鉴定程度的病人都需要解决两个主要问题,一个与人格中非精神病部分有关,另一个与精神病部分有关。在这一特定病人身上,这一特殊时刻,精神病性人格及其问题仍然令非精神病性人格及其问题黯然失色。不过,正如我所希望展示的,后者在材料中清晰可见。非精神病性人格涉及一种神经症性的问题,也就是说,这个问题的核心是解决思想和情感的冲突,而且是自我的运作引起了这种冲突。但精神病性人格涉及自我的修复问题,这一问题的线索在于他恐惧自己已经失去视力。既然闯入的是精神病性的问题,我就处理这个问题,首先处理他最后的联想。我告诉他,这些肮脏的东西和气味是他感到他让我做的事,他感到他迫使我去排泄掉它们,包括他放在我身上的视力。

病人抽搐了一下,我看到他小心翼翼地扫视着周围,周围看上去只有空气。我据此说,他感到周围都是一些坏的、发臭的自我碎片,包括他的眼睛,他感到这些东西是他以前从肛门排出的。他回答说:"我看不见了。"然后我告诉他,他感到自己已经失去了视力,也失去了与母亲或与我交谈的能力,那时他除掉了这些能力以避免痛苦。

在这最后一个诠释中,我利用了几个月前的一次会谈,在那次会谈中,病人抱怨说分析是一种折磨,是记忆的折磨。我随即向他表明,当他感到疼痛时,就像在这次会谈中的突然抽搐所证明的,他通过摆脱记忆和任何可令他意识到疼痛的东西达到麻醉的目的。

## 第3章 精神病性与非精神病性人格的区分

病人："我的头在裂开；可能是我的墨镜。"

好，大约五个月前，我曾戴过一副墨镜；就我所知，从那天到现在，这一事实没有让他产生任何反应，但如果考虑到，戴着墨镜的我，被他感受成我在描述被驱逐的自我颗粒的命运时提到的客体之一，那就不那么令人惊讶了。我解释过，精神病性人格似乎必须等待一个合适的事件发生，然后它才会感到自己拥有一个适合与自己或他人交流的表意符号。反过来说，其他事件对非精神病性人格可能具有直接意义，却被忽略了，因为这些事件被感觉为只是作为表意符号，满足的都不是直接需要。在这个例子中，在人格的非精神病部分，我戴墨镜所造成的问题被掩盖了，因为人格的精神病部分占了主导地位；而在人格的精神病部分，这个事件只是作为一个表意符号而已，它并没有直接的需要。当最后这个事实在分析中出现时，从表面上看，它可能是某种延迟的反应，但这样的观点取决于这样的假设：墨镜的联想是人格非精神病部分的神经症性冲突的表达。事实上，这并不是人格非精神病部分中冲突的延迟表达，而正如我将表明的，是人格精神病部分需要调动一个表意符号来立即修复自我，这个自我被我所描述的过度投射性认同损害了。这些原本默默无闻的事实突然闯入，必须随即被视为有意义的，不是因为它们的出现推迟了，而是因为它们是人格中精神病部分活动的证据。

假设这里的墨镜是表意符号的口头交流，就有必要确定表意符号的诠释。我不得不将所掌握的证据压缩到可能无法理解的地步。眼镜含有一丝婴儿奶瓶的线索。它们是两片玻璃，或两个瓶子，因此类似于乳房。它们是深色的，因为在皱着眉头，在生气。它们是玻璃制品，得以报复他，因为当它们是乳房时，他设法看透它们。它们是黑暗的，因为他需要黑暗来窥视父母的性交。它们是黑暗的，因为他拿着瓶子不是为了吃奶，而是为了看父母做什么。它们是黑暗的，因为他吞下了它们，而不仅仅是它们所含有的奶。它们是黑暗的，因为清澈的好东西在他体内变成了黑色和臭味。所有这些象征一定都是通过人格中非精神病部分的运作实现的。在这些特征之外，还有我所描述的那些，作为被投射性认同所驱逐的部分自我的特征，即它们对他的憎恨，都是被他拒绝的部分自己。我利用这些分析经验的补充，并且仍然关注精神病性问题，也就是，修复自我以符合外部情境要求的需要，回应如下。

分析师：你的视力回来了，却把你的头劈开了；你感到这是很糟糕的视力，因为你对它做了些什么。

病人（痛苦地移动，好像在保护他的直肠）：没什么。

分析师：似乎是你的直肠。

病人：道德上的束缚[1]。

我告诉他，他的视力，那副墨镜，被感觉为惩罚了他的良知，一方面是为了摆脱它们以避免痛苦，另一方面是因为他用它们来监视我和他父母。我觉得我在对这种联系的紧密性上处理得不够好。

人们会注意到，我无法提供任何建议，无法指出是什么会刺激病人产生这些反应。这并不奇怪，因为我处理的是一个精神病性问题，而相对于非精神病性问题而言，精神病性问题恰恰与所有使人意识到现实刺激的精神装置都受到破坏有关，既然如此，那么这种刺激的性质甚至其存在都是无法辨认的。然而，病人的下一句话却给出了提示。

病人：周末，不知道我是否能坚持下去。

---

[1] 原文 stricture，医学上为狭窄部分。——译者注

这个例子说明的是，病人如何感到已经修复了自己的接触能力，并因此可以告诉我他周围发生了什么。这是他现在已经熟悉的现象，我没有诠释它。取而代之，我回应如下。

分析师：你觉得你必须能够在没有我的情况下生活下去。但要做到这一点，你感到需要能够看到周围发生的事情，甚至能够与我联系；能够与我远距离联系，就像你给母亲打电话时一样；所以你试图从我这里重新获得观察力和交谈能力。
病人：精彩的诠释。（突然抽搐一下）哦，天啊！
分析师：你感到现在可以看到和理解，但你看到的过于耀眼，以至于引起强烈的疼痛。
病人（握紧拳头，表现出非常紧张和焦虑）：我恨你。
分析师：当你看时，你所看到的——周末的休息和你用黑暗来窥视的东西——使你对我充满了憎恨和钦佩。

我相信，此时，自我的恢复意味着病人要面临非精神病性问题了，即解决神经症性冲突。在接下来的几周里，他的反应证明了这一点，他无法忍受现实刺激产生的神经症性冲突，并企图通过投射性认同来解决这个问题。随后，他又企图把我当作他的自我使用，他对自己的精神错乱感到焦虑，进一步企图修复他的自我，回到现实和神经症；如此循环往复。

我详细描述了会谈的这一部分，因为它可以用来说明一些问题，而不需要用大量不同的联想和诠释的例子来给读者造成负担。遗憾的是，我不得不排除一些引人注目的戏剧性材料，因为如果包括这些材料，而不包括对日常的、乏味的分析的大量描述，以及这些分析中负载着的纯粹不可理解性、错误等，将产生一个完全误导的画面。同时，我也不希望留下任何怀疑，因为我所描述的方法在我看来正在产生相当惊人的结果。我刚才描述的内容能够展示我和病人之间的互动，我相信，对任何分析师而言，这个病人在那几周所发生的变化都是对得起精神分析之名的改进。病人的谨慎举止软化了；他的表情不那么紧张了。在会谈的开始和结束，他与我对视，不再躲避我，也不再像以前那样，把目光投向我以外的地方，仿佛我是一面镜子，他在镜子前排练一些内心戏，这种特殊性常常帮助我认识到，对他来说，我不是一个真实的人。不幸的是，这些现象并不容易描述，我不能在这个尝试上耽搁；因为我想提醒大家注意我发现的一点改善，而且在其他病人身上我也发现了这种改进，它既令人惊讶又令人困惑。由于它触及本文的主题，我可以回到因介绍临床例子而中断的理论讨论来处理它。

如果是言语思维综合并阐述了印象，并因此它对意识内部和外部现实至关重要，那么可以预料，在整个分析过程中，它将不断受到分裂和投射性认同的破坏。我把言语思维的开端描述为属于抑郁位的；但与这一阶段相适应的抑郁本身就是精神病性人格所反对的东西，因此言语思维的发展就会受到攻击，每当抑郁发生时，它的初生要素就会被投射性认同从人格中驱逐出去。西格尔（1956）在提交给1955年国际大会的论文中，描述了心灵处理抑郁的方式。我想请你参考这一描述，因为它适用于我在这里讨论言语思维发展的那部分抑郁位。但我已说过，在更早的阶段，即偏执－分裂位，本应发展的思维过程实际上在被破坏。在这个阶段，不存在言语思维，只有前言语类型的原始思维的萌生。在这个早期阶段，过度的投射性认同阻止了感官印象的顺利内射和同化，因此剥夺了人格的坚实基础，使前言语思维的萌发无法开始。此外，不仅思维受到攻击，因为它本身就是一个联结，而且使思维连贯的因素同样受到攻击，所以最终思维的要素，也就是构成思维的单位，无法得到清楚的表达。因此，言语思维的发展既为我所描述的抑郁位的典型持续攻击所害，也受到此前对任何形式思维的长期攻击所损害。

尝试思考，是修复自我的整个过程的核心部分，涉及使用原始的前语言模式，这些模式已经遭受了残害和投射性认同。这意味着，被驱逐的自我颗粒和它们的堆积物，必须被带回来接受控制，从而带入人格。投射性认同因此得以逆转，这些客体被带回来的路径与它们被驱逐的路径相同。一位病人表达了这一点，他说他必须用肠子而不是用大脑来思考，并强调他的描述是准确的，当我在随后一个场合说到他通过吞咽吸收了什么时，他纠正了我；他说肠子并不吞咽。为了把它们带回来，这些客体必须被压缩。由于被排斥的表达功能的敌意（表达功能现在本身是一个客体），这些客体只能被不适当地联合起来，或被聚集起来。我在临床例子中提出，墨镜是这种怪异客体聚集的一个例子，它是自我经历投射性认同的产物。此外，由于病人没有能力区分这种客体和真实客体，他常常不得不等待适当的事件来为他提供交流冲动所需的表意符号，而这个案例是这种情况倒过来的样子，即一个事件的储存不是因为它的神经症性意义，而是因为它作为一个表意符号的价值。现在，这意味着墨镜的这种特殊用途相当先进。首先，储存这样一个事件作为表意符号的做法接近于弗洛伊德对寻找信息的描述，这样，如果出现紧急的内在需要，它们可以是已熟知的，这算是注意力功能，是自我的一个方面。尽管在这个例子中其形式有些简陋，但它也显示了一种熟练的聚集，成功地传达了意义。现在，我提及的令人惊讶甚至是令人不安的改善触及了熟练的聚合这一点。因为我发现，病人不仅越来越多地诉诸普通的言语思考，从而显示出渐增的言语思维能力和对作为普通人的分析师的考虑，而且他们似乎越来越熟练地掌握这种聚集式而非表达式的言语类型。文明言语的全部意义在于，它极大地简化了思想家或演讲者的任务。有了这种工具，问题就可以得到解决，因为它们至少得以陈述，而没有这种工具，无论问题多么重要，甚至都无法被提出。非同寻常的是，病人用原始的思维模式来陈述极为复杂的主题，真让人惊叹。我发现重要的是，在取得更可喜进展的同时，他这样做的能力也在提高。我说更可喜，是因为虽然为了不让分析师比病人说得更多所以不去处理联想内容，但我没有自满于认为忽略联想内容是正确的。例如，对道德束缚的内容的正确诠释是什么？以及，在决定了这一点之后，正确的程序是什么？要继续阐释多长时间？

正如我们所见，必须动用的颗粒与事物的品质相同。病人似乎感到若要它们重新进来，这会是他们遇到的一个额外障碍。由于这些被感觉为已通过投射性认同被驱逐的客体在经历驱逐后，比最初被驱逐时糟得多，因此，即使是出于自己的意愿，病人也会感到这种重新进来是对他的侵犯、攻击和折磨。在我举的例子中，这一点通过病人的抽搐动作和他对"精彩"诠释的明显反应表现出来。但最后一个例子也表明，感官作为被驱逐的自我的一部分，在被带回来时也会被痛苦地压缩，这通常就解释了令他吃力的极其痛苦的触幻觉、幻听和幻视。抑郁和焦虑受制于同样的机制，也同样加剧，直到病人被迫通过投射性认同来处理它们，如西格尔所描述的那样。

## 结论

在实践中体验这些理论让我相信，它们具有真正的价值，并能带来一些改善。甚至精神分析师也会觉得，这些改善是值得进行严格的测试和审查的。反过来，我认为，如果不对精神病性人格和非精神病人格之间的本质分歧给予应有的重视，特别是投射性认同在人格的精神病部分作为替代人格的神经症性部分的压抑所起的作用，那么在精神病病人身上不可能取得真正的进展。病人对自我的破坏性攻击以及投射性认同对压抑和内射的替代作用一定要修通。此外，我认为对严重的神经症病人来说也一样，我相信在他们身上有一个被神经症所掩盖的精神病性人格，就像精神病病人的神经症性人格被精神病所掩盖一样，一定要将它袒露出来并加以处理。

## 参考文献

Bion, W.R. (1954) 'Notes on the theory of schizophrenia', *International Journal of Psycho-Analysis*, 35, 113–18.

Freud, S. (1911) 'Formulations regarding the two principles of mental functioning', *SE* 12.

——(1923) *The Ego and the id*, *SE* 19, 1–66.

——(1924) 'Neurosis and psychosis', *SE* 19, 149–53.

Klein, M. (1928) 'Early stages of the Oedipus conflict', *Contributions to Psycho-Analysis*, 1921–45 [and subsequently in *The Writings of Melanie Klein*, vol. 1, London: Hogarth Press (1975), 186–98].

——(1930) 'The importance of symbol formation in the development of the ego' in *The Writings of Melanie Klein*, vol. 1.

——(1946) 'Notes on some schizoid mechanisms' in M.Klein, P.Heimann, S.Isaacs, and J.Riviere *Developments in Psycho-Analysis*, London: Hogarth Press (1952), 292–320 (also in *The Writings of Melanie Klein*, vol. 3, 1–24).

Rosenfeld, H. (1952) 'Transference-phenomena and transference-analysis in an acute catatonic schizophrenic patient', *International Journal of Psycho-Analysis*, 33, 457–64.

Segal, H. (1957) Paper on symbol-formation read to the Medical Section of the British Psychological Society, and subsequently published as 'Notes on symbol formation'. *International Journal of Psycho-Analysis*, 38, 391–7 and reprinted here on pp. 160–76.

——(1956) 'Depression in the schizophrenic', *International Journal of Psycho-Analysis*, 37, 339–43; also in *The Work of Hanna Segal*, New York: Jason Aronson (1981) 121–9 and reprinted here, pp. 52–60.

# 第 2 部分

## 投射性认同

## 引言二

1946年，克莱因在论文《关于一些分裂机制的说明》中描述了偏执-分裂位，她在这个过程中发展了投射性认同的概念。不过，直到1952年，她才在发表于《精神分析发展》（Developments in Psycho-Analysis, M. Klein, 1952a）上的论文版本中加入了关键的定义性句子："我建议对这些过程使用'投射性认同'这一术语"。克莱因长期以来一直在谈论孩子有进入母亲身体的幻想，但在《关于一些分裂机制的说明》中，她把这个熟悉的想法与投射联系起来而给予了另一种强调。她认为投射性认同是一种幻想，在这种幻想中，自我坏的部分从自我的其他部分中分裂出来，与坏的排泄物一起被投射到母亲或她的乳房中，以控制和占有她，以这种方式使她被感觉为坏的自我。她认为，自我好的部分也会被投射出来，只要这个过程不被过度利用，带来的就是自我的增强和良好的客体关系。

克莱因几乎是随意地定义了"投射性认同"这个术语，而且由于它太容易被误用，她显然总是对它的价值有些怀疑（Segal, 1982）。但是这个术语已经逐渐成为她的概念中最受欢迎的一个，是唯一被非克莱因学派广泛接受和讨论的概念，尤其在美国，尽管讨论它的方式经常与克莱因的概念不相兼容。对于这个概念的定义和使用，已经产生了相当大的争议。投射和投射性认同之间是否有区别也许是最经常被提出的问题，但其他问题也很重要。这个术语是否应该仅指病人的无意识幻想，而不考虑对接收者的影响，还是应该仅用于投射接收者的情感被投射到他身上的东西影响的情况？这个词应该只用于关于自我的投射，还是也应该用于关于内部客体的投射？投射性认同有许多可能的动机，这些动机是否都应该被包括在内？这个词应该只用于病人对他所投射的自我的品质和部分失去意识觉知的情况，还是也适用于保留这种意识的情况？那么，自身的好品质和好部分的投射呢；这个概念是否也应该用在这些方面，就像克莱因明确认为的那样，还是应该保留给坏品质的投射（这一直是主要的趋势）？是像克莱因所想的那样，在投射中总是涉及一个具体的身体幻想，还是从精神角度来谈论幻想就足够清楚了？

在这些问题中，到目前为止，讨论最多的是投射性认同是否应该以及如何与投射相区分的问题。根据西格尔（1967，个人通信），克莱因自己对投射与投射性认同是有明确区分的；她认为投射是心理机制，投射性认同是表达它的特有幻想。然而，即使是英国的克莱因学派分析师也没有严格遵守这一用法；他们尽管很少明确说明，但通常的观点是，区分投射和投射性认同在临床上是没有用处的。克莱因的投射性认同概念为弗洛伊德的投射概念增添了深度和意义，它强调一个人不可能有投射冲动的幻想却没有投射自身的一些部分，于是这就涉及分裂，而且它进一步强调，冲动和自身的一部分在投射时并没有消失；它们被感觉为进入了一个客体。个体与他自身投射出去的那些方面是无意识地保持着某种联系的，当然也有可能是有意识的。

在美国分析师当中，对投射和投射性认同之间的区别则进行了长期的讨论（特别是见 Malin & Grotstein, 1966; Ornston, 1978; Langs, 1978; Ogden, 1979, 1982; Meissner, 1980; Grotstein, 1981）。在这些讨论中，被用于区分投射和投射性认同的最常用基础，是投射的接收者是否受到投射者幻想的情感影响。这种强调派生于比昂的工作，虽然比昂和克莱因一样认为投射性认同是一种幻想；事实上，我认为大多数分析师，无论是克莱因学派还是非克莱因学派，都同意病人并不从他们自己的头脑中拿出想法和感觉，具体地把它们放到分析师的头脑中（参见 Sandler, 1987）。然而，比昂还显示了一点，在许多病例中使用投射的人以这样一种方式使得分析师（或投射的其他接收者）产生了与投射者的幻想相关的感受，有时接收者发现自己感到压力很大，不得不出于这些感觉采取行动（Bion, 1959，本书重刊）。但是将投射性认同这一术语限制在这种情况下，大大降低了这一概念的有用程度，而且绝对与克莱因本人的意思完全相反。英国人的观点是，这个术语最好保留为一个一般概念，让它足以同时包括接收者受到情感影响的情况和不受影响的情况。然而，用有区别性的形容词来描述投射性认同的各种亚型可能仍然是有用的；"唤起性"就可以用来描述这样一种情况：接收者被置于压力之下，产生了与投射者的幻想相应的感受。

在使用这个概念的过程中，大多数其他问题都能以同样的方式得到最好的回答，也就是说，把这个概念作为一个一般的术语，可以在内部区分出各种子类型。投射性认同的许多动机——控制客体、获得其属性、疏散坏品质、保护好品质、避免分离——都可以最妥善地置于一般性的保护伞之下。

关于投射性认同的想法推动了我们对移情和反移情动力的理解，特别是拜比昂的工作所赐，这个话题在《当代克莱因》的第二卷中讨论得更充分。比昂对投射性认同各方面的研究在20世纪50年代的几篇论文中有所描述（1952, 1955, 1957, 1959，本书重刊）。在强调病人通过投射性认同引起分析师的情绪的能力时，比昂强调了投射性认同的交流性以及防御性，不过，正如约瑟夫所指出的，是分析师的反应可以或无法将病人的投射性认同转化为交流和理解（Joseph, 1987，本书重刊）。比昂第一次明确描述自己作为分析师接收投射的沟通效果，是在他对团体工作的讨论中（1952）。

"在我看来，反移情的经验有一种相当独特的品质，它应该使分析师能够区分他是或者不是投射性认同的客体的场合。无论多么难以认清，分析师都会感到自己在被操纵，以在别人的幻想中扮演一个部分。"

（Bion, 1952）

不久之后，比昂给出了一个精彩的临床例子，他在与一名精神病病人的一次会谈中，感到越来越害怕病人会攻击他。比昂诠释说，病人正在把自己的恐惧推到他（比昂）的内部，病人害怕的是他将谋杀比昂；不久之后，当紧张程度减轻但病人紧握着拳头时，比昂说，病人已经把恐惧带回了自己体内，现在他害怕自己会发动谋杀性攻击（Bion, 1955）。

分析师如此使用他对病人材料的情感反应，当然很容易出现错误和误用。关于这个话题的讨论，基本上关系着另一个同类议题的争议，即反移情这个词是否应该限制在分析师对其病人的精神病理反应上，还是按照宝拉·海曼（Paula Heimann, 1950）建议的方式扩大到囊括对病人的所有情绪反应上。例如，我们是否需要一个特殊的术语，如格林伯格（Grinberg）建议的"投射性反认同"，用于分析师被病人特别唤起的反应（Grinberg, 1962）？分析师如何知道他对病人的感受是自己的精神病理学产物，还是病人的投射，或者是两者的混合？正如莫尼—克尔（Money-Kyrle）所说：

"病人究竟如何成功地将幻想及其相应的情感强加给他的分析师，以便在自己身上否认它，这是一个最有趣的问题……这种交流的一个特点是，乍一看，它们并不像是由病人发出的。分析师会体验到这种影响是他自己对某些东西的反应。需采取的努力是将病人的份额与他自己的份额区分开。"

（Money-Kyrle, 1956）

正如比昂和莫尼-克尔都说，这是一个困难的技术问题，取决于分析师关于病人和自己的全部经验和知识。

克莱因为了与她对无意识幻想的身体具象性的看法保持一致，对具体说明投射是通过什么躯体手段产生的以及投射到接收者身体的哪个部分非常严格。甚至最初的定义也特指"随着这些在仇恨中排出的有害排泄物一起，自我的分裂部分也被投射到母亲身上，或者，我更愿意称之为投射进了母亲"（Klein, 1946），从而明确了排泄器官是投射的执行机构。她早期的几篇关于精神病性病人的论文延续了这种做法，例如会提醒人们注意使用眼睛和耳朵以及其他接收器官进行投射。然而，许多分析师渐渐开始谈论和思考由投射者心灵向接收者心灵的投射，而不再特定于幻想的身体基础，除非身体部分特别明显。西格尔认为，投射性认同的身体具象程度取决于病人的受困扰程度；病人越是使用偏执-分裂位的特色防御，他的投射就越是具象的和身体的。

这一部分所重刊的论文是克莱因学派关于投射性认同思想的里程碑式作品。在《对联结的攻击》（Attacks on links, 1959）中，比昂发展了他的投射性认同模型，与一个能够修改投射的接收者或容器进行交流，从而使被改造的内容能够以一种不那么令人痛苦的形式被个人再次吸纳。这是比昂的思想和思维能力发展模型以及分析中的增长模型的根基性方面，也是他后来所有工作的基础。

梅尔泽的论文《肛门自慰与投射性认同的关系》（The relation of anal masturbation to projective identification, 1966）描述了在肛门自慰中表达并伴随着的对内部父母投射性认同的幻想，这些幻想导致对养育功能的诋毁和对内部父母依赖性的否认，因而会导致个人的虚假独立和"假性成熟"（pseudo-maturity）。

罗森菲尔德于1971年的论文《对精神病状态精神病理学的贡献：投射性认同在精神病病人的自我结构和客体关系中的重要性》（Contribution *to the psychopathology of psychotic states: the importance of projective identification in the ego structure and object relation in the psychotic patient*, 1971a），进一步发展了比昂提出的投射性认同的交流性方面的想法。这篇论文的杰出之处是详细讨论了投射性认同的动机。这些动机已经由克莱因本人（1964a）描述过了，西格尔（1964）也简要地描述过，但在这里得到了详细讨论。罗森菲尔德最近追授出版了他的《僵局与诠释》（*Impasse and Interpretation*, 1987）*一书，他在其中扩展了这一阐述，并给出了许多临床例子。

约瑟夫最近的论文（1987，本书重刊）值得注意，它有一个特别清晰的介绍，并且非常有说服力地举例说明了她如何对精神病性病人使用这一概念，这些病人的精神病性程度低于比昂和罗森菲尔德所描述的。她对比了陷于偏执-分裂位的病人和抑郁位的病人对投射性认同的不同使用。

对投射性认同概念的关注仍在继续。在目前的工作中（其中大部分尚未发表），有一些分析师正试图定义投射性认同的不同方面，包括它们与分裂的关系，并讨论每个方面涉及的技术问题。

---

\* 本书简体中文版已由中国轻工业出版社引进出版。——译者注

# 第 4 章

# 对联结的攻击

W.R. 比昂

这篇文章最初是 1957 年 10 月 20 日在英国精神分析协会宣读的一篇论文，1959 年首次发表于《国际精神分析杂志》（40: 308-315）。

在以前的论文中（Bion, 1957），我在谈到人格中的精神病部分时，谈的是一种破坏性攻击，病人会对任何具有联结一个客体和另一个客体的功能的东西发起这种攻击。在本文中，我打算说明，这种破坏性攻击的形式对于边缘性精神病某些症状的产生有多么重要。

我谈到的所有联结，其原型都是原始乳房或阴茎。本文假定读者熟悉梅兰妮·克莱因如何描述婴儿对乳房进行施虐攻击的幻想（Klein, 1934）、婴儿对其客体的分裂、投射性认同——梅兰妮用这个称呼指代人格的一部分被分裂并投射到外部客体的机制，以及她对俄狄浦斯情结早期阶段的观点（Klein, 1928）。我将讨论幻想中对乳房的攻击，它是对起联结作用的客体的所有攻击的原型，我还会讨论投射性认同，它是心理用来处置由其破坏性产生的自我碎片的机制。

我将首先描述临床表现，其顺序不是由它们在咨询室中出现的时间顺序决定的，而是由于需要使我的论文论述尽可能清晰。随后，我将选择一些材料，以证明当这些机制之间的关系由分析情境的动力决定时，机制的呈现顺序是怎样的。最后，我将总结从提供的材料中所得的理论观察。这些例子来自对两个病人的分析，是取自他们分析的后期阶段。为了保证匿名，我将不对病人进行区分，并将对事实采取一定变形，我希望这不会损害分析描述的准确性。

对于病人攻击两个客体之间联结的倾向的观察是简化了的，因为分析师必须与病人建立联结，而且是通过语言交流和他的精神分析经验装备来做到这一点。创造性关系取决于此，因此我们应该能够看到对它的攻击。

我关注的不是对诠释的典型阻抗，而是扩展了我在《精神病性与非精神病性人格的区分》（Bion, 1957）一文中提到的对言语思维本身的破坏性攻击。

## 临床案例

我现在将描述一些情况，这些情况使我有机会给这名病人一个诠释，在那个时候他可以理解，他的行为旨在破坏可将两个客体联结在一起的任何东西。

以下是例子。

1. 我有理由给病人一个诠释，详细说明他的感情和他向母亲表达这些情感的方式，因为她有能力应付一个难缠的孩子。病人试图表达他同意，但尽管他只需要说几个字，他的表达却被一个非常明显的结巴打断了，这个结巴的效果是将他的话语分散在长达一分半钟的时间里。实际发出的声音类似于喘息；喘息中夹杂着汩汩的声音，就像他浸泡在水中一样。我提醒他注意这些声音，他也认为这些声音很特别，并自己提出了我刚才的诠释。

2. 病人抱怨说他无法入睡。他表现出恐惧的迹象，说："不能再这样下去了。"他断断续续的话语给人的印象是，他表浅地觉得如果他不能得到更多的睡眠，就会发生一些灾难，也许类似于精神错乱。在提到上一次会谈的材料时，我提出，他担心睡觉就会做梦。他否认了这一点，并说他无法思考，因为他浑身湿透了。我提醒他，他用"湿"这个词来表达对他认为是软弱和多愁善感的人的蔑视。他不同意，并表示他所指的状态恰恰相反。根据我对这名病人的了解，我觉得他对这一点的纠正是有道理的，湿润在某种程度上指的是一种仇恨和妒忌的表达，比如他联系到尿液对客体的攻击。因此我说，除了他所表达的表浅的恐惧以外，他害怕睡眠的另一个原因是，对他来说，睡眠与他内心本身的渗出是一样的东西。进一步的联想表明，他觉得来自我的好诠释被他持续地细细分割开，成为精神尿液，然后不可控制地渗出。因此，睡眠与无意识是不可分割的，而无意识本身又与无法修复的缺乏意识状态等同。他说："我现在是干的。"我回答说，他觉得自己是清醒的，有能力思考，但这种良好的状态只是不稳定地维持着。

3. 在这次治疗中，由于前面周末休息的激发，病人产生了一些材料。他对这种外部刺激的意识在分析一个相对较近的阶段开始显而易见。在此之前，他在多大程度上有能力理解现实是一个我们只能依靠猜测的问题。我知道他与现实有所接触，因为他是自己前来分析的，但这一事实很难从他在会谈之中的行为中推断出来。当我把一些联想诠释为他感到自己曾经而且仍然正在目睹两个人之间的性交时，他的反应就像受到了猛烈的一击。我当时不能说他在哪里经历了攻击，甚至现在回想起来我也没有明确的印象。假设震惊是由我的诠释造成的，因此打击来自外部，这似乎是合乎逻辑的，但我的印象是，他感到打击来自内部；病人经常经历的是他描述为来自内部的一种令人刺痛的攻击。他坐了起来，仔细地盯着空间。我说，他似乎看到了什么。他回答说他看不到自己看到的东西。根据以前的经验，我能够诠释说，他感到他"看到"了一个不可见的客体，而随后的经验使我相信，在我为本文提供材料所依赖的两个病人身上，这名病人经历了不可见的幻视。我将在后面给出我的理由，即在这个例子和前一个例子中，有类似的机制在起作用。

4. 在会谈的前20分钟里，病人说了三句孤立的话，对我来说没有任何意义。然后他说，他遇到的一个女孩似乎很善解人意。紧接着，他马上做了一个剧烈的抽搐动作，他对这个动作假装无视。这明显与我在上一个例子中提到的那种刺伤攻击相同。我试图让他注意这个动作，但他无视我的干预，就像他无视这种发作一样。然后他说，房间里充满了蓝色的雾气。过了一会儿，他说雾气已经消失了，但他说他很抑郁。我的诠释是他觉得被我理解了。这是一段令人愉快的经历，但在转瞬间，被理解的愉快感受就被破坏和射出了。我提醒他，我们最近见证了他用"蓝色"这个词来简洁描述带着谩骂的性谈话。如果我的诠释是正确的，而且随后的事件表明这是正确的，这意味着被理解的经验已经被分割，转化为性虐待的颗粒并被射出。到此为止，我觉得这个诠释与他的经历非常接近了。后来的诠释，即雾气的消失是由于重新内射并转化为抑郁，这对病人来说似乎不太像现实，但是后来的事件符合了它是正确的这种可能性。

5. 和上一个例子一样，这次会谈从三四个事实陈述开始，比如说天气很热，火车很挤，今天是星期三，这占据了30分钟。我的印象是他在努力与现实保持接触，当他接着说他害怕崩溃时，我的印象得到了证实。过了一会儿，他说我不理解他。我的诠释是，他觉得我很坏，不会接受他想塞给我的东西。我特意用这些词来诠释，因为他在之前的治疗中表明，他感到我的诠释是在试图将他本希望放在我身上的感觉射出去。他对我的诠释的反应是，他说，他觉得房间里有两团概率云。我的诠释是，他在设法摆脱我的坏是一个事实的感觉。我说这意味着他需要知道我是否真的很坏，或者我是否是一些来自他体内的坏东西。尽管这一点在当时并不具有核心意义，但我认为病人正试图判断他是否出现了幻觉。在他的分析中，这种反复出现的焦虑与他的恐惧有关，即对理解能力的妒忌和憎恨正导致他摄取一个好的、善解人意的客体，以便将其摧毁和射出——这一程序往往带来被那已摧毁和驱逐的客体所迫害的体验。我的拒绝理解是现实还是幻觉之所以重要，只是因为它决定了接下来会有什么痛苦的经历。

6. 一半会谈在沉默中过去了；然后病人宣称一块铁掉在了地上。此后，他在沉默中做了一系列抽搐的动作，就仿佛他感到自己受到了来自内部的身体攻击。我说他无法与我建立联系，因为他害怕自己内在正在发生的事情。他证实了这一点，说他感到自己正在被谋杀。他不知道如果没有分析，他会做什么，因为分析使他变得更好。我说他非常妒忌自己和我能够一起工作让他感觉更好，以至于他把我们两个当成了一块死铁和一块死地板，我们走到一起不是为了给他生命，而是为了谋杀他。他变得非常焦虑，说他无法继续下去。我说，他觉得他不能再继续下去了，是因为他要么是死的，要么是活着，并且那么妒忌，以至于他不得不停止好的分析。他的焦虑明显减少了，但剩下的时间被孤立的事实陈述占据了，似乎再次试图保持与外部现实的联系，以此方法否认他的幻想。

## 上述示例的共同特点

我之所以选择这些片段，是因为每一个片段的主导主题都是对一种联结的破坏性攻击。在第一段中，这种攻击表现为口吃，旨在阻止病人使用语言作为他和我之间的联系。在第二段下，他将睡眠与投射性认同相认同，而投射性认同的进行不受他任何可能的控制尝试的影响。对他来说，睡眠意味着他的思想破裂得如此细碎，以一道攻击性颗粒流的样子流淌出去。

我在这里举的例子要说明的是精神分裂症病人的做梦问题。精神病病人似乎没有梦，或者至少直到分析较为后期的时候才开始报告梦。我现在的印象是，这个明显的无梦期是一种类似于不可见的幻视的现象。也就是说，梦是由那么细碎破裂的材料组成的，以至于它们没有任何视觉成分。当病人因为在梦中经历了视觉客体而可以报告梦境时，他似乎觉得这些客体与前一阶段的不可见客体的关系，就像他认为粪便与尿液的关系一样。在我们称之为梦的经历中出现的客体被病人视为密实的固体，因此与梦的内容物形成对比，后者是由微小的、看不见的碎片组成的连续体。

在会谈当时，主要的主题不是对联结的攻击，而是这种攻击的后果，以前的攻击使他失去了在他和他的床之间建立一个满意关系所必需的精神状态。虽然它没有出现在我的报告中，但不可控制的投射性认同，也就是睡眠对他的意义，被认为是对作为伴侣的父母亲双方心灵状态的一种破坏性攻击。因此，有一种双重的焦虑；其一是由于他担心自己被变成没有心灵的，其二是由于他担心无法控制自己的敌意攻击，他的心灵提供着弹药，朝向父母双方之间联结的心灵状态。睡眠和失眠是同样不可接受的。

在我描述关于不可见物体的幻视的第三个例子中，我们目睹了一种形式，在这种形式中，传递的是朝向那个性关系配对的真实攻击。据我判断，我的诠释在他的感受中，就仿佛是他自己对父母交合的视觉感受一样；这种视觉印象被细碎地拆分开，并立刻以颗粒形式被弹射出去，那种细碎的程度使它们成为一个连续体的不可见成分。整个过程的目的是，通过在一个破坏性行为中即时地表达妒忌，来阻止自己对父母心灵状态感受到的妒忌体验。后面，我还将有更多的论述，来讨论这种隐含的对情感的憎恨和避免意识到它的必要性。

在我的第四个例子中，关于善解人意的女孩和雾气的报告中，我能理解病人和他的顺从接受状态，这种理解被感觉为我们之间的联结，这种联结可带来一种创造性的行为。这种联结被以仇恨视之，并被转化为一种敌对和破坏性的性行为，使病人与分析师这对组合不能孕育出结果。

在我的第五个例子，有关那两团概率云的例子中，理解能力是受到攻击的那个联结，但有趣之处在于，进行破坏性攻击的客体对病人来说是异己。此外，破坏者正在对投射性认同进行攻击，而投射性认同被病人认为是一种交流的方法。我对其交流方法的所谓攻击，被他感觉为可能是次生于他对我的妒忌攻击，就这一点而言，他并没有将自己与内疚和应为此负责的感觉分开。还有一点是判断力的出现，弗洛伊德认为判断力是现实原则占主导地位的一个基本特征，判断力就在病人人格被弹出的部分中。两团概率云这一信息在当时仍然无法解释，但在随后几次会谈中，我获得了一些材料，这些材料使我推测，原来试图将好与坏分开的努力在两个客体的存在中幸存下来，但它们现在相似了，因为每个客体都是好与坏的混合物。将后来的治疗材料纳入考虑，我可以得出当时不可能得出的结论；他的判断力与他自我的其他部分一起被分裂和摧毁，然后被弹射出去，他感到这种判断力与我在《精神病性与非精神病性人格的区分》一文中描述的其他怪异客体变得相似了。由于他给予这些被弹射出的颗粒的待遇，这些颗粒令他恐惧。他感到，异化的判断——那些概率云——表明我可能是坏的。他怀疑概率云是迫害性的和敌对的，这使他怀疑它们给他提供的指导的价值。它们可能为他提供一个正确的评估或一个故意的错误评估，例如某个事实是幻觉或反之亦然；或者从精神病学角度，会引起我们称之为妄想的东西。概率云本身有着原始乳房的某些特性，被认为是神秘的和令人畏惧的。

在第六个例子，报告说有一块铁掉在地上的那个例子，我没有机会诠释病人此时已经熟悉的材料的一个方面。（也许我应该说，经验告诉我，有些时候，我假定病人熟悉我们正在处理的情况的某些方面，结果却发现，尽管对它做了很多工作，他却忘记了。）我没有诠释的那个熟悉的点，对理解这一片段很重要，那就是病人对父母这对伴侣的妒忌已经被他回避了，通过用他自己和我来代替父母。逃避失败了，因为妒忌和憎恨现在是针对他和我。从事创造性行为的一对伴侣被感觉为是在分享一种令人妒忌的情感体验；而他，虽然也被认同为被排斥的一方，却具有一种痛苦的情感体验。在许多情况下，部分是通过我在这一片段中描述的那种经验，部分是由于我将在后面详细说明的原因，病人对情感有一种仇恨，因此，只需范围扩大一点点，就对生命本身也有一种仇恨。这种仇恨促成了针对联结这对人的东西、这对人本身以及这对人产生的客体的谋杀性攻击。在我所描述的片段中，病人正在遭受的后果，来自他早期对形成创造性伴侣之间联结的心灵状态的攻击，以及他对既有仇恨又有创造性的心灵状态的认同。

在这个例子和前面的例子中，有一些因素表明，形成了一个敌对的迫害性客体或成群的客体，它以一种在病人身上产生精神病性机制为主的状态的方式，表达其敌意；我前面指出的迫害性客体集群的特征，具有原始的、甚至是谋杀性的超我的品质。

## 好奇、傲慢和愚蠢

我在提交给 1957 年国际大会的论文中（Bion, 1957）提出，弗洛伊德曾将考古调查与精神分析进行类比，如果说我们所揭露的不是原始文明的证据，而是原始灾难的证据，那么这种类比是有帮助的。这个类比的价值打了折扣，是因为在分析中，我们面对的不是一个允许悠闲研究的静态情况，而是一场灾难，此时此刻，它仍然是积极活跃的，依然无法化解而进入休眠。这种在任何方向上都缺乏进展的情况必须部分归因于好奇心的破坏和随之而来的无力学习，但在讨论这个问题之前，我必须说一说在我所举的例子中几乎没产生任何影响的一个问题。

对联结的攻击起源于梅兰妮·克莱因所说的偏执－分裂阶段。这一时期以部分客体关系为主（Klein, 1948）。如果牢记病人与他自己以及与不是他自己的客体之间存在着部分客体关系，就有助于理解诸如"看上去是"这样的短语，有深度困扰的病人通常会使用这些短语，而困扰程度较低的病人在同样的场合下可能会说"我想"或"我相信"。当他说"看上去是"的时候，他经常指的是一种感觉——一种"看上去是"的感觉——这是他心灵的一部分，但没有被他看到那也是完整客体的一部分。受到病人使用具象形象作为思维单位的鼓励，而把部分客体看作类似于解剖结构的概念，是一种误导，因为部分客体的关系不仅仅涉及解剖结构而且涉及功能，不仅与解剖学而且与生理学有关，不仅与乳房而且与喂养、中毒、爱和恨有关。这能令人意识到，灾难是动态的而不是静态的。在这个早期的然而是浅表的层面上，得用成人的术语来表述必须解决的问题，即"某物是什么"而不是"为什么是某物"。因为"为什么"已经通过内疚被分裂出去了。由于问题的解决取决于能否意识到因果关系，因此问题无法被陈述，更不用说被解决了。这就产生了一种情况，病人似乎没有任何问题，除了那些由分析师和病人的存在而构成的问题。他所全然关注的只是这个或那个功能是什么，他能意识到，但无法掌握这个功能是什么整体的一部分。因此，从来不会产生事关以下的问题：为什么病人或分析师在那里，或者为什么说了某些话、做了某些事或感觉到了某些感受。也不可能有任何问题涉及改变某些心灵状态的原因……由于"是什么"绝对无法在缺少"如何"或"为什么"的情况下得到回答，因此出现了进一步的困难。我将把这个问题放在一边，先考虑当"是什么"的问题被感觉到与一个带有某种功能的部分客体关系有关时，婴儿采用何种机制来解决"是什么"的问题。

## 拒绝正常程度的投射性认同

我使用"联结"一词，是因为我希望讨论的与其说是病人与承担功能的那个客体的关系，不如说是病人与一种功能的关系；我关注的不仅是乳房、阴茎或言语思维，而且是它们为两个客体之间提供联结的功能。

梅兰妮·克莱因在《关于一些分裂机制的说明》（1946）中谈到，过度使用分裂和投射性认同对于形成非常受困的人格起着重要作用。她还说到了"内射好客体，首先是母亲的乳房"作为"正常发展的前提条件"。我将假设存在一种正常程度的投射性认同，但并不定义什么是正常的限度，而且它与内射性认同有关联，这是正常发展所依赖的基础。

这种印象部分来自一名病人的分析中的一个特点，这个特点很难诠释，因为它在任何时候都没有显得足够突出，无法用令人信服的证据来支持一次诠释。在整个分析过程中，病人持续地诉诸投射性认同，这种持久性表明这是一个他从未充分利用过的机制；分析为他提供了一个机会，操练一直以来让他被欺骗的机制。我没有必要仅仅依靠这种印象。有一些会谈使我猜想，病人觉得有某种客体令他无法使用投射性认同。在我所举的例子中，特别是在第一个例子中，即口吃，以及第四个例子中，即善解人意的女孩和蓝色的雾气，这些例子中有一些因素表明，病人感到他希望安置于我身上的人格部分被我拒绝接受，但在这之前，有一些联想已使我产生了这种看法。

病人努力想要摆脱对死亡的恐惧，他感到这些恐惧影响太大了，他的人格无法容纳，于是他把他的恐惧分裂出去，放到我身上，显然这个打算是这样的：如果能让它们在那里置放足够长的时间，它们会被我的精神世界修改，然后可以安全地重新内射进来。在我提到的场景中，可能是由于类似于我在第五个例子（概率云的例子）中给出的原因，病人感觉我如此迅速地疏散了它们，以至于这些感受没有被修改，而是变得

## 第4章 对联结的攻击

更加痛苦。

在分析当中比这些例子更早的一个时期里，当时的联想显示，病人的情绪越来越激烈。这源于他感到我拒绝接受他人格的一些部分。因此，他带着越来越多的绝望和暴力尽力迫使我接受这些东西。如果脱离了分析的环境，他的行为可能会被认为是原始攻击的一种表达。他投射性认同的幻想越是暴力，他对我就越是害怕。在一些会谈中，这种行为表达着无端的攻击性，但我引用这一系列，是因为它从另一角度向病人说明，他的暴力是他对于所感觉到的我的敌对防御的反应。分析情境在我的脑海中建立了一种见证极早期场景的感觉。我感到病人在婴儿期经历了这样一位母亲，她对婴儿的情绪表现做出了尽职的回应。这种尽职尽责的反应中有一种不耐烦的成分，即"我不知道孩子怎么了"。我的推论是，为了理解孩子想要什么，母亲应该将婴儿的哭声视为除了需要她在场以外，还需要更多。从婴儿的角度来看，母亲本应把孩子即将死亡的恐惧带入她的内心，并体验这种恐惧。正是这种恐惧，让孩子无法容纳。婴儿尽力把它和它所在的人格部分一起分裂出去，投射到母亲身上。一个能够理解的母亲能体验到这种恐惧的感觉，婴儿正尽力通过投射性认同来处理这种恐惧，而母亲同时能保持平衡的观点。这个病人曾不得不面对一个不能忍耐体验这种感受的母亲，她的反应要么是拒绝这种感觉的进入，要么是成为焦虑的猎物，而这种焦虑是由对婴儿感受的内射导致的。我认为后一种反应在当时一定是很少的：否认是主要的。

对一些人来说，这种重建似乎是过度的空想；对我来说，它似乎并不勉强，而是对任何可能提出以下反对意见的人的回应，他可能认为这样过于强调移情而排除了对早期记忆的适当阐释。

在分析中可以看到一种复杂的情况。病人觉得他一直被允许有一个机会，而到现在为止他的机会都被骗走了；他被剥夺的痛苦因此变得更加尖锐，对被剥夺的怨恨情绪也是如此。对机会的感激与对分析师的敌意并存，因为分析师不理解病人，并拒绝让病人使用可以让他感到被理解的唯一交流方法。因此，病人和分析师，或者婴儿和乳房之间的联结是投射性认同的机制。针对这种联结的破坏性攻击来自对病人或婴儿来说属于外部的分析师或乳房。其结果便是，病人过度的投射性认同和恶化的发展进程。

我并没有把这种经验作为病人困扰的起因；它的主要来源是婴儿的先天倾向，正如我在《精神病性与非精神病性人格的区分》（Bion, 1957）一文中所描述的那样。我认为它是产生精神病性人格的环境因素的一个核心特征。

在我讨论病人发展的这个后果之前，我必须提到那些先天特征，以及它们如何令婴儿对所有与乳房相连的东西进行攻击，即原始攻击和妒忌。如果母亲表现出我所描述的那种不接受的态度，这些攻击的严重性就会增强，如果母亲能将婴儿的感受内射并保持平稳相称的心态，这些攻击的严重性就会减弱，但不会消失（Klein, 1957）；严重性仍然存在，因为患有精神病的婴儿对于母亲在体验婴儿的感受时仍能保持舒适心态的能力充满了憎恨和妒忌。这一点被一名病人清楚地明说了出来，他坚持认为我必须和他一起经历，但当他觉得我能够做到这一点而不崩溃时，他就充满了仇恨。在这里，我们看到对联结的破坏性攻击的另一个方面，联结是分析师内射病人的投射性认同的能力。因此，对联结的攻击相当于是对分析师心灵平静的攻击，在起初，那也是对母亲的心灵平静的攻击。内射的能力被病人的妒忌和仇恨转化为正在吞食病人心智的贪婪；同样地，心灵的平静也变成了敌对的冷漠。在这一点上，分析的问题是通过病人使用（破坏令人如此妒忌的心灵平静）的付诸行动、违法行为和自杀威胁而出现的。

## 后果

　　回顾到目前为止的主要特征：困扰的起源有两个方面。一方面是病人与生俱来的过度破坏性、仇恨和妒忌的倾向；另一方面是环境。在最糟糕的情况下，环境剥夺了病人使用分裂和投射性认同机制的机会；在某些情况下，针对病人和环境之间的联结，或者针对病人人格的不同方面之间的联结的破坏性攻击，起源于病人；在另一些情况下则起源于母亲，尽管在后面这种情况下及在精神病病人身上，它绝不可能仅仅起源于母亲。障碍始于生活本身。病人所面临的问题是：他所意识到的客体是什么？这些客体无论是内部的还是外部的，实际上都是部分客体，而且，尽管我们并不是要绝对地这么做，但我们应该主要将它们视为功能，而不是形态结构。这一点被掩盖了，是因为病人的思考是通过具体客体进行的，因此在分析师的复杂心智中，往往会产生这样一种印象，即病人关注的是具体客体的本质。那些功能激发着病人的好奇心，他通过投射性认同来探索这些功能的本质。他那些强烈到无法被自己的人格容纳的感受，就处于这些功能当中。投射性认同使他有机会在一个强大到足以容纳它们的人格中研究自己的感受。拒绝使用这一机制，要么是母亲拒绝充当婴儿感受的储存器，要么是病人憎恨和妒忌，不允许母亲行使这一功能，导致婴儿和乳房之间的联结被破坏，从而导致好奇心冲动的严重紊乱，而好奇心是所有学习都依赖的基础。因此，这就为发展的严重停滞埋下了伏笔。此外，由于在任何情况下，拒绝允许婴儿使用对他开放的主要方法来处理其过于强烈的情绪，都是一个严重问题，情感生活的运转一定会变得不可容忍。因此，憎恨的感觉是针对所有情绪，包括憎恨本身，也针对激发这些情绪的外部现实。从对情绪的憎恨到对生命本身的憎恨，只是一步之遥。正如我在关于《精神病性与非精神病性人格的区分》（Bion, 1957）的论文中所说，这种憎恨导致了所有感知装置的投射性认同，包括在感官印象和意识之间形成联结的雏形思维。当死本能占主导地位的时候，过度投射性认同的倾向就因此而增强。

## 超我

我现在必须描述一下以下这种心理功能，超我的早期发展受到这种心理功能影响。正如我所说，婴儿和乳房之间的联结取决于投射性认同和内射性认同的能力。无法内射会使外部客体看上去具有根本的敌意，敌意针对的是好奇心和婴儿寻求满足好奇心的方法，即投射性认同。如果乳房从根本上被感觉为善于理解，那么它已经被婴儿的妒忌和憎恨转化为一种任意的客体，有着吞噬性贪婪，其目的是将婴儿的投射性认同内射，以便摧毁。这可以在病人的信念中表现出来，即他相信分析师通过理解病人，致力于使自己发疯。其结果是这样一个客体，当它被安置在病人身上时，行使的是严苛和自我毁灭的超我的功能。要将这种描述运用在偏执－分裂位上的任何客体都是不准确的，因为这里假设的是整体客体。梅兰妮·克莱因和其他人（Segal, 1950）所描述的这种整体客体招致的威胁，导致精神病病人无法面对抑郁位和伴随而来的发展。在偏执－分裂阶段，我在《精神病性与非精神病性人格的区分》一文中所描述的含有迫害性超我元素的怪异客体占了上风。

## 停滞不前的发展

所有学习都依赖的好奇心冲动受到干扰，以及对好奇冲动寻求表达的机制遭受拒绝，使得正常的发展无法发生。如果分析的过程有帮助，另一个特征就会出现；用复杂的语言提出"为什么"的问题得不到回应。病人似乎对因果关系没有认识，并会抱怨痛苦的心理状态，同时坚持采取旨在产生这种状态的行动方案。因此，当适当的材料出现时，必须向病人表明，他对自己为什么有这样的感受并不感兴趣。阐明病人好奇心的有限范围，才会促生更开阔的视野和对原因的萌芽关注。这可以导致一些行为的改变，否则只是延长他的痛苦。

## 结论

本文的主要结论与这样一种心理状态有关，在这种状态下，病人的心理包含一个内部客体，它与从最原始（我认为那是正常程度的投射性认同）到最复杂的语言交流和艺术形式的任何联结都采取对立和破坏的态度。

在这种心理状态下，情感是受到憎恨的；它被认为太强烈了，无法为不成熟的心智所容纳，它被感觉为与客体相联结，将现实赋予非我的客体，因此于原始自恋有害。

在起初，内部客体是外部的乳房，它拒绝内射、庇护并改变情绪的致命力量，但矛盾的是，感觉它加强了它要着力解决的情绪，而不是自我的力量。对情绪的联结功能的攻击，导致人格联结的精神病部分过于突出，那些联系看上去合乎逻辑，几乎数学般精确，但在情感上从来没有通情达理的样子。因此，存活下来的联结都是倒错的、残忍的和徒劳无功的。

被内化的外部客体，其本质以及如此建立后对心智内部交流和与环境的交流方式的影响，留待以后进一步阐述。

# 参考文献

Bion, W.R. (1954) 'Notes on the theory of schizophrenia', *International Journal of Psycho-Analysis*, 35, 113–18; also in *Second Thoughts*, London: Heinemann (1967); paperback Maresfield Reprints, London: H.Karnac Books (1984).

——(1956) 'Development of schizophrenic thought', *International Journal of Psycho-Analysis*, 37, 344–6; also in *Second Thoughts*.

——(1957) 'The differentiation of the psychotic from the non-psychotic personalities', *International Journal of Psycho-Analysis*, 266–75; also in *Second Thoughts* and reprinted here on pp. 61–78.

——(1957) 'On arrogance', *International Journal of Psycho-Analysis*, 39: 144–6; also in *Second Thoughts*.

Klein, M. (1928) 'Early stages of the Oedipus conflict' in *The Writings of Melanie Klein*, vol. 1, London, Hogarth Press (1975).

——(1934) 'A contribution to the psycho-genesis of manic-depressive states', 13th International Psycho-Analytical Congress, 1934.

——(1946) 'Notes on some schizoid mechanisms' in M.Klein, P.Heimann, S.Isaacs, and J.Riviere *Developments in Psycho-Analysis*, London, Hogarth Press (1952) 292–320 (also in *The Writings of Melanie Klein*, 1–24).

——(1948) 'A contribution to the theory of anxiety and guilt', *International Journal of Psycho-Analysis*, 29, 114.

——(1957) *Envy and gratitude*, chap. II, in *The Writings of Melanie Klein*, vol. 3, London, Hogarth Press (1975), 176–235.

Rosenfeld, H. (1952) 'Notes on the psychoanalysis of the superego conflict of an acute schizophrenic patient', *International Journal of Psycho-Analysis*, 33, 111–31 and reprinted here on pp. 14–49.

Segal, H. (1950) 'Some aspects of the analysis of a schizophrenic', *International Journal of Psycho-Analysis*, 31, 269–78; also in *The Work of Hanna Segal*, New

York: Jason Aronson (1981) and the paperback London: Free Association Books (1986).

——(1956) 'Depression in the schizophrenic', *International Journal of Psycho-Analysis*, 37:339–43; also in *The Work of Hanna Segal* and reprinted here on pp. 52–60.

——(1957) 'Notes on symbol formation', *International Journal of Psycho-Analysis*, 38:391–7; also in *The Work of Hanna Segal* and reprinted here on pp. 160–77.

# 第 5 章
# 肛门自慰与投射性认同的关系

唐纳德·梅尔泽

本文最初是 1965 年 7 月在阿姆斯特丹举行的第 24 届国际精神分析大会上口头发表的一篇论文,并于 1966 年首次发表在《国际精神分析杂志》(47: 335-342)。

## 介绍

当弗洛伊德(1918)试图将"狼人"的某些性格特征与他的肠道症状联系起来时,他不得不做出结论,女性气质的肛门理论和对母亲月经过多的"认同"早于病人的女性气质阉割理论。在梅兰妮·克莱因提出"投射性认同"的概念之前,人们一直认为这种过程完全是由内射造成的。在克莱因最初对投射性认同的描述(1946,p. 300)中,她将其与肛门过程联系得非常紧密,但在她的书面作品中,没有其他地方更明确地表达过这种联系。

此外,在肛欲对性格形成的贡献方面,弗洛伊德(1908, 1917)、亚伯拉罕(1921)、琼斯(Jones, 1913, 1918)、海曼(1962)等分析师,一直以来的阐述角度都处于所谓肛门幻想的"升华"在性格结构中的影响,其中的重点一方面在于自恋性地过高评价粪便,另一方面在于如厕训练斗争带来的客体关系后果。本论文旨在证明这三个因素的结合对性格形成的贡献,这三个因素相互之间存在着复杂的关系,即对粪便的自恋评价，围绕肛门区的混淆（尤其是肛门—阴道和阴茎—粪便混淆）以及基于投射性认同的肛门习惯和幻想的认同方面。在分析过程中研究这个问题时，我与几位同事密切合作，也不得不认识到肛门手淫是一种比迄今为止的分析文献所暗示的广泛得多的习惯。弗洛伊德（1905, p. 187; 1917, p. 131）认识到，儿童中存在用手指和粪便作为自慰对象的现象。然而，斯皮茨（Spitz, 1949）对粪便游戏的研究，以及他基于观察而非分析信息所得到的结论揭示了一种严重病理学的含义，而我们的工作并未证实这一点。

为了表述的需要，也是为了符合大会关于强迫症状态的主题，本文还关注了"假性成熟"的性格结构，我们发现它与肛门情欲密切相关，这一发现与温尼科特（Winnicott, 1965）和多伊奇（Deutsch, 1942）分别描述的"虚假自我（false-self）"和"仿佛（as-if）"人格类型并不矛盾。"假性成熟"与强迫状态间的关联将被证明，并显示在以下假设中，即分析过程的某个阶段存在一个振荡系统，这种关系在某种程度上为强迫性格的背景提供一些线索，类似于我在之前的论文中（1963）对强迫性神经症的循环心境背景的描述。临床资料和理论讨论将结合三个概念：肛门自慰、投射性认同、假性成熟。

## 性格学

尤其是在断奶后，由于婴儿对清洁的要求和预期弟弟妹妹到来，不充分的分裂和理想化（Klein, 1957）加剧，导致对直肠及其粪便内容理想化的强烈趋势。但这种理想化在很大程度上是基于投射性认同产生的身份混淆，即婴儿的屁股（bottom）和母亲的屁股彼此混淆，两者都等同于母亲的乳房。

## 第 5 章　肛门自慰与投射性认同的关系

当我们从分析情境中重建这一场景时，会呈现这样一组经典过程：婴儿被喂食后放在婴儿床上，当母亲走开时，婴儿敌对地将母亲的乳房和臀部等同起来，开始探索自己的屁股，理想化其圆滑度，最终穿进肛门触及残留的粪便。在这一插入过程中，形成了一个秘密侵入母亲肛门（Abraham, 1921, p. 389）抢劫她的幻想，在这个幻想中婴儿的直肠内容物与母亲的理想化粪便相混淆，被感觉为是被母亲扣留了，用来喂养父亲和里面的婴儿。

其结果是双重的，即将直肠理想化为食物来源，以及对内在母亲的投射性（妄想性质的）认同，这消除了儿童和成人在能力和特权方面的差异。尿液和屁也可能成为理想化的一部分。

在肛门自慰导致的兴奋和混淆状态下，生殖器（阴茎或阴蒂）和肛门（与阴道混淆）的双手自慰往往会随之发生，产生一种施虐受虐的倒错性幻想，这个幻想中内在的父母双方对彼此造成巨大伤害。伴随着这种双手自慰，对两个内在形象的投射性认同会通过暴力侵入内部客体，以及通过由于投射性认同在它们之间性交上产生的虐待性质，对内部客体造成伤害。因此，疑病症和幽闭恐惧症某种程度上是其不可避免的后果。

在儿童时期，这种情况促进了前俄狄浦斯（2—3岁）结晶形成以下性格，表现为温顺、乐于助人、偏爱成人陪伴、对其他孩子疏远或专横、不容忍批评和高语言能力。当这种性格的外壳被挫折或焦虑暂时打破时，令人毛骨悚然的恶性事件就会暴露出来：发脾气、粪便涂污、自杀企图、对其他孩子的恶意攻击、对陌生人撒谎说父母虐待自己、虐待动物等。

这种结构绕过了俄狄浦斯情结，在表面上似乎使儿童合理地适应了学校和社会生活，并可以相对平静地延续到成年，即使在青春期剧变的影响下也相对平静度过。但这种调整的"假性"性质在成人生活中很明显，即使这种倒错倾向没有导致明显的异常性行为。成年后的欺诈感、性无能或伪潜能（由秘密的倒错幻想激发）、内在的孤独感和对好坏的基础混淆，都会创造一种紧张和缺乏满足感的生活。这种状态只能通过自鸣得意和自以为优越的态度来获得改善，或者说得到补偿，这也是伴随着大量投射性认同所无法避免的。

在该组织不那么占主导地位和普遍存在的地方，或者在分析过程中，当它开始让位给治疗过程时，它与强迫性组织处于一种振荡关系中。在这里，内部客体没有被穿透，而是受到了全能控制，并在不那么部分客体水平的关系上被分离出来，因为焦点困难已经从分离焦虑转移到之前被绕过的俄狄浦斯冲突。

由于投射性认同而产生的对母亲的妄想认同，以及肛门和阴道之间的混淆，共同在女性身上产生了性冷淡和虚假的女性气质。在男性中，这些动力要么产生同性恋活动，要么更经常地产生对成为同性恋的强烈恐惧（因为增强的女性气质与被动的肛欲同性恋没有区别）。或者相反，对父亲阴茎的次生投射性认同（在随后的双手自慰中）可能会在男性或女性病人中产生主导性的阴茎品质，尤其在一些情况中，此类个案的全能（躁狂）修复性被动员起来以防御潜在的严重抑郁。

## 移情的本质

当这种内部客体（通常是部分客体水平的，如乳房或阴茎）的大量投射性认同的结构处于活跃状态时，分析过程中成人的合作被一种伪合作或对分析师的"帮助"所取代。这种付诸行动表现出一种卑微的态度，一种说服、证明、帮助分析师或减轻分析师负担的欲望。因此，材料往往是经过简化的，有时是以"大标题"的方式给出的，或者是对精神状态进行肤浅的诠释。不存在病人希望引起诠释的任何感觉，取而代之的是明显地渴望得到分析师的赞扬、认可、钦佩，甚至感激。当这些都没有出现时，分析师的活动往往被感觉为缺乏理解、妒忌地攻击病人的能力、单纯的粗暴或直白的施虐。后一种接受诠释的方式会很快导致性欲化，并导致诠释被体验为性侵犯。

无论病人是在做梦、联想，还是对其日常活动的真实描述，付诸行动都占主要部分，因此对内容的诠释相对无用，除非加上明确诠释其行为的性质和基础。这当然会导致"无论我做什么都无法让你高兴"的愠怒。但通过对付诸行动的艰难说明，通过对隐晦的自慰的持续阐释，最后通过梦的分析，通常可以取得进展。

将与内部人物的婴儿期投射性认同付诸行动，是性格中非常突出的一部分，因此必须持续证明它是病人成年生活中的污染物。即使面对强烈的反对，这种仔细观察也必须包括最值得自豪、最成功和有最明显的满足感的领域，如工作、"创造性"活动、与孩子和兄弟姐妹的关系，或对年迈父母的持续关心和帮助。必须调查服装对女性的重要性，汽车对男性的重要性，银行存款对所有人的重要性，因为它们肯定会被发现具有非理性的意义。在思想、态度、沟通和行动方面，假性成熟是如此娴熟，以至于只有梦才能将婴儿式的"假成熟"项目与成人的生活模式区分开。

## 梦

这里值得一提的是，与儿童病人和精神病病人工作的经历，会大幅提高对成人病人肛门自慰方面的梦的敏感性。以下所示的大部分资料都有这样的来源。

1. 把粪便理想化为食物——拾荒和寻找的梦属于这一类：在秋叶中

寻找苹果，在空荡荡的储藏室中寻找食物，把手伸进无法看到内部的地方，或者到建筑物下面。捕鱼和狩猎也可能属于这一类，尽管不常见；但园艺、购物和偷食物都比较常见，尤其是如果这个地方被描绘成黑暗、肮脏、廉价或陌生。

2. 对直肠的理想化——在梦中直肠被描绘成一个退缩地或避难所，通常表现为一个就餐的地方（餐厅或咖啡馆、厨房或餐厅），但其品质表明了它的意义。它可能肮脏、黑暗、气味难闻、廉价、拥挤、烟雾弥漫、在地下、嘈杂、由外国人在外国城市经营。这些食物可能不好吃、不卫生、不健康、容易发胖、烹调过度、同质化（奶油冻、布丁等），或迎合婴儿对数量或甜味的贪婪。在直肠和乳房混淆的情况下，可能会出现具有上述特征的户外咖啡馆或市场。

3. 厕所情境的理想化（Abraham, 1920, p. 318）——这经常出现在梦中，比如坐在高处或令人兴奋的地方，经常俯视水域（湖泊、峡谷、溪流），或者坐在正在准备食物的地方，或者坐在重要的位置（"最后的晚餐"梦），或者做梦者身后的人在等待食物、报酬、服务或信息（指挥管弦乐队，在祭坛上服务）。

4. 肛门性自慰手指的表征——这些出现在梦中，表现为身体的一部分、人、动物、工具或机器，单独或四五人一组，带有各种代表或者否认粪便污染的特性，例如黑人、戴棕色头盔的男子、脏的或发亮的园艺工具、白手套、穿着黑色的人、运土拖拉机、脏小孩、虫子、生锈的钉子等。

5. 显示侵入客体肛门过程的梦（Abraham, 1921, p. 389）——最常见的情况是进入建筑物或车辆，或者是偷偷摸摸地进入，通过后门进入，门上的油漆未干，入口非常狭窄，必须穿防护服，位于地下、水下、外国或对公众关闭等。

6. 将直肠理想化为虚假分析的来源——这很常见，可能以二手书店、成堆的旧报纸、文件柜、公共图书馆等出现在梦里。一名病人在考试前梦见他在"舰队街"的下水道里钓鱼，钓到了一本百科全书。

## 临床材料

我选择了以下材料来展示与口欲期和生殖器期的联系的复杂性，这些联系为肛门自慰情境及其伴随的投射性认同注入了非常防御的力量。

三年来，与一位青春期晚期年轻人的分析工作开始推动他对乳房的依赖关系，他的成长史显示，这种依赖关系是极大的困扰，因为他曾是一个难喂养的婴儿，一个抱怨的婴儿，一个依赖母亲的暴虐儿童。我们了解到他严厉嘲弄的能力，也知道他会用可怕的方式鄙夷地大笑，但这种能力很少在咨询室里释放出来，他的行为往往表面上是合作的，他称之为"粗制滥造的幻想"，所有这些都带有一种不真诚的气氛，这使得即使是对日常事件最简单的描述听起来也像是虚构的。我们已经把这理解为"假装不真诚"，但对他来说与"假装假装不真诚"没有区别，所有这一切都与一种根深蒂固的偏执感有关，即被一个隐藏的迫害者偷听到。

他梦见自己和朋友们在一起，像上学时一样，他又一次成了带头的孩子。当他们走过一座山头时，他看见一个人，他知道那人是杀人犯，正在一些墓碑中间徘徊。他让朋友们放心，他知道如何对付这名男子，于是带着一名助手走近他，假装很友好，把他带到底部（bottom），希望获得他的坦白。

联想——他的舌头似乎在探索感觉上又老又有裂缝的牙齿背面。这让他想到穿上父亲曾经穿过的那种拖鞋（slippers）。诠释——他的牙齿代表墓碑，他的舌头代表站在被害者中间的凶手。他在梦中的操作是让他的嘴从这些危险的特性中摆脱，把它变成光滑（slippery）的手指，可以被引导到他的底部（bottom，也是屁股），在那里可以从他的粪便中识别受害者。但通过这个操作，他伸进屁股的手指与父亲在母亲阴道中的阴茎相混淆，这是"纳粹爸爸杀死了妈妈的犹太婴儿"的一个重要来源，这是我们在早期工作中了解到的。联想——他感觉就仿佛有一把圆锯在锯他的大腿（指青春期疝气手术）。他想象自己背对双开门，外面的分析师试图把门拉开（向分析师—外科医生—父亲展开臀部的投射）。联想——一个雕琢华丽的镀金画框（分析师的诠释是一幅华丽的画，意在通过揭露他的罪行来框住他）。黑手党——黑手。一艘船穿过一条运河，这条运河的形状适合它的无龙骨船体（黑手党—法西斯主义的父亲把黑色的大阴茎手指伸进他的肛门，用意大利口音安慰他："没有龙骨！"）

这些联想是典型的双关语，双关语是强迫性肛门自慰幻想的特征。

四周后，临近圣诞节假期，由于越来越强烈的怨恨和付诸行动带来越来越大的工作难度，他迟到了15分钟，从一条未铺装的道路（从地铁站到咨询室的捷径）踏着泥浆进入我的房间。他以前只这样做过一次。

联想——他周末做了一些垃圾的梦，他不愿意把这些梦强加给分析师。诠释——这种有意识地想留白的愿望与无意识地想用粪便把分析师里里外外都弄脏的愿望形成了对比，其中一部分是通过沿着泥泞的路进入房间来实现的。病人惊讶地看着地板并道歉。联想——星期六晚上，他梦见自己因手指脱臼（向我展示毫发无损的左手食指）而痛苦地辗转反侧。诠释——与墓碑梦相联系，周末的痛苦感觉就像是由于凶手—手指（黑手党）从惯常的位置移走了。联想——但后来他似乎在学校无所事事、百无聊赖。他走进男厕所，那里似乎有一个干净的大浴缸。他决定洗个澡，但后来变成了一个又脏又小的车站厕所，墙上涂着色情文字和图画，就在一家大百货公司的地下室对面。他无法决定做什么，因为商场的工作人员一直在怀疑地看着他。他不停地进出厕所，直到最后他进入商场偷东西。

这个梦异常清晰地展示了这样一个过程，即当前的分离情况（无聊的周末里手指脱白）导致一系列婴儿式事件，首先用温热的尿液弄湿自己（洗澡），然后探索自己的肛门（肮脏的厕所），变得越来越性唤起（色情内容），并痴迷于对母亲身体底部（百货公司—阴道对面的厕所—直肠，警觉的员工—阴茎）的投射性认同幻想，以及他希望抢劫她。

带着临近星期一的会谈的焦虑，病人在星期天晚上做了这个梦。这个梦继续展示了婴儿状态，这次是婴儿和弄脏的尿布、屁股和婴儿床在一起。在梦中，他和朋友要在公寓里举行聚会，他要为这个聚会换衣服，但每个房间都挤满了客人，他们大笑、喝酒和抽烟（他的脏尿布和婴儿床）。但后来他来到公园，在绿树丛中感到很快乐，尽管他只穿了一件内衣（婴儿踢开了尿布，把弄脏的屁股和婴儿床理想化了）。他找到一个足球踢，很快其他人也加入了他的游戏（玩他的粪便）。

后面这种状态，即通过体育运动实现自我理想化，在他分析的头两年里已出现在数百个梦中。在这里我们可以详细地看到它的衍生。值得一提的是，这名病人自儿童早期就患有慢性非溃疡性腹泻，在分析中大约八个月前才缓解。

## 隐秘的肛门自慰

从移情的重建表明，肛门自慰在儿童时期很早就变得隐秘，往往在此后既不被注意，也不被认识，除非在青春期或以后以明显的倒错出现。我称它为"隐秘的（cryptic）"，是强调其躲过审查而隐藏下来的潜意识技能。

利用粪便本身激发自慰兴奋是最常见的形式（参考弗洛伊德和亚伯拉罕）。无论是对粪便的保留、缓慢排出、有节奏地部分排出和收回，还是快速、强迫和痛苦地排出，都伴随着改变自我状态的无意识幻想。在儿童病人的治疗期间，可以在他们排便回来时观察到这种心理状态的变化。在马桶上看书的习惯、清洁肛门的特殊方法、对留下臭味的特别关注、对内衣上粪便污渍的焦虑、习惯性弄脏指甲、手指的隐秘气味等，都是隐秘的肛门自慰的初步迹象。肛门自慰还可以巧妙地隐藏在远离排便的地方：在洗澡习惯、穿着紧身内衣、骑自行车、骑马或其他刺激臀部的活动中。最难定位的可能是隐藏在生殖器性关系中的肛门自慰，肛门和阴道仍然相互混淆，这种情况一定程度上总是不可避免。而另一方面，就像爱伦·坡的《失窃的信》(*Purloined Letter*)一样，它可能是显而易见的，比如便秘时候灌肠、肛门复发性裂隙用栓剂等，但其意义却被否认。

虽然我的技术并不评论病人在沙发上的行为，也不询问与此相关的自由联想，但通过仔细观察其姿势和动作的模式，并将之与梦境材料联系起来，有时确实可以带来富有成效的诠释。通过这个方法可以揭示肛门自慰的一系列变化，并对实际的肛门刺激进行更有效的探索。例如，一名经常将双手放在口袋里的病人通过一个梦意识到，这个动作有时伴随着拉动一根松动的线。这让他意识到，他有一个习惯，即在排便前用手分开肛周毛发，以免它们破坏他将排出的粪便的形状。

## 分析过程

在这种情况下，早期的分析主要解决自我理想化和虚假的独立性，实现这个过程是通过在移情中建立能够使用分析性乳房实现投射性放松（"厕所—乳房"）的能力。缓解混淆状态（Klein, 1957）是最重要的，尤其是那些认同的混淆，因而产生的关于时间及成人—儿童差异的混淆，这些都具有大规模投射性认同的特征。只有经过几年的工作，当病人对"喂养性乳房"的依恋在发展，对分离的不容忍感受在周末和节假日有节奏地被唤起时，这些过程才能得到准确和富有成效的研究。似乎可以肯定的是，除非能发现隐秘的肛门自慰，并从源头上消除其产生的潜在异常自我状态，否则进一步的进展将会受到严重阻碍。

这将我们带到了论述中最重要的一点，根据我的经验，我认为这里描述的动力往往是一个非常微妙的结构，对分析师来说，加入假性成熟的理想化具有非常大的压力，潜在的精神病和自杀威胁是如此隐秘地传达着，许多分析看似成功却在结束后数月或数年内失效，可能就属于这一类。因此，也有必要强调，反移情立场是极其困难的，重复着父母困境的方方面面。他们发现只要父母不是明显的父母角色，即要么在权威和教导形式上，要么在反对孩子较为温和的特权要求上，如果那是超过孩子年龄和能力而不能合情合理地赋予的特权，那么孩子就是一个"模范"孩子。

我们不能将这种诱惑仅仅看作虚伪，也不能仅仅认为爱的质量是假的。远非如此，考狄利娅（Cordelia）式的温柔可能是相当真实的，但爱的前提条件与成长不相容，因为它们总是具有强烈的占有欲，并且同时微妙地诋毁它们的客体。病人暗中努力结束精神分析，以获得许可与精神分析师和精神分析建立非分析性的、永不结束的关系。因此，毋庸置疑，和与精神分析有着专业或者社交联系的病人工作的那些精神分析师，一定对本文描写的结构有着特别的兴趣和关注。

根据我的经验，如果分析师在虚假成熟的最新修订和"分析过的"版本中，坚定地抵制住了理想化其进展的诱惑，病人可能会出于表面的"现实"原因中断分析。这可以通过改变地理位置、改变婚姻状况、促使父母或婚姻伴侣反对、订立财务义务而使分析费用无法支付等方式实现。同时，病人仍然坚持理想化的积极移情。如果分析渗透要想成功，就必须预料到会发生一段长时间的强烈负性移情和明显的不合作过程，而且这种困难状态看起来难以解决。这表现为受伤的无辜、自怜，不断抱怨分析师提示肛门手淫的存在，以及持续实际上不是空穴来风就是投射或是外部干扰的表现（例如来自督导师）。

幸亏梦带来不断澄清，让精神分析师通常可以坚持下去。分析师通过敦促改善合作，意识到被隐瞒了的自由联想，以及更密切地关注身体习惯，可以逐渐揭示隐藏的肛门自慰。通过这种方式，"喂养乳房"的移情就突破了粪便理想化对其施加的限制。第一次有可能体验到全面而痛苦但在分析上将富有成效的分离焦虑。

正是在分析过程的这一点上，与强迫性格学的关系变得很明显。随着生殖器期和前生殖器期的俄狄浦斯情结轮流占据移情的主要方面，可以看到病人发生着虚假成熟和强迫这两种状态之间的摇摆。可以理解的是，对早期资料中需要诠释的所有俄狄浦斯意义而言，只有当成人和婴儿部分的自我区分如此艰难地建立起来时，才可能体验到完整的俄狄浦斯冲突。

## 更多临床材料

下面的临床材料旨在展示，加强与内在好客体的联盟以及在移情中与分析师的联盟，能如何使病人具有新的立场对抗旧的肛门习惯。提到的这名病人由于工作缺乏方向前来接受分析，但分析很快也揭示了本文中概述的假性成熟结构。分析还揭示了一种不为人知的、持续的肛门习惯和嗜好，这种习惯和嗜好可以追溯到记忆中与一个哥哥的夜间游戏。可能从来没有明确的性行为，但无意识地分裂并投射自身坏的部分到哥哥身上，这个过程在很大程度上影响了病人作为一个孩子的"好"，而这是自我理想化的基础。事实上，这位哥哥既不是坏孩子，也不是坏哥哥。

临近圣诞节，病人经常发作的肛裂又复发了，经过四年的分析，我们已经十分了解这种临床材料转向肛门侵入内部客体内容的模式了。

在一个星期二，他报告说，自从前一天进行了不满意的治疗后，他一直感觉寒冷和不舒服。他梦见自己和一个与他弟弟年龄相仿的男人在一所房子里，而他自己也是一个年轻人。这家伙一开始似乎友好且和善，他告诉病人，英国各地都在发现警察调查员的尸体，其中很多尸体都是高度腐烂状态的。当他表示在隔壁房间就有一具这样的尸体在床单下盖着的时候，病人才开始感到担心。当年轻人邀请他去看，而病人表示反对时，紧张的局面出现了。病人向门口退去，在年轻男人朝他的喉咙猛扑而来时，他冲了出去。令他惊讶的是，外面有警察，警察向他保证，路障已经设置好，这个年轻的杀人犯一定会被处理。

在同一天晚上的第二个梦中，他发现自己赤身裸体地走在人行道上，身上只围着一条小小的浴巾，他的阴茎能被看到，所以他感到非常尴尬。想着更快地回家缩短痛苦时间，他向一个车站走去。一个流浪汉拦住了他，邀请他去附近的住所。他很高兴地接受了，但当他躺在流浪汉的床上，他就睡不着了，因为流浪汉整夜都直挺挺地站在床边吓他。

注意这两个梦的对比。在第一个梦中，他能够抵制不参与对警察调查员—父亲的肛门施虐式的俄狄浦斯攻击，并发现自己与分析师和分析"路障"的外部关系过程能够安慰到他。但在第二个梦中，"沐浴—分析"带来的俄狄浦斯羞辱让他回到了对肛门的专注上，一个坏流浪汉—兄弟的"粪便—阴茎"在他的直肠中（便秘是他肛裂复发的常规前奏）。

星期五，他抱怨自己便秘，并讲到自己开始以强迫的方式节食。前一天晚上发生了一件有趣的事，一只很"胖"的苍蝇在房子里嗡嗡转，最后落在了一个花瓶上。他宣布打算"把这位老先生送到门口"，他拿起花瓶，上面停着一只懒洋洋的苍蝇。这时他的小儿子机智地抓住病人的胳膊，把他送到门口。他梦见自己在排队等待理发，但花了很长时间，尽管夫妻俩都在两把椅子上理发，他还是感到绝望了。然后，他发现自己舒服地躺在一条平底小船上，穿过一条小隧道（就像他小时候在一家大商场拜访圣诞老人时穿过的隧道）。当船要向左直角转弯时，船被卡住了，因此病人将右手伸入水中，做了一个舀水动作（前一天晚上，他的厨房水槽排水管堵住了，他清理时也做了这个动作）。但他震惊地意识到，他的手指在一个流浪汉的嘴里，那人躺在船底下的水里，正准备咬他（担心便秘导致他肛门撕裂，而不是温柔的"送胖胖的苍蝇先生到门口"）。

这个梦中令人印象深刻的是，确认对分离的不能容忍（象征着分析躺椅的船转向左侧；事实上，当病人离开躺椅时，他要向右直角转弯）并转向母亲的"父亲—圣诞老人—隧道"内的"流浪汉—粪便"兄弟。我们注意到，他希望温和地摆脱俄狄浦斯情结的竞争对手（正如他儿子的笑话所表明的那样），这将他又一次带到与流浪汉兄弟结盟，即便秘的粪便阴茎和撕裂式的肛门自慰排便。尽管病人已经开始了针对放弃肛门施虐的斗争，但是想要让爸爸变老并用肛门把他驱逐出去的婴儿式愿望仍然非常活跃。

三周后的星期一，他报告自己处于一种特别的心情里，对分析充满了强烈而复杂的感情，意识到最近的一次洞察帮助他遏制了对妻子频繁的挑衅行为，但对即将到来的假期他感到非常担忧和不满。他梦见他在我诊室附近的一个池塘边，等着做治疗。一个人在钓鱼，尽管池塘里没有鱼，两个鱼钩中有一个卡在了池塘底部。病人必须去把鱼钩摘下来，但他担心这个男人会残忍地拉紧鱼线，使病人被勾住。事实上，事情就是这样发生了。他决心要解脱，他用钳子把钩子从手指上扯下来，撕下一块肉。为了包扎伤口，他需要去伦敦郊外的一个镇子上见美国大使。大使在一辆马车上接受着回国前的款待；尽管如此，大使还是下了马车给病人的手指包扎好并带他回家。在那里，病人感到非常高兴，看着大使和他的家人吃午饭，他们被一道有孔的隔断隔开。

在这里，在假期之前，接受俄狄浦斯情结的困扰（手指上的伤口，与包皮环切术有关）和摆脱肛门自慰成瘾（钩子卡在池塘底部的男人，与流浪汉—兄弟的"粪便—阴茎"有关）的斗争以惊人的速度和清晰的洞察力进行着。有趣的是，后来有两次他的食指在周末患上了甲沟炎。

## 总结

为了说明当前对投射性认同和肛门自慰之间密切联系的研究趋势，我选择描述一种性格障碍的移情表现，在许多聪明、有天赋和表面成功的寻求分析的人之中，这种性格障碍相对频繁地出现，即"假性成熟"。梅兰妮·克莱因首先描述的投射性认同概念，为迄今未被探索的肛欲方面的研究开辟了崭新的道路。通过展示肛门自慰如何引发对内部客体的投射性认同，展现了对粪便自恋性评价的起源和意义的更丰富构想，从而更明确地将肛欲期与症状和性格病理学联系起来。

## 参考文献

Abraham, K. (1920) 'The narcissistic evaluation of excretory processes in dreams and neurosis' in *Selected Papers*, London: Hogarth Press, (1927).

——(1921) 'Contributions to the theory of the anal character' *ibid*.

Deutsch, H. (1942) 'Some forms of emotional disturbance and their relationship to schizophrenia', *Psychoanalytical Quarterly*, 11.

Freud, S. (1905) *Three Essays on the Theory of Sexuality*, SE, 7.

——(1908) 'Character and anal erotism' *SE*, 9.

——(1917) 'On transformations of instinct as exemplified in anal erotism' *SE*, 17.

——(1918) 'From the history of an infantile neurosis', *SE*, 17.

Heimann, P. (1962) 'Notes on the anal stage', *International Journal of Psycho-Analysis*, 43.

Jones, E. (1913) 'Hate and anal erotism in the obsessional neurosis', in *Papers on Psycho-Analysis*, 2nd and subsq. editions, London: Baillière (1918).

——(1918) 'Anal-erotic character traits.' *ibid*.

Klein, M. (1946) 'Notes on some schizoid mechanisms' in M.Klein, P.Heimann, S.Isaacs, and J.Riviere *Developments in Psycho-Analysis*, London: Hogarth Press (1952) 292–320 (also in *The Writings of Melanie Klein* vol. 3, 1–24).

——(1957) *Envy and Gratitude* London: Tavistock (also in *The Writings of Melanie Klein* vol. 3, 176–235).

Meltzer, D. (1963) 'A contribution to the metapsychology of cyclothymic states.' *International Journal of Psycho-Analysis*, 44.

Spitz, R. (1949) 'Autoerotism', *Psychoanalytic Study of the Child*, 3–4.

Winnicott, D.W. (1965) *The Maturational Processes and the Facilitating Environment*, London: Hogarth Press.

# 第6章

# 对精神病状态精神病理学的贡献：投射性认同在精神病病人的自我结构和客体关系中的重要性

赫伯特·罗森菲尔德

本文首次发表于1971年P.杜赛特（P. Doucet）和C.劳林（C. Laurin）主编的《精神病的问题》（*Problems of Psychosis*, The Hague: Excerpta Medica, 115-128）。

研讨会组织者建议我讨论投射性认同和自我分裂在精神病病人心理病理学中的重要性，因此，我将尝试向你们介绍"投射性认同"这一术语下所描述的过程。

我将首先定义"投射性认同"这个术语的含义，并引用梅兰妮·克莱因的作品，正是她提出了这个概念。然后，我将继续非常简要地讨论另外两位作者的工作，他们的使用看似与梅兰妮·克莱因对该术语的使用有关，但不完全相同。

"投射性认同"首先涉及早期自我的分裂过程，在这个过程中，自我好的或坏的部分从自我中分裂出来，进一步在爱或恨中投射到外部客体上，导致自我的投射部分与外部客体之间的融合和认同。与这些过程相关的是一些重要的偏执性焦虑，因为客体在被充满自我的攻击性部分后变得具有迫害性，并且被病人体验为威胁要进行报复，客体将他们自己和他们所包含的自我的坏部分再次逼迫回自我内部。

梅兰妮·克莱因在她关于精神分裂症机制的论文（1946）中，首先考虑了分裂和否认过程以及全能的重要性，它们在发展的早期阶段发挥着类似于自我发展后期阶段的压抑的作用。然后，她讨论了早期婴儿的本能冲动，并提出虽然"口欲仍占主导地位，但来自其他来源的力比多和攻击性冲动及幻想会凸显出来，并导致口欲、尿道和肛门欲望的汇合，这些欲望中既有力比多也含有攻击性"。在讨论了针对乳房和母亲身体的口欲力比多和攻击性冲动后，她提出：

"另一条攻击线索生成于肛门和尿道的冲动，意味着将危险物质（排泄物）从自我中排出，排进母亲体内。与这些在仇恨中排出的有害排泄物一起，自我的分裂部分也被投射到母亲身上。这些排泄物和自我的坏部分不仅是为了伤害，也是为了控制和占有客体。说到母亲包含自我的坏部分，她不被当成一个独立的个体，而被认为是坏的自我。对自我某些部分的憎恨现在都指向了母亲。这导致了一种特殊形式的认同，它建立了攻击性客体关系的原型。我建议使用投射性认同这一术语指代这些过程。"

在同一篇论文后面部分，梅兰妮·克莱因描述道，不仅自我的坏部分，而且自我的好部分也被驱逐并投射到外部客体中，这些客体就与被投射的自我好部分相认同了。她认为这种认同至关重要，因为它对婴儿发展出良好客体关系的能力十分关键。然而，如果这个过程过度发生，人格中的好部分就会被感觉为失去了自我，从而导致自我的削弱和贫乏。梅兰妮·克莱因还强调了投射过程中与强行进入客体有关的方面，以及我之前提到的与这个过程有关的迫害性焦虑。她还描述了与投射性认同有关的偏执性焦虑如何干扰内射过程。"内射受到干扰，因为它可能被感觉为从外部强行进入内部，是出于暴力投射的报复。"很明显，梅兰妮·克莱因将"投射性认同"这一名称既用于自我分裂的过程，也用于通过将自我的一部分投射到客体中而产生的自恋型客体关系。

## 第6章 对精神病状态精神病理学的贡献：投射性认同在精神病病人的自我结构和客体关系中的重要性

我现在要讨论伊迪思·雅各布森（Edith Jacobson）博士的一些工作，她描述了精神分裂症病人的精神病性认同，与我观察到并描述为"投射性认同"的现象是相同的。她在《精神病性冲突与现实》（*Psychotic Conflict and Reality*, Jacobson, 1967）一书中也经常使用"投射性认同"这个术语。

1954年，伊迪思·雅各布森讨论了妄想型精神分裂症病人的认同，他们最终可能有意识地认为自己是另一个人。她把这与早期婴儿具有魔术般性质的认同机制联系起来，导致"魔幻的自我和客体形象的部分或全部融合，是建立在幻想上，或者甚至暂时相信与客体合一或成为客体，而不论现实怎样"。1967年，她更详细地描述了这些过程。她讨论了"精神病病人倒退到自恋的水平，在那里，自我和客体形象之间界限的虚弱导致产生了幻想，或者体验到这些形象之间的融合。这些原始的内射性或投射性认同是基于婴儿时期的幻想，即合并、吞噬、入侵（将自己迫入）或被客体吞噬"。她还说"我们可以假设，这种幻想至少预先假定了自我和客体之间的基本区别，是早期自恋发展阶段的特征，儿童与母亲的关系通常从内射和投射过程开始"；以及"（成年病人的）内射和投射性认同取决于病人对早期自恋阶段的固着和自恋退行的深度"。在讨论病人A的临床材料时，她描述了这种恐惧，即任何亲昵的身体接触都很可能带来融合的体验，而这又可能导致明显的精神病性状态。她的观点是，在成年病人身上观察到的内射性认同与投射性认同取决于对早期自恋阶段的固着，这些认同起源于此，这似乎与我自己的观点相同，在我上面引用的雅各布森的临床和理论观察中，没有任何我不同意的东西。然而，雅各布森强调，她与梅兰妮·克莱因和我的观点不同，她并不认为在移情中可以观察到的成年病人的投射性认同，或者病人对其环境中的客体实施的投射性认同，实际上是早期婴儿投射性过程与内射性过程的重复，而应理解为更晚的防御过程，因为在她看来，早期过程并不能在移情中观察到。她也不同意我的分析技术，即当投射性认同的过程出现在移情中时，对其进行口头诠释，我认为这对修通移情中的精神病性过程具有核心意义。[1]

玛格丽特·马勒（Margaret Mahler）在1952年描述了共生性婴儿期精神病，并提出所采用的是内射性和投射性的机制及其精神病阐述。她的想法似乎与我所描述的投射性认同密切相关，但还是相当不同。她把早期的母婴关系描述为客体关系的一个阶段，在这个阶段，婴儿的行为和功能就好像他和母亲是一个全能的系统（有一个共同边界的二元单位，可以说是一个共生的膜）。在1967年，她说，"共生的基本特征是幻觉或妄想，体感心理，与母亲表征全能融合，特别是对两个实际分开、身体上也分开的个体之共同边界的妄想"。她认为，"这是在精神病性混乱的情况下，自我退行的机制"。在描述共生性婴儿期精神病时，她说早期的母婴共生关系很强烈。母亲的心理表征仍然存在与自我表征融合，或是退行性地与自我表征融合。她描述了由分离引起的恐慌反应，"随后是恢复性的加工，以维持或恢复与母亲或父亲一体的共生寄生妄想"。很明显，马勒把精神中的内射或投射过程作为产生共生精神病的机制来考虑。然而，我在她的论文中没有找到对这些机制的明确描述。她似乎把共生性精神病看作对分离焦虑的一种防御，这与我对自恋性客体关系起到防御作用的描述紧密相连。马勒所描述的共生过程与我后面要描述的寄生性客体关系有一些相似之处。投射性认同包括自我分裂以及将自我好的和坏的部分投射到外部客体中，这与共生不完全相同。为了使投射性认同发生，"我"和"非我"的一些临时区分是必不可少的。然而，马勒用共生来描述这种未分化的状态，即与母亲融合的状态，在这种状态下的"我"尚未从"非我"区分出来。

在我自己对精神病病人的工作中，我遇到了各种类型的客体关系和心理机制，它们与梅兰妮·克莱因对投射性认同的描述相关。首先得区

## 第6章 对精神病状态精神病理学的贡献：投射性认同在精神病病人的自我结构和客体关系中的重要性

分两种投射性认同，即用于与其他客体交流的投射性认同和用于清除自我不受欢迎部分的投射性认同。

作为第一点，我将讨论作为一种交流方法的投射性认同。许多精神病病人使用投射过程与其他人交流。精神病病人的这些投射机制似乎是正常婴儿关系的变形或强化，这种关系是基于婴儿和母亲之间的非语言交流，其中的冲动、自我的某些部分和婴儿难以承受的焦虑都会被投射到母亲身上，而母亲也能够本能地做出反应，遏制婴儿的焦虑并通过她的行为减轻这种焦虑。比昂特别强调了这种关系。在移情过程中使用这一过程的精神病病人可能会有意识地这样做，但更多时候是无意识的。他把自己的冲动和自己的部分投射到分析师身上，以便分析师能够感受和理解他的经验，并能够控制它们，使它们失去可怕或难以忍受的品质，并且分析师能够通过诠释把它们变成语言文字而使之变得有意义。这种情况对于内射过程的发展和自我的发展可能具有根本的重要性：它使病人有可能学会容忍自己的冲动，而分析师的诠释使他的婴儿式反应和感受能够被更理智的自我所接受，从而可以开始思考那些以前对他来说毫无意义和令人恐惧的经验。主要为交流而投射的精神病病人显然很容易接受分析师对他的理解，所以识别出这种类型的交流并做出相应的诠释很重要。

作为第二点，我想讨论用于否认心理现实的投射性认同。在这种情况下，病人除了冲动和焦虑之外，还将自我的一些部分分裂出来，投射到分析师身上，目的是疏散和清空令人不安的心理内容，这导致对心理现实的否定。这种类型的病人主要是想让分析师纵容这一疏散过程和否认他的问题，所以他经常对诠释表现出激烈的反感，因为病人认为讨厌的、无法忍受的和无意义的精神内容被分析师推回给他了，那些诠释都被他体验为批评的和恐吓的。

在精神病病人身上，沟通和疏散这两个过程可能同时存在，也可能交替存在，为了与病人保持接触并使分析成为可能，必须将它们明确区分开。

作为第三点，我想讨论精神病病人中非常常见的移情关系，其目的是控制分析师的身体和心灵，这似乎基于一种非常早期的婴儿期客体关系。

在分析中，人们观察到，病人认为他已经把自己全能地迫进了分析师，这导致了与分析师的融合或混淆，以及与失去自我有关的焦虑感。在这种投射性认同的形式中，自我的疯狂部分向分析师身上的投射往往占了主导地位。分析师会被感知为变得疯狂了，这会引起病人的极度焦虑，因为病人害怕分析师会进行报复，将疯狂的部分迫回病人身上，完全剥夺病人的理智。在这种时候，病人有解体的危险，但对病人和分析师之间关系的详细诠释可能会突破这种全能妄想情境，防止崩溃发生。

然而有一种危险是，这种时候，病人和分析师之间的口头交流可能会中断，此时分析师的诠释被病人误解和误读，病人的交流愈发具有具体的性质，这表明抽象思维几乎完全崩溃了。在调查这种情况时，我发现全能的投射性认同干扰了言语和抽象思维的能力，产生了心理过程的具象化，导致现实和幻想之间的混淆。在临床上，分析师也必须认识到，使用过度投射性认同的病人被具体的思维过程所支配，导致对言语诠释的误解，因为言语及其内容被病人体验成了具体的、非象征性的客体。西格尔在论文《对一位精神分裂症病人分析的某些方面》（1950）中指出，当象征再次成为原始客体的等价物（equivalent）时，精神分裂症病人就失去了使用象征的能力，这意味着它与原始客体几乎没有区别。在论文《关于象征形成的说明》（Notes on symbol formation，1957）中，她为这一过程提出了"象征等同"一词。她写道：

"我认为，内部和外部世界的原始客体和象征之间的象征等同是

# 第6章 对精神病状态精神病理学的贡献：投射性认同在精神病病人的自我结构和客体关系中的重要性

精神分裂症病人的具体思维的基础。这种被象征的事物和象征之间的不区分是自我和客体之间关系紊乱的一部分。自我的一部分和内部客体被投射到一个客体上，并与之相认同。此时，自我和客体之间的区分就被模糊了；由于自我的一部分与客体相混淆，作为自我的创造物和功能的象征反过来又与被象征的客体相混淆。"

我相信，自我和客体表征的区分对于维持正常的象征形成是必要的，而正常的象征形成是基于对能与自我分离的客体的内射体验。[2] 正是精神病过程中的过度投射性认同抹杀了自我和客体的区分，导致现实和幻想之间的混淆，并由于象征化和象征性思维能力的丧失而倒退到具体思维。[3]

当然，当诠释被误解和曲解的时候，对精神病病人使用口头诠释是非常困难的。病人可能会变得非常害怕，可能会捂住耳朵并试图冲出咨询室，分析有可能会崩溃。在这种时候，有必要揭示在病人和分析师之间用于交流的那种投射过程，这将建立一些简单口头诠释的可能性，向病人解释，帮助他理解由于具体经验而产生的可怕情境。分析师必须记住，到目前为止我所描述的三种投射性认同都同时存在于精神病病人身上，片面地集中于一个过程可能会阻碍分析及病人与分析师之间有意义的沟通。

精神病病人的精神病理学还有一个方面与投射性认同有关——那就是原始攻击性的重要性，特别是妒忌，以及使用投射性认同来处理妒忌。

当活在与分析师融合（投射性认同）状态下的精神病病人开始体验到自己是一个独立的人，暴力的破坏性冲动就会出现。有时候他的攻击性冲动是与分离焦虑有关的愤怒的一种表达，不过一般来说，它们具有明显的妒忌特征。只要病人把分析师的身心以及他的帮助和理解看作自己的一部分，他就能够把在分析中体验到的一切有价值的东西归结为自己的一部分，换句话说，他生活在一种全能自恋状态中。一旦病人开始觉得自己与分析师分离，攻击性反应就会出现，特别是在有价值的诠释之后，这种诠释证明了分析师的理解。病人的反应是羞辱的感觉，抱怨自己被弄得感到渺小；为什么分析师要提醒他一些他需要但他自己无法提供的东西。在病人妒忌的愤怒中，他试图通过嘲笑或使诠释失去意义来摧毁和败坏分析师的诠释。分析师在反移情中可能会有一个明显的体验，那就是他注定要感到自己一无是处，对病人没有什么价值。通常会有与这种状态相关的身体症状，因为病人可能会感到病了，并可能真的呕吐。这种对分析者帮助的具体拒绝往往可以清楚地理解为，对母亲的食物[4]及她对婴儿的照顾的拒绝，而这在分析的移情情境中再次出现了。往往当病人先前在治疗中取得了良好进展时，这种"负性治疗反应"反而相当暴力，似乎他想败坏和贬低他以前得到的一切，但无视这种反应往往有自杀的风险。许多病人体验到，这种针对分析师好品质的暴力妒忌是相当疯狂和不合逻辑的，由于病人内心比较理智的部分体验到这些妒忌的反应是不可忍受的也是不可接受的，所以对这种原始妒忌又创造出许多防御。

这些防御之一涉及将自我的妒忌部分分裂出来并投射到外部客体上，客体就成为病人的妒忌部分。这种防御性的投射性认同遵循梅兰妮·克莱因描述的自我坏的部分的分裂和投射模式，我在本文的开头引用过。

另一种对妒忌的防御与病人的全能幻想有关，即进入爱慕和妒忌的客体，并以这种方式坚持认为他通过接管那个客体的角色，就是那个客体了。当与妒忌的客体发生完全的投射性认同时，妒忌就被完全否定，但当自我和客体再次分离时，妒忌就会立即重新出现。我在论文《自恋的精神病理学》(The Psychopathology of narcissism, 1964) 中，强调：

"投射性认同是早期对母亲的自恋关系的一部分，在这种关系中，对自我和客体之间分离的认识被否认。对分离的认识将导致对客体的依赖感,从而导致焦虑(见 Mahler, 1967)。此外,当认识到客体的好时,依赖也会激生妒忌。全能的自恋型客体关系,特别是全能的投射性认同,既避免了由挫折引起的攻击性感受,也避免了任何妒忌的意识。"

我相信,在精神病病人中,投射性认同更经常是对过度妒忌的防御,这与病人的自恋紧密相连,而不是对分离焦虑的防御。在我的论文《一位急性精神分裂症病人在移情情境中的客体关系》(*Object relations of an acute schizophrenic patient in the transference situation*, 1964)中,我试图追踪精神分裂症中妒忌性投射性认同的起源。我提出:

"如果过多的怨恨和妒忌支配了婴儿对母亲的关系,正常的投射性认同会变得越来越有控制力,并可能呈现出全能的妄想基调。例如,婴儿在幻想中受妒忌和全能的驱使进入母亲的身体,接管了母亲或乳房的角色,并将自己妄想为乳房的母亲。这种机制在躁狂和轻躁狂中起着重要作用,但在精神分裂症中,它以一种非常夸大的形式出现。"

最后,我想提醒注意两种类似的客体关系:一种是寄生的,一种是妄想的。在寄生性客体关系中,分析中的精神病病人持有一种信念,认为他完全生活在一个客体——分析师——里面,并且表现得像一个寄生虫,寄居在分析师的能力上,分析师被期望作为他的自我发挥作用。严重的寄生可以被看作一种完全投射性认同的状态。然而,这不仅仅是否认妒忌或分离的一种防御状态,也是一种攻击性的表达,尤其是妒忌的表达。正是防御和攻击付诸行动的结合,使寄生状态成为一个特别困难的治疗问题。

寄生的病人完全依赖分析师，常常让他负责自己的整个生活。病人通常表现得非常被动、沉默和迟钝，要求一切，不给任何回报。这种状态可能是极其慢性的，对这种病人能做的分析工作往往是最低程度的。我的一名抑郁症病人把自己描述成一个婴儿，就像一块石头沉重地压在我的沙发上，压在我身上。他觉得他让我无法携带他也无法照顾他，他担心如果我再也无法忍受他，我唯一能做的就是把他赶走。然而，他很害怕离开后他无法生存。他不仅觉得他对分析有非常大的麻痹作用，而且他自己也瘫痪了，没有活力。只有在非常偶然的情况下，才有可能接触到与这一过程有关的强烈敌意或无法承受的痛苦和抑郁的感觉。当感受到分析师是有帮助的、有活力的时候，他没有任何快乐，因为病人只是更加意识到了自己和分析师之间的不同，有时会产生挫败自己的欲望，如此，他就回到了惰性的现状，这被感受成是不愉快的，但比起任何可能短暂体验到的痛苦、愤怒、妒忌或羡慕的强烈感觉，他更愿意处于惰性状态。正如我之前提出的，极端的寄生一定程度上是对分离焦虑、妒忌或羡慕的防御，但它往往似乎更是对任何可能被体验到的痛苦情绪的防御。我经常有这样的印象，类似我描述的那个病人，他们体验到自己是死的，而且经常被分析师体验为相当不活跃，以至于他们可能已经死了，他们利用分析师的活跃性作为存活的手段。然而，潜在的敌意使病人无法从分析中获得超过最低限度的帮助或满足。在较为积极的寄生形式中，暗中潜伏的敌意主导着整个情境，并且明显。

比昂博士在《转化》（*Transformation*, 1965）一书中描述了一个较为活跃的寄生案例。他强调说，这样的病人特别让人没有成就感。其基本特征是同时刺激和挫败希望及工作，除了使分析师和病人失去信心外，工作没有任何结果。与破坏性的活动相平衡的，是足够成功地阻止病人实现其破坏性。"对这个个案情况的有用总结，可以描述为'对病人和分

第6章 对精神病状态精神病理学的贡献：投射性认同在精神病病人的自我结构和客体关系中的重要性

析师的慢性谋杀'或'寄生的例子'：病人利用寄主的爱或仁慈来榨取知识和权力，这使他能够毒害联盟，破坏其赖以生存的纵容。"

重要的是要把非常慢性的寄生形式与对分析师的大规模入侵和投射性认同区分开，后者类似于寄生，但持续时间较短，更容易对诠释产生反应。它发生在分离带来威胁的时候，或者当移情或外部生活强烈地激发了羡慕或妒忌时。梅尔泽（1967）描述了一种原始形式的占有性妒忌，这种妒忌在延续大规模投射性认同方面起着重要作用，是一种特殊的、退缩性的、宁静的投射性认同。

另一种完全生活在客体内部的形式发生在严重的妄想型精神分裂症病人身上，他们似乎体验到自己生活在一个不真实的世界里，这个世界是高度妄想的，但仍然具有结构的特质，表明这个幻觉世界代表了一个客体内部，很可能就是母亲内部。病人可能很孤僻，专注于幻觉，在分析中偶尔会把幻觉经验投射到分析师身上，这导致将他和其他人与他的妄想经验错误认同。有时病人会描述自己生活在一个世界里，或者说在一个客体里，这个客体将他与外部世界完全分开，分析师被体验为一台新奇装置、一名演员或一台机器，世界变得格外不真实。生活在妄想客体的内部，似乎与跟外部世界打交道是绝对对立的，后者意味着依赖于一个真实客体。这个妄想世界或客体似乎被自我的全能、有时是全知的部分所支配，这就产生了这样的概念：在妄想客体内部是完全没有痛苦的，可以自由地沉溺于任何奇想兴致。此外，妄想客体内部的自我似乎对人格中较正常的部分施加了强大的暗示和诱惑性影响，以说服或迫使他们退出现实，加入妄想的全能世界。在临床上，病人可能会听到一个声音，通过将疯狂世界理想化，并通过向病人提供完全满足和即时治愈来赞美它的优点，来美化宣传在疯狂世界中的生活。这种进入妄想世界内部的劝说或宣传，在临床上意味着不断刺激自我的所有部分，以使用全能的投射性认同（将自我迫进客体）作为解决所有问题的唯一可能方法。这种情况导致了不断地用外部客体付诸行动,而这些外部客体都被用于投射性认同。然而,当投射性认同指向妄想客体时,自我的理智部分可能会受困于或被囚禁在这个客体里面,可能导致身体和精神麻痹,最终形成紧张症。

## 对精神病病人的投射性认同相关过程的精神分析治疗

由于本文主要涉及精神病状态的精神病理学,我只能简单地讨论我治疗精神病病人的精神分析技术,以强调我的论点:对精神病病人的精神病理学调查和治疗方法是密切相关的。

在治疗精神病状态时,绝对有必要区分自我的这些部分,自我的一部分几乎完全存在于对外部客体或内部客体的投射性认同状态中,比如我上面描述的妄想客体,而病人比较理智的、不太受投射性认同支配的部分,已经形成了一些独立于客体的存在。这些比较理智的部分可能是成人人格的残片,但它们往往代表自我中比较正常的非全能的婴儿化部分,在分析过程中,它们试图与代表哺育性母亲的分析师形成一种依赖关系。由于自我的健全部分有可能屈从于妄想性自我的劝说,退缩到人格中更多的精神病部分中,并深陷其中,所以前者在分析中需要得到非常仔细的关注,以帮助它们区分作为外部客体的分析师以及与内部妄想客体有关的自我全能部分的诱导性声音,后者可以为了保持对整个自我的支配而假扮任何身份。由于人格中的精神病部分和理智部分总是存在着冲突,有时甚至是激烈的斗争,因此也必须清楚地了解这种冲突的性质,才有可能通过分析来修通精神病状态。例如,病人的精神病部分的结构和意图以高度自恋的方式构成,必须通过诠释的方式完全暴露出来,因为它们反对自我中任何想与现实形成关系的部分,也反对分析师试图帮助自我走向成长和发展。诠释还必须揭露，人格中的精神病性自恋部分在试图支配、纠缠和麻痹自我中较理智的部分时所使用的程度和方法。重要的是要记住，只有自我的理智依赖部分能与分析师分离，内射过程才能被动用起来，而不被全能的投射性认同造成的具象化所污染；自我的记忆能力和成长取决于这些正常的内射过程。当人格中依赖性的非精神病性部分变强时，作为分析的结果，通常会出现剧烈的负性治疗反应，因为病人的精神病性自恋部分会反对任何进步和现状改变。我最近在《负性治疗反应》( *The negative therapeutic reaction*, Rosenfeld, 1969 ) 一文中详细讨论过这个问题。

## 案例介绍

我现在将介绍一名精神分裂症病人的一些案例材料，以说明投射性认同和自我分裂的某些方面。

### 病人 A

几年前，他被诊断为精神分裂症，当时出现了急性精神崩溃，其特点是无法承受的恐慌、混乱和对完全解体的恐惧。他在急性期没有出现幻觉，当时也没有被精神病性的妄想方面主宰，但他无法工作，与外界的男性和女性都无法保持密切关系。在一年多前开始接受我的分析之前，他已经被另一位分析师治疗了好几年。前任分析师在给我的报告中强调，病人在每次治疗开始时都会陷入对分析师的投射性认同状态，这导致病人变得混乱，无法以可听见、可听懂的方式说话。分析师向病人诠释说，即使他不能说话或思考，他也希望被分析师理解，因为他认为自己在分析师里面；由于这样的诠释，他逐渐开始说得更清楚。在与我的分析过程中，他的情况有了进一步改善，他有时觉得自己更加独立，所以其自我中比较理智的部分能够在某种程度上形成对我的依赖关系。然而时不时地，特别是在他取得一些进展之后，或者在长期分离的情况下，他又回到了寄生关系，生活在我体内（投射性认同），这导致了混乱的状态、无法思考和交谈、幽闭恐惧症以及被我困住的偏执性焦虑。当妒忌是通过现实世界的经验引起时，例如当 A 遇到一个在与女性的关系中或在工作中很成功的男人时，在经历短暂的意识层面的妒忌之后，他就经常与那个人认同了。这之后会出现失去自己身份的严重焦虑和被困住的感觉，而不是导致错觉，比如觉得自己是那个被羡慕的男人，或者自己有能力在外部世界发挥与发生投射性认同和混淆的那个人相似的功能水平。

去年秋天，我不得不中断两星期的分析，这让病人非常不安。在意识上，他似乎对我的离开毫不在意，当然我在几个月前就和他讨论过。然而，在这次中断的两周前，他变得非常焦虑和困惑，有一天他担心自己会再次崩溃，不得不住进医院。困扰开始于病人抱怨说，他无法将自己从正在观看奥运比赛的电视屏幕前拽走。他觉得自己是被迫的，几乎是在违背自己意愿的情况下看电视直到深夜。他抱怨说，他被吸引到墨西哥的炎热气候中，他觉得那里会让他的身体好起来。他还被迫看着那些运动员，摔跤手和举重运动员，他觉得自己是或应该是他们中的一员。他问我：为什么我必须成为一名运动员？为什么我不能做我自己？他觉得看电视就像上瘾一样停不下来，他感到精疲力竭。有时，他觉得自己被强烈地"拉进电视里面"，以至于感到幽闭恐惧，呼吸困难。之后在晚上，他感到被吸着必须起来看看公寓里盥洗池的水龙头是否都关闭，塞子是否都堵住了下水道口。他很害怕浴缸和盥洗池会溢出水来，最后他承认，他害怕被淹死和窒息。我向他诠释说，在他觉得自己有了进步并感觉与我分开后，他突然被不耐烦和对我以及其他能够活动和活跃的男人的妒忌所征服了。我提出,是嫉妒部分驱使他去认同其他男人和我,以便接管他们的力量和效力,这样一来,自己的全能部分可以让他相信,他可以立即变得成熟和健康。他毫无困难地同意了我的诠释,并开始飞快地说话:他说他知道这一切,而且相当清楚,但他也知道这种信念是相当错误的,是一种错觉,他对不得不听从体内的一个声音感到愤怒,这个声音非常有说服力,刺激他去接管其他人的身心。我还向他诠释说,我认为有威胁性的分离刺激了他希望突然长大和独立的愿望,以便不必应付与我分离的焦虑。然后他告诉我,他每天晚上都会陷入很深的睡眠,早上无法轻易醒过来,所以他在治疗时迟到。他把被拉进电视屏幕的感觉比作被拉进这种深度睡眠,而电视屏幕似乎已经与妄想客体相认同。他现在说话相当流利,而且更清晰,并表示他现在感觉到与我更加分离。他说他对自己是个寄生虫感到厌恶,他还抱怨说电视体验和他的床正在榨干他的生命,所以他有强烈的冲动要砸掉这两样东西;他很高兴自己在现实中能够控制这种情况。我承认他的观察,即看电视和被拉入深度睡眠被他体验为寄生体验,他觉得自己进入了其他客体。我指出,他对自己的那一部分感到愤怒,这部分刺激他进入外部客体内部,外部客体即运动员们,代表着我这个在休息期间出国旅行的成功人士;他也被刺激着进入内部客体,那是由他的床代表的。我强调,起初他觉得自己进入这些客体时,可能可以完全控制和占有这些客体,但很快他就觉得自己被包围了、被困住了、受到了迫害,这激起了他摧毁床和电视屏幕的愿望,这些东西已经变成了迫害性客体。我认为他对被困住的恐惧、他的愤怒,也与分析和分析师有关。病人对盥洗池塞子的执迷也与他对被困和溺水的恐惧有关。他似乎一直想知道,在他侵入客体之后,他是否会被困住,是否有被淹死和窒息的危险,或者是否有一个洞可以让他逃脱。

病人出现与妄想的电视体验有关的投射性认同,同时还被强烈地拉到与妓女的关系中。他向我解释说，每当他感到孤独或焦虑时，他的一部分就会劝说他，他需要有一个可爱的大妓女来滋养，这将使他康复。在治疗过程中，他向我保证，他意识到了这个声音的虚假性，但事实上他很少能抵制。他感到自己想用兴奋的方式进入妓女的身体，以吞噬她们，但在性交后，他感到恶心和厌恶，并确信他现在已经得上了胃部梅毒。在这次会谈中，病人多次声称他非常清楚现实和妄想性说服之间的区别，他也知道什么是错的。但我很清楚，尽管他有这样的知识，但他一次又一次地被身上全能、全知的精神病部分暂时置入妄想状态，这部分成功地诱惑并压制了他人格中较理智的部分，诱使他通过投射性认同来处理他所有的困难和问题，包括他的妒忌。在治疗过程中，病人的理智部分似乎从分析师的诠释中得到了帮助和支持，但是因为当他只能靠自己时，他无法抵制精神病部分的支配和劝说，他感到羞辱和愤怒。在探究他如此轻易地听从内部声音的原因时，我发现他被许诺会得到治愈，免于焦虑、免于对我的依赖。于是我便能诠释说，分离使他更加意识到自己的渺小和对我的依赖，这是一种羞辱和痛苦，增加了他对我的妒忌。通过全能地侵入我，他可以哄骗自己说，从这一刻到下一刻，他已经长大了，完全没事了，没有我也能应付。

我现在将简要地描述自我分裂、投射性认同和这位病人身上与这些过程相关的迫害性焦虑之间的关系。在后一次会谈中，病人报告说他感觉好多了，但在会谈当中，他变得非常沉默，然后羞愧地承认，他在一段时间前曾强烈地反犹，时间超过六个月。他当时认为犹太人是堕落的人，他们只是为了剥削他人，以便以无情的方式从他们身上榨取金钱。他痛恨剥削者，并因此想攻击和粉碎他们。我诠释说，虽然他知道过去发生过这种情况，但他现在感到我很糟糕，因为经过昨天的会谈，他已经摆脱了自我中贪婪的寄生剥削的部分，却把它推给了我。他觉得现在我已经变成了他贪婪的剥削自身，这让他对我产生了强烈的怀疑。他回

## 第6章 对精神病状态精神病理学的贡献：投射性认同在精神病病人的自我结构和客体关系中的重要性

答说，他担心我现在一定会憎恨和鄙视他，而他唯一能做的就是毁掉自己或自己的这部分憎恨。我诠释说他害怕我的报复，因为当他看到我是一个贪婪的、剥削人的犹太人时，他就会攻击和鄙视我，并担心我会恨他，因为他相信我无法忍受他把自己的贪婪自身推给我，不仅因为这是一种攻击，也因为他自己无法忍受而想摆脱它。我提出，当他觉得我不能接受他坏的和被憎恨的自身时，他就会猛烈地攻击自己。事实上，在这次会谈中，最大的焦虑与针对其坏自我的暴力攻击有关，这些攻击逐渐达到最强音，所以他担心会把自己撕成碎片。在诠释之后，他明显地平静了下来。

下一次会谈显示出与分裂过程有关的进展，再之后的几次会谈中出现了一些抑郁的体验。在会谈开始时，病人报告说他起床有些困难，但他很高兴他记得一个梦。在这个梦中，他正在电视上观察一群奥运选手的比赛。突然，他看到一些人挤到跑道上，干扰了比赛。他对这些人大发雷霆，想杀了他们，因为他们干扰和故意妨碍选手的比赛。他报告说，前一天晚上他只看了很短时间的电视，并一直在思考上一次会谈，在会谈中当他试图切断和摧毁自己身上坏的部分时，他一直害怕伤害自己。他现在决心要正视自己身上发生的任何事情。他对这个梦没有任何联想，除了干扰他的人看起来很普通之外。我指出，在这个梦中，他以一种非常具体的方式展示了他在看电视时觉得自己在做什么。干扰他的人似乎是他自己的一部分，当他贪婪而妒忌地看电视时，他体验到这些人在墨西哥的轨道上蠕动。在这个梦中，很明显，代表他的人并不是通过跑步来竞争，而只是想干扰比赛的进展。随后我能向他展示投射的另一个极其具体的形式了，它不仅与奥运选手有关，也与分析师有关。我诠释说，他感到，当分析工作取得良好进展时，他把我的诠释和想法体验为他正以钦佩和妒忌的眼光看着的东西，就像电视里的运动员一样。他感到自己的妒忌部分实际上可以爬进我的大脑，干扰我的思维速度。在梦中，他试图正视，去认识自己的这些部分确实存在，他想控制和阻止它们。我还将这一过程与病人的抱怨联系起来，即他自己的思维过程经常受到干扰，我将此与他认同但经常妒忌地攻击的分析师的心智联系起来。事实上，病人在上个星期非常积极地合作，这导致了他的思想得到了相当大的疏通，所以他的大量投射性认同和分裂过程在分析中清楚地显示出来，并且可以与移情情境联系起来。在梦中，他实际上已经成功地完成了宣称要做的尝试，即通过将这些过程带入移情中来面对它们，而不是试图通过分裂和投射来破坏和摆脱它们。这也使他能够正视他对通过投射性认同来损害客体和自身的严重恐惧。我的诠释似乎减少了他对完全摧毁我和我的大脑的焦虑，这样我就可以被体验为有帮助的和未受损害的，在某些时期我被内射为好的和未受损害的，这个过程逐渐促成了他自我力量的加强。在分析工作中，处理这种情境的困难之一是无休止的重复倾向，尽管病人明白正在进行非常有用的分析工作。在处理这类病人和过程时，重要的是接受，大量重复是不可避免的。分析师接受了病人的上述过程会在移情中重演，分析师帮助病人感觉到不断被分裂出来并投射到分析师身上的自我是可以接受的，并不像担心的那样具有破坏性。

  现在我想简要地描述一下病人疾病中的一个短暂抑郁期，这对他与客体和自我的损害相关的内在焦虑带来一些启示。在我之前报告的那次会谈后几天里，病人变得越来越在意他认为自己对其他人造成的伤害，但最重要的是他对自己内心发生的事情感到震惊。有半个小时，他经历了强烈的焦虑，并报告说他太害怕了，不敢看自己的内心。突然间，他看到自己的大脑处于一种可怕的状态，好像有许多虫子一路吃着进了里面。他害怕这种损害是无法弥补的，他的大脑可能会分崩离析。他绝望地说，他怎么能让自己的大脑处于如此糟糕的状态呢！他顿了顿，提起他与妓女一直以来的关系跟这种状况有关。我诠释说，他感到，在过去

第6章 对精神病状态精神病理学的贡献：投射性认同在精神病病人的自我结构和客体关系中的重要性

几周里，他将自己迫入了妓女和运动员等人，他害怕在外面看到这种损害。他的大脑受到的损害似乎与他担心自己对外界客体造成的损害相同。然后他开始谈论他的大脑，那是他身体的一个特别有价值和脆弱的部分，他一直以来都忽视了它，没有加以保护。他的声音现在听起来比以前温暖多了，也更在意了，所以我觉得有必要诠释一下，他的大脑也被确定为一个特别有价值的重要客体关系，即分析和分析师，那对他来说代表了喂养情境。这一点他过去通常转移到了妓女身上，他总是去妓女那里寻求营养。现在我给他详细诠释了他渴求我的强度，他的等不了，我描述了他的冲动和他所体验到的全能地钻进我的大脑的自我，对他来说，我的大脑包含了他渴望拥有的所有宝贵知识。在这一小时里，病人感受到强烈的焦虑和几乎无法忍受的痛苦，因为他担心自己无法修复损害。然而，通过移情诠释，他显然得到了缓解，这些诠释帮助他区分和解开了内部和外部、幻觉和现实之间的混淆。特别是关于我的大脑的诠释，让他看到我仍然可以思考和运转，这既帮助他理解这个与他自己的思维过程有关的非常具体的幻想，也缓解了他担心自己对我已造成伤害的焦虑。

在这个案例材料中，我尽量说明了投射性认同和自我分裂的一些过程，以及它们在精神病病人的精神病理学中所扮演的角色。

## 总结

"投射性认同"首先与早期自我的分裂过程有关，在这个过程中，自我好的或坏的部分从自我中分裂出来，再进一步，以爱或恨的方式投射到外部客体上，这导致了自我的投射部分与外部客体之间的融合和认同。与这些过程相关的是重要的偏执性焦虑，因为充满自我攻击性部分的客体变得具有迫害性，并且被病人体验为威胁要进行报复，将他们自己和他们所包含的自我坏部分再次迫回自我。

在本文中，我讨论了与投射性认同有关的一些过程，这些过程在精神病病人身上发挥了重要作用。我先区分了两种类型的投射性认同（并分别论述）：第一，精神病病人用于与其他客体交流的投射性认同，这似乎是正常婴儿关系的变形或强化，这种关系是基于婴儿和母亲之间的非语言交流；第二，用于清除自我不想要部分的投射性认同，这导致对精神现实的否认。第三，我是在讨论这样一种投射性认同，它代表了精神病病人非常常见的移情关系，意在控制分析师的身体和心灵，这似乎是基于非常早期的婴儿类型的客体关系。第四，投射性认同可以被精神病病人主要用于防御性目的，以处理攻击性冲动，特别是妒忌。我提醒读者注意，第五，精神病病人在分析中的那些客体关系，在其中，病人坚持认为他完全生活在一个客体内——分析师的体内，并且像一个寄生虫一样利用分析师的能力，分析师被期待作为他的自我发挥作用。严重的寄生可以被看作一种完全投射性认同的状态。我也在讨论与完全生活在妄想世界中有关的寄生状态。第六，我讨论的是对精神病病人投射性认同相关过程的精神分析治疗。第七，我介绍了一位精神分裂症病人的案例材料，以说明投射性认同和自我分裂的某些方面。

## 注释

[1] 当伊迪思·雅各布森描述成年精神病病人之投射性认同的防御性质时，她强调了将自我的坏部分投射到外部客体中，以避免精神病性混淆，换句话说，她认为成年精神病病人的投射性认同是，企图将自我中那些不为成年自我所接受的部分分裂并投射到一个合适的外部客体中：那么外部客体将代表病人的"坏自身"。

第6章 对精神病状态精神病理学的贡献：投射性认同在精神病病人的自我结构和客体关系中的重要性

[2] 西格尔博士（1957）也强调在正常的象征形成中，要更多地认识和区分自我和客体之间的分离。她认为象征化与在抑郁位发生的自我和客体发展密切相关。她强调，"其他因素之外，象征是在内部世界创造的，作为恢复、重新创造、重新夺取和再次拥有原来的对象的手段。但为了与增加的现实感保持一致，它们现在被认为是由自我创造的，因此从未完全等同于原来的客体"。

[3] 精神分裂症病人失去了抽象和象征思维的能力，从而导致了非常具象的思维模式，这一点许多作者已经描述过，比如维戈茨基（Vigotsky）、戈德斯坦（Goldstein）和其他人。哈罗德·瑟尔斯（Harold Searles, 1962）在论文《恢复中的精神分裂症病人的具象和隐喻思维的区分》（*The differentiation between concrete and metaphorical thinking in the recovering schizophrenic patient*）中提出，具象思维障碍取决于自我和客体没有明确区分时自我边界的流动性。

在一个案例中，他描述了"大量严重投射的证据，不仅投射到他周围的人身上，还投射到树木、动物、建筑物和各种无生命的客体上"。只有当自我的界限通过治疗逐渐变得牢固时，才能发展出具象或象征性的思维。瑟尔斯的观察与我的观察有密切的关系，即导致了自我和客体之间融合的过度投射性认同，总是会导致象征性思维能力和语言思维能力的丧失。

[4] 当然，很重要的是，区分病人对分析师的不良处理或误解的拒绝，与发生在良好环境中孩子的妒忌性攻击。前者重复了一个糟糕的喂养情境。后者则不仅是孩子的原始自我难以容忍的，而且对任何一位有着关爱之心的母亲来说都是一个特别困难的问题。

## 参考文献

Bion, W. (1962) *Learning from Experience*, London: Heinemann; paperback

Maresfield Reprints, London: H.Karnac Books (1984).

——(1965) *Transformations*, London: Heinemann; paperback Maresfield Reprints, London: H.Karnac Books (1984).

Klein, M. (1946) 'Notes on some schizoid mechanisms' in M.Klein, P.Heimann, S.Isaacs, and J.Riviere *Developments in Psycho-Analysis*, London: Hogarth Press (1952) 292–320 (also in *The Writings of Melanie Klein* vol. 3, 1–24).

Jacobson, E. (1954) 'Contribution to the metapsychology of psychotic identifications', *Journal of the American Psychoanalytical Association*, 2.

——(1967) *Psychotic Conflict and Reality*, New York: International Universities Press.

Mahler, M. (1952) 'On child psychosis and schizophrenia. Autistic and symbiotic infantile psychoses', *Psychoanalytic Study of the Child*, 7.

——(1967) 'On human symbiosis and the vicissitudes of individuation', *Journal of the American Psychoanalytical Association*, 15, 4.

Meltzer, D. (1967) *The Psychoanalytic Process*, London: Heinemann.

Rosenfeld, H. (1964) 'Object relations of an acute schizophrenic patient in the transference situation' in *Recent Research on Schizophrenia*, Psychiatric Research Reports of the American Psychiatric Association.

——(1965) *Psychotic States: A Psychoanalytic Approach*, London: Hogarth Press.

——(1969) 'The Negative Therapeutic Reaction' in P.Giovacchini (ed.) *Tactics and Techniques in Psychoanalytic Theory* Vol. 2, New York: Jason Aronson (1975).

Searles, H.F. (1962) 'The differentiation between concrete and metaphorical thinking in the recovery of a schizophrenic patient', *Journal of the American Psychoanalytical Association*, 10.

Segal, H. (1950) 'Some aspects of the analysis of a schizophrenic', *International Journal of Psycho-Analysis*, 31, 268–78; also in *The Work of Hanna Segal*, New York: Jason Aronson (1981) 101–20.

第6章 对精神病状态精神病理学的贡献：投射性认同在精神病病人的自我结构和客体关系中的重要性

Segal, H. (1957) 'Notes on symbol formation', *International Journal of Psycho-Analysis*, 38, 391–7; also in *The Work of Hanna Segal* and reprinted here, pp. 160–77.

# 第 7 章

# 投射性认同——一些临床方面

贝蒂·约瑟夫

这篇文章发表于 J. 桑迪尔（J.Sandier）主编的《投射、认同和投射性认同》（*Projection, Identification, Projective Identification*, New York: International Universities Press, 1987）一书中。

投射性认同的概念由梅兰妮·克莱因在 1946 年引入分析思考。从那时起，这一概念就受到欢迎，引发争论，其名称受到争议，被指出与投射之间的联系，等等；但有一个方面似乎一直远离火线，那就是这一概念具有相当大的临床价值。今天我将主要集中在这个方面，而且主要讨论较为神经症性的病人。

梅兰妮·克莱因在探索她称之为偏执–分裂位的概念时意识到了投射性认同现象。偏执–分裂位指，包括某种特殊类型的客体关系、焦虑以及对焦虑的防御的组合，偏执–分裂位在个体生命的最初阶段很普遍，对某些受困者而言会持续终生。她认为，这种特殊的心位是由于婴儿需要抵御焦虑和冲动，其方式是通过分裂客体（最初是母亲）和自我，并将这些分裂出来的部分投射到一个客体之中，这个客体感觉起来会很像或者被认为是分裂出来的部分的样子。这样，婴儿对该客体的感知和随后发生的内射都被渲染了某种色彩。

她讨论了不同类型投射性认同的多种目的。例如，分裂和摆脱自我中引起焦虑或痛苦的不想要的部分；将自我或自我的一部分投射到客体中，从而得以支配和控制它，避免任何分离的感觉；进入客体，接管它的能力，使之成为自己的能力；入侵以损害或摧毁客体。因此，婴儿或继续强烈地使用这种机制的成年人，可以让自己全然避免意识到分离、依赖、钦佩，或相伴随的丧失、愤怒、妒忌等。但是它也为了迫害型焦虑、幽闭恐惧症、惊恐等症状奠定了基础。

从较多使用这种机制的人的角度来说，投射性认同可以说是一个幻想，然而它可以对接收者产生强大的影响。尽管并不总是如此，而且即便确实有影响，我们也并不总能分辨影响是如何产生的，但我们无法怀疑它的重要性。我们可以看到，以这种方式使用的投射性认同概念，相比投射这一术语的通常意义，与客体的相关性更大，更具体，也涵盖了更多方面，它开辟了分析性理解的一整块领域。这些不同的方面我将在后面讨论，因为我们能在临床工作中看到具体的运作方式；在这里我只想强调两点：第一，这些机制和幻想具有全能的力量；第二，这些机制起源于某种特定的内心组合模式，就这一点而言它们是如此深深地交织在一起，我们在思考中不可能把投射性认同从全能、分裂以及相伴随的焦虑等现象中分离出来。事实上，我们将看到，它们组成一种平衡，由个人以自己的方式僵化地或不稳定地维持着这种平衡。

随着个人的发展，无论是在正常的发展中还是通过分析性治疗，这些投射都会减少。个体变得更能够容忍自己的矛盾性，他的爱和恨以及对客体的依赖等，换句话说，他走向了梅兰妮·克莱因所描述的抑郁位。在婴儿期，如果母亲能够容忍和容纳孩子的投射，凭直觉理解和忍受婴儿的感受从而给个体一个支持性的环境，那么可以有助于这一过程的发展。比昂阐述并扩展了梅兰妮·克莱因在这方面的工作，提出了母亲能够被婴儿当作容器使用的重要性，并将其与儿童期的沟通过程和分析中反移情的正性使用联系起来。一旦儿童发展得更整合，能够认识到他们的冲动和感觉是自己的，投射的压力就会减少，同时对客体的关心也会增加。在最早的形式中，投射性认同对客体没有任何关心，事实上，它往往是反关心的，旨在支配，不考虑客体付出的代价。随着儿童走向抑

## 第7章 投射性认同——一些临床方面

郁位,这必然会发生变化,尽管投射性认同可能永远不会被完全放弃,但它将不再涉及自我部分的完全分裂和否认,而是不那么绝对,较为暂时,更能够被带回到个人人格中——而那将成为共情的基础。

在本文中,我想首先讨论投射性认同使用的一些深度影响,然后讨论和说明投射性认同的不同方面。先是介绍两位或多或少停留在偏执-分裂位的病人,然后是一位正在开始走向抑郁位的病人。

首先,我们在工作中看到大量使用投射性认同的一些影响,包括临床和技术方面。有时它被使用得如此严重,以至于我们的印象是,病人在幻想中把他的整个自我投射到他的客体中,可能感到被困或幽闭恐惧。在任何情况下,这都强烈和有效地造成个人与自己的心灵失去联系;有时,心灵会因为分裂过程而被削弱或支离破碎,或者因为投射性认同而被排空,以至于个人显得空虚或呈现出类精神病性特征。我将以案例 C 为例说明这一点,这是一名儿童的案例。它还具有重要的技术意义;例如,考虑到投射性认同只是个人以自己的方式建立的一种全能平衡的一个方面,分析师试图通过诠释以定位病人自我的缺失部分,并将之还给病人,这必然会受到病人整个人格的抵制,因为病人感到这种变化可能威胁整个平衡并导致更多的困扰。我将在案例 T 中讨论这个问题。投射性认同不能被孤立地看待。

我想谈的进一步的临床意义事关交流。比昂展示了投射性认同如何被用作一种交流的手段,即个体把他的经验和内心世界中未消化的部分放入客体中,这一客体最初是母亲,现在是分析师,让自己的这些部分得到理解,并以更容易处理的形式回收。但我们可以补充说,投射性认同就其本质而言是一种交流,即便有些情况下这并不是它的目的或意图。根据定义,投射性认同意味着将自我的一部分放到一个客体中。如果接收一端的分析师对正在发生的事情持真正开放的态度,能够意识到他正在经历的事情,这便可以是一种获得理解的有力方法。事实上,我们目前对反移情概念丰富性的理解很大程度上源于此。稍后，我将在讨论第三个案例 N 时，尝试指出这一过程通过在咨询室内引发的付诸行动而引起的一些问题。

我现在想举一个简短例子来说明，投射性认同在分析情境中的具象性，它作为一种方法是如何有效地使儿童脱离完整的体验从而保持某种平衡，以及这种严重投射机制对儿童心灵状态的影响。这是一名 4 岁的小女孩，她正在接受伊丽莎白·达·罗查·巴罗斯（Elizabeth Da Rocha Barros）夫人的分析性治疗，巴罗斯夫人和我讨论了这个案例。这个孩子最近才开始接受治疗，是一个深受困扰和被忽视的孩子，我将称她 C。

在一次星期五的会谈结束前几分钟，C 说她要做一根蜡烛；分析师解释说，C 希望在那天疗程结束时能带一位温暖的巴罗斯夫人离开，C 担心时间不够，因为只剩下 3 分钟了。C 开始尖叫，说她将有更多的蜡烛；然后她开始用一种空洞的、失落的表情盯着窗户。分析师诠释说，孩子需要让分析师意识到结束治疗是多么可怕的事情，同时表达了希望从分析师的话语中带点温暖回家过周末。孩子尖叫道："浑蛋！脱掉你的衣服，跳出去。"分析师再次尝试诠释 C 对被丢弃和被送入寒冷中的感受。C 回应说："你别说话了，把衣服脱了吧。你冷。我不冷。"会谈中的感受是极为感人的。在这里，这些话对孩子来说具有周末分离的具象意义——可怕的寒冷。她试图把这一点塞进分析师里面，并且感到这一点已经具体实现了。"你冷，我不冷。"

C 看起来完全失落和空虚的时刻——就像在这个片段中一样，出现得非常频繁，我认为这不仅表明她与现实严重失去联系，而且表明当投射性认同如此强烈运作时，她的心灵和人格变得空虚和空洞。我认为，她的大部分尖叫也与她的排空本质类似。这种排空的效果惊人，因为丧失的整个经验和相伴随的情绪都被切除了。在这里，相比于"反转"或如我所说的"投射"这些更普遍和更常用的术语，我们可以再次看到，"投

## 第 7 章 投射性认同——一些临床方面

射性认同"这个术语是如何更为生动全面地描述所涉及的过程的。

在这个例子中，孩子的平衡主要是由投射出部分自我来维持的。我现在想举一个大家都熟悉的例子，来讨论各种投射性认同共同维持一种特定的自恋式全能平衡的情况。这种平衡的结构非常牢固，极难接受分析的影响，并导致惊人的迫害性焦虑。这个例子还提出了一些关于不同认同过程的观点，以及关于"投射性认同"这个术语本身的一些问题。

病人是一位年轻教师，我们称他为 T。T 带着人际关系方面的困难进入分析，但实际上他希望改变职业，成为一名分析师。他日常谈论的内容主要包括描述他在帮助学生方面所做的工作，他的同事如何赞扬他的工作以及要求与他讨论他们的工作等，几乎没有其他材料被带进会谈。他经常描述自己的一个或另一个同事是如何感到受到了他的威胁，这种威胁是指他们因为他的洞察力和理解力更强而受到贬低或被置于低下的地位。因此，他感到不安的是，任何时候他们对他都不友好。（他一点都没有想到他的个性会让人讨厌。）向他展示他关于我的某些想法并不困难——例如，当他放弃职业并申请参加分析师培训而我看上去没有鼓励他时，他觉得我作为一个老人，对这个聪明的年轻人的出现感到威胁，因此不欢迎他来到我的专业领域。

显然，简单地提出或诠释 T 将妒忌投射到了客体身上，然后感觉它们与自己的这一部分相认同，在理论上很可能准确，可是在临床上却笨拙无用；事实上，这只会被吸收到他的精神分析武器中。我们可以看到，他保持着高度复杂的平衡，自我嫉妒部分的投射性认同只是其中一个方面的最终结果。为了澄清这种平衡的性质，重要的是看到 T 在移情中如何与我相处。通常，他把我说成一个非常好的分析师，而我在这样的方式下受宠若惊。实际上，他不能有意义地接受诠释，他似乎没有正确地倾听；例如，他会听到一些话的一部分，然后根据以前的一些理论和精神分析知识，无意识地重新诠释这些话，再将这种稍微改变了的和普遍化了的意义交给自己。通常，当我更坚定地诠释时，他会非常迅速地做出争论的反应，仿佛注定要发生一次小型爆炸一样，似乎他不仅要把我可能要说的东西从他的头脑中赶走，还要进入我的头脑，在那一刻打断我的思维。

在这个例子中，我们看到投射性认同以各种不同的动机运作，并导致不同的认同过程——但都是为了维持自恋全能的平衡。首先，我们看到客体的分裂——我被奉承并作为理想化的东西保留在他的脑海中；在这种时刻，我坏的或无益的方面被相当程度地分裂出去，尽管我和他在一起似乎没有取得什么成就；但后者必须被否认。他把自己的一部分投射到我的心灵中，并接管了我；他"知道"我要说什么，并自己说出来。在这一点上，他自我的一部分被他与我的一个理想化方面相认同，这个部分正在与他自己的一个理想化病人的部分交谈、做出诠释；说那是理想化部分是因为，这部分的他会听从他的分析师部分的意见。我们可以看到这种运作在他的平衡方面所达到的效果。它切断了病人和我之间、分析师和病人之间、母亲和孩子之间、喂养关系之间的任何真正关系。它避免了任何单独的存在，任何与我本人的相处；任何他直接从我这里吸收养分的关系。事实上，T在他生命的早期有轻度厌食。如果我任何时候设法提到这一点，T就会爆发到他的精神消化系统破碎的程度，正如我前面提到的，通过这种言语的爆发，T无意识地企图进入我的头脑，打破我的思维，打破我喂养他的能力。这里很重要的一点是，和投射性认同一样，要把这种无意识的进入、入侵和打破，与有意识的攻击性攻击区分开。我在这里讨论的是，这些病人如此全能地利用投射性认同，实际上是要避免任何诸如依赖、妒忌、羡慕的感觉。

T在幻想中进入我的头脑，接管我的诠释，以及我在那一刻的角色，我注意到他"补充""改进""丰富"了我的诠释，而我成了旁观者，这个旁观者应当意识到我刚才的诠释没有他现在的丰富——一旦他这么做，我自然应该感到被房间里的这个年轻人所威胁！因此，两种类型的投射性认同在和谐地工作，入侵我的头脑并接管其内容，以及将自我的潜在依赖、威胁和妒忌的部分投射到我身上。当然，这也反映在我们听到的他的外部世界的情况中——那些向他寻求帮助并对他的才华感到威胁的同事，以及他随之因他们潜在的不友好而感到被迫害。只要这种平衡如此有效，我们就无法看到人格中哪些更微妙、更敏感、更重要的方面一直都在被分裂出去，或者为什么——我们可以看到，与一个真正独立的客体的任何关系都被忽略了——以及这可能意味着的一切。

当然，一个很大的困难是，所有的洞察都很容易被卷入这个过程；举一个微小的例子：某个星期一，T真的似乎意识到了他到底如何巧妙地从我说的话中提取意义，而不让真正的理解发展。有那么一瞬间，他感到解脱了，然后在意识中出现了一种对我的短暂而深刻的憎恨感。一秒钟后，他静静地补充说，他在想，他刚才对我的感觉，也就是仇恨，一定是他的同学们在前一天对他的感觉，当时他正在和他们交谈和诠释事情！所以，T马上就有了因为我说了一些有用的东西而恨我的真实体验，他用这一瞬间的洞察来谈论同学，并与新出现的妒忌和敌意保持距离，我们两个人之间的直接接受性接触再次失去了。看起来像洞察的东西不再是洞察了，变成了一个复杂的投射性手法。

在这些问题非常突出的分析阶段，T带来了一个梦，当时正巧在一次会谈结束时。这个梦是这样的，T和分析师一起，或者和一个叫J的女人一起，也可能两者都是，他兴奋地想进入她的阴道，他认为如果自己能直接进去，就没有人能够阻止他。在这里，我认为，在正在进行的分析工作的压力下，T的巨大需求和巨大兴奋是完全进入客体内部，带去全部影响，当然也包括毁掉分析情境。

回到投射性认同的概念；对于这个病人，我已经指出了三个或四个不同的方面：攻击分析师的头脑；一种完全的入侵，就像我刚才引用的梦境片段；一种较为局部的入侵和接管分析师的一些方面或能力；以及最后把自我的一部分，特别是不如人的部分，放到分析师身上。后两者是相互依存的，但会导致不同类型的认同。在前者中，病人在接管的过程中与对分析师的理想化能力相认同；在后者中，是分析师与病人失去的、投射的、在此处是不如人的或妒忌的部分相认同。我认为，部分是因为这个术语很宽泛，涵盖了很多方面，所以对这个名称本身会存在一些争议。

到目前为止，我已经在两个陷在偏执－分裂位的案例中讨论了投射性认同，即一名边缘儿童和一名处于僵化的全能自恋状态中的男性。现在我想在一名走向抑郁位的病人身上讨论投射性认同的各个方面。我将从一名男性的案例中说明一些要点，因为他正变得不那么僵硬，更整合，更能容忍以前曾被投射出去的东西，但也有不断的撤回，回到使用早期的投射机制的阶段；随后，我想说明这对后来的认同的影响，以及它给以前的认同带来的启示。我还尝试在病人使用残留的投射性认同的本质与早期婴儿期的对应现象之间，建立一种联系，以及这与恐惧症形成的关系。我把这些材料拿来也是为了简要地讨论投射性认同的交流本质。

关于后面这一点，正如我前面所说，由于投射性认同就其本质而言，意味着把自我的一部分放到客体中，在移情中我们必然是投射的接收方，因此，只要我们能够与之共调，我们就有机会出色地理解投射性认同过程和正在发生的一切。在这个意义上，无论其动机如何，它都是一种交流，是正性使用反移情的基础。正如我借由病人 N 所描述的，常常在任何特定的时刻都难以澄清，投射性认同的主要目的到底是传达病人无法用语言表达的一种心理状态，还是更多地为了进入和控制或攻击分析师，或者所有这些因素都是活跃的、都需要考虑进去。

病人 N 此前已经做了很多年分析，最近结婚了。几个星期后，他开始对自己的性兴趣和性能力感到焦虑，特别是考虑到他的妻子要年轻得多。在一个星期一，他说他觉得"那件事"永远不会真正得到解决，"性的事情"，是的，他们在星期天确实发生了性关系，但不知何故，他不得不强迫自己，他也知道这并不是完全没问题的，他的妻子注意到了这一点并表达了看法。这个周末还算不错，就这样吧。他又说了一些，解释说他们去了伦敦郊外的一个地方，参加了一个聚会；他们本想在附近的一家酒店过夜，但没有找到足够好的地方，就回家了，所以很晚。他向我传达的是一种安静、悲伤的不适感，渐渐导向绝望。我向 N 指出，他如何向我传达一种可怕的长期无望和绝望以及对未来没有希望的感觉。他回应说，他应该是觉得自己被遗弃了，并把这种感受与星期五的一次相当有帮助的、生动的会谈联系起来，但现在，在他说这句话的时候，他感觉死气沉沉。当我试图和他一起看这个问题时，他表示同意，并评论说他要开始对分析进行攻击了等。

这一次会谈的感觉很糟糕。N 在说一种道理，讲一些分析性的内容，这些内容可能是正确的，例如关于星期五的事，也是值得提到的；但是这些东西对他来说似乎是空洞且相当没有帮助的，对我来说他所做的这些似乎是要让我感到绝望，不仅对他的婚姻和性能力的现实感到绝望，而且对他的分析感到绝望，例如，他先是通过讲一些关于无用的内容，现在又用不太相关的关于被遗弃的评论来说明这一点。N 否认了我关于他对分析的进展感到绝望的诠释，但在我看来他是在鼓励我做出错误的诠释，并接受他的伪诠释，就好像我会相信这些诠释，而同时知道诠释没有用，我们也没有任何进展。他含糊其词地谈到这一点，沉默了一下，说："我在听你的声音，不同声音的音色变化。W（他的妻子）因为年轻，每秒钟发出更多的声音，老一点的声音更深沉，因为他们每秒钟发出的声音更少，等等。"我向 N 指出他的巨大恐惧，他害怕我在用声音而不是通过实际话语来表明我无法忍受他无望的程度，无法忍受他对自己的怀疑，对我们在分析中能否取得成就的怀疑，以及难以忍受对他的生活能否取得成就的怀疑，我将欺骗他又以某种方式试图鼓励他。我询问他，是不是感觉我的声音在那次会谈中为了听起来更有鼓励和鼓舞作用而变化了，而不是在包容他所表达的绝望。到了会谈的这一部分，我的病人已经开始有所接触，并带着些许解脱说道，如果我真做了这种鼓励，整个分析就会崩溃。

首先是沟通的性质，我可以主要通过反移情来理解它，通过我被推拉的方式来感受它和做出反应。我们在这里看到，构建了反移情的投射性认同的性质是如此具象。似乎 N 的说话方式并不是要我尝试去理解他在性生活方面的困难或不快乐，而是用绝望来侵袭我，同时无意识地试图迫使我向自己保证，一切都很好，现在空洞肤浅的诠释是有意义的，而且此时的分析正在令人满意地进行着。因此，N 投射到我身上的不仅是绝望，还有他对绝望的防御，一种虚假的保证和否认，其目的是让我和他一起表演。我认为这也提醒了对一个内部形象的投射性认同，可能主要是母亲，她被认为是软弱、善良的，但无法抵御情感。在移情过程中（姑且过度简化画面），这个人物被投射到我身上，我发现自己被推着去实现它。

我们在这里有一个重要的问题，就是要弄清这种投射性认同的动机：它的主要目的是向我传达什么吗；是否有一种我们以前没有充分理解的深度绝望；或者，把绝望强加给我的是别的动机？在这个阶段，在会谈结束的时候，我并不知道，但对此保持开放。

我在这里对材料进行了高度浓缩，以至于我无法充分传递会谈的气氛和会谈中的来往。但在接近尾声时，正如我试图表明的那样，我的病人体验了一种解脱并表达了对所发生事情的感激。当我的病人开始接受去理解并面对他迫进了我内部的本质时，他的情绪和行为出现了转变，他可以把我体验为一个可以抵御咨询室内付诸行动的客体，我没有被卷入其中，而是容纳了它。随后，他可以暂时认同于一个更强大的客体，

## 第7章 投射性认同——一些临床方面

他自己也更结实了。我也感觉到，他对于对我和我的工作做过些什么有了某种关切的感觉——这不是被公开承认和表达的——但出现了走向抑郁位的一些运作，其中有着真正的关切和内疚。

为了澄清这种投射性认同的动机以及对随后的内射性认同的影响，我们需要简短地提及下一次会谈的一开始。当时N带来了一个梦，他在一艘像轮渡一样的船上，船在灰绿色的海面上，周围有雾；他不知道他们要去哪里。附近有另一艘船，那艘船显然正沉入水底，会被淹没。当那艘船沉没时，他踏上了那艘船。他没有感到被浸湿或害怕，这令人费解。在他的联想中，我们听到他的妻子非常温柔和亲切，但他补充说自己很担心；在这背后，她是否真的对他提出了更多要求？她知道他喜欢吃牛排腰子布丁，前一天晚上给他做了一个。这很棒，但味道太浓了，他是这么告诉她的！

我想这里有趣的是，在前一天我感到相当茫然，正如我所说的，不知道我们到底要去哪里，但我很清楚，对无望的理解和对它的防御是正确的，而且，虽然我没有这样仔细想过，但我一直相信，随着我们的前进，迷雾会逐渐散去。但我的病人是怎么做的呢？他无端地从这艘船（这种理解）上跳到正在下沉的船上，而且他并不害怕！换句话说，他宁愿淹没在绝望中而不是澄清绝望，宁愿把亲情看成是要求，而把我精心烹制的、像样的牛排腰子（诠释）看成过分美味了。我们对这一点进行工作时，N意识到，在这里溺水的概念实际上让他很兴奋。

现在我们可以更多地了解动机了。很明显，N不仅仅想就他的绝望进行交流和获得理解，尽管这个因素很重要，他也在攻击我和我们的工作。当工作有实际进展时，他试图用绝望来拖垮我。在一次会谈中，他对我的工作和反抗他的能力表示了赞赏，那次会谈之后他就梦想着自愿踏上一艘沉没的船，这样一来，要么我在内心串通起来和他一起沉没，要么就被迫看着他沉没，我的希望被摧毁，我就一直无能为力了。这种活动也导致了对分析师—父母的内射性认同，而分析师—父母已被认为是沉沦的、无趣的和无能的，这种认同在很大程度上导致了他缺乏性自信和性能力。经过这段时间的分析，症状有了真正的改善。

很自然地，这些考虑会让我们思考病人内在客体的性质。例如，我描述的在移情中投射到我身上的软弱母亲。这个人物在多大程度上是基于 N 与他母亲的真实经历，他在多大程度上利用了她的弱点，从而在他的内心世界建立了一个母亲，她软弱、不充分和处于防御状态，正如我们在移情中看到的那样？换句话说，当我们谈论在移情中投射到分析师身上的客体时，我们讨论的是一个内部客体，其结构部分来自儿童早期的投射性认同，而整个过程可以在移情中被重新激活。

我现在想岔开话题，从一个稍微不同的角度来看这段材料，这个角度是与病人的早期历史和焦虑有关的。我已经展示了 N 如何撤回并进入一个客体，他在梦里进入沉没的船，就像他在第一次治疗中进入绝望，然后他将此投射到我身上，而不是将他对它的思考。我相信，这种在治疗中表现出来的进入客体的行为，与我在 T 的性梦中指出的一种更全面的投射性认同有关，我也在本文开始时简要地提到了，它与恐惧症的形成有关。投射性认同的最原始阶段是企图回到一个客体中去，变成无差别的、无心智的，从而避免一切痛苦。大多数人在婴儿早期的发展就已经超越了这个阶段；我们的一些病人多年来一直试图以这种方式使用投射性认同。N 刚来接受分析时是因为有一种恋物癖，他对进入一个能完全覆盖、吸收和刺激他的橡胶物体感到了一种巨大的吸引力。在他的幼年时期，他曾做过噩梦，梦见自己从一个球体中掉出来落入无尽的空间中。在分析的早期阶段，他独自在家时会有严重的惊恐状态，如果他不得不离开伦敦出差，就会受到严重困扰或失去接触。同时，也有一些微小迹象表明，他有类似幽闭恐惧的被困焦虑，例如，在晚上，他不得不把床上的毯子掀开一些，或者把它们完全扔到一边；他在性交时，出现过阴茎被切断并在女人的身体里消失的幻想。随着分析的进行，恋物癖的活动消失了，真实的关系得到改善，在移情中可以清楚地看到自我向客体的投射。他会沉浸在自己的话语或想法中，或者沉浸在我的话语和我说话的声音中；与体验的具象性质相比，意义并不重要。这种在语言和声音中沉浸，而忽略作为一个人的分析师的过程，与人们有时在儿童病人身上看到的那种过程并无不同。那些孩子来到游戏室，躺在沙发上，深陷睡眠而无法被诠释唤醒。因此，我们可以在 N 身上看到一些有趣的现象，他如何一直具象地试图进入一个客体，显然主要是为了逃离外界，变得完全沉浸，从结成关系以及从思想和精神痛苦中解脱出来。然而我们知道，这只是故事的一半，因为他主要进入的客体是一个恋物癖的、高度性化的客体。而现在，在进入沉船的梦中也是这样，他仍然试图将我拉入受虐兴奋，在这个意义上，需要将他与 T 进行比较。我描述过在分析 T 不断入侵和接管的过程中，我们可以在他的性梦中看到，他企图以极大的兴奋完全进入我体内。我猜想，关于某些类型的对自我的严重投射性认同和色情化之间的关系，还有很多东西在等待研究。

现在，我想回到引用的材料上，回到那些变得更整合和更接近抑郁位的病人的投射性认同问题上。在 N 的案例中，我们可以看到，与仍然被囚禁在自己的全能、自恋结构中的 T 不同，N 现在有一种变化趋势，在移情中走向更真实的整体客体关系。有时，他确实可以欣赏客体强大的容纳品质；也确实，他随后会再次企图把我吸引过来、拖下去，但现在这里存在潜在的冲突了。客体可以被重视和爱，有时他可以有意识地体验到对此的敌意，矛盾性是存在的。随着他的爱被解放出来，他能够内射并认同一个完整的、有价值的和有效力的客体，这对他的性格和性能力的影响是惊人的。这是品质非常不同的一种认同，它基于将自我的绝望部分强加给一个客体，然后在他的幻想中，这个客体就像他自己的一个绝望部分。这与我们在 T 身上看到的认同类型非常不同，在 T 身上，病人侵入我的头脑，接管了分裂和理想化的方面，让客体——即我自己——是被剥夺和低人一等的。对 N 来说，在我刚才举的例子中，他可以把我作为一个完整的、不同的、适当分离的人来体验和评价，我有我自己的特质，这些他可以内射，从而感到获得力量。但我们仍有一项任务摆在面前，要使 N 能够真正待在外面，能够放弃分析，意识到分析对他的意义，但有安全感。

## 总结

我尝试在本文中讨论了投射性认同，因为我们在临床工作中看到它的运作。我描述了各种类型的投射性认同，从比较原始和严重的类型到比较有同情心和成熟的类型。我讨论了随着治疗的进展，如何看到其表现形式的改变，病人如何走向抑郁位，更好地整合，能够较为不那么全能地使用他的客体，将它们作为独立的客体与之相处，更为充分和现实地内射它们和它们的品质，从而与它们分离。

# 第 3 部分

# 关于思考

## 引言三

克莱因在最早的工作中,对嗜知(epistemophilic)本能以及焦虑干扰儿童智性好奇心的方式非常感兴趣(Klein, 1921, 1928)。克莱因认为儿童的这些焦虑基本上是由探索母亲身体内部并破坏其内容的幻想引起的,对这些焦虑的研究引领她做出了《儿童的精神分析》(*The Psycho-Analysis of Children*, 1932)中报告的工作。此后,除了一篇关于象征主义的论文外,她没有进一步关注嗜知本能的想法,也没有把思维和思维紊乱作为她后来工作的中心主题,至少不是明确如此。但她有两个观点是后来关于思维的工作的重要起点。一个是她关于象征的理论(1930),第二个是投射性认同的想法(1946)。她关于象征的想法是,对原始客体——母亲的身体——的兴趣被压抑并转移到外部世界的客体上。如果对母亲身体的幻想式攻击使得对母亲身体的焦虑过于尖锐,就不会发生转移,象征形成就会停滞不前。

汉娜·西格尔从克莱因对于象征主义的工作中,发展出了一篇关于象征形成的杰出论文,其中她区分了偏执-分裂位下的象征形成[称之为象征等同(symbol equation)],以及抑郁位下的象征形成[称之为真正象征(symbol proper)](Segal, 1957,本书重刊)。在象征等同中,象征与客体相混淆,达到混淆成为客体的程度;她举的例子是一名精神病病人,他不能拉小提琴,因为这意味着在公共场合手淫。在这种心理状态下,自我通过投射性认同与客体相混淆;是自我创造了象征;因此,象征也与客体相混淆。在抑郁位中,人对自我和客体之间的区别和分离有更多的意识,并认识到对客体的矛盾情感,只有在这种情境下,象征作为自我的一种创造物，才被认为是与客体分离的。它代表客体，而不是等同于客体，而且它可以用来将攻击性和性欲从原来的客体转移到其他人身上，正如克莱因在她关于象征主义的论文中描述的那样。

因此，真正象征，与象征等同（也经常被称为"具象象征"）不同，由抑郁位才具有的哀悼沉积而成，是对客体独立存在的承认。在西格尔关于幻想的论文中（1964b），她描述了无意识幻想被用作假设的过程[用比昂的措辞来说就是前构想（preconception）]，并与现实进行检验，从而带来对内在和外在现实的区分，为思考和使用真正象征奠定基础。

比昂在一系列引人注目的论文和书籍中，提出将投射性认同作为思考理论的核心概念，这对所有克莱因学派分析师的概念和技术宝库产生了深远影响[1962a（本书重刊），1962b，1963，1965，1967（重刊于本书第二卷），1970]。在这篇著作中，比昂提出了理解思维过程的三种模式。

第一种模式类似于西格尔的想法，即把无意识幻想作为一种假设，用于检验现实。在比昂的表述中，一个前构想——如乳房，匹配上一种实现（realization）——如真实的乳房，就产生了一个概念，而这就是一种思想形式。

在第二种模式中，前构想遇上负性实现，即挫折，也就是没有乳房可供满足。接下来会发生什么，取决于婴儿忍受挫折的能力。克莱因曾指出，在最早的经验中，一个不存在的、令人沮丧的客体被认为是一个坏客体。比昂将这一想法进一步推进。如果婴儿忍受挫折的能力很强，那么"没有乳房"的感觉或体验就会转化为一种思想，这有助于忍受挫折，并使其有可能将"没有乳房"的思想用于思考，也就是说，与他的迫害者进行接触并忍受迫害者，然后在外在乳房再次到来时将其脱离。这种自然能力逐渐演变成一种习得能力，可以想象，受挫折的坏感受实际上是由于有一个不存在但可能会回来的好客体而发生的。然而，如果耐受挫折的能力低，"没有乳房"的经验不会发展成"好的乳房不在"的想法；它以"有个坏的乳房在"的方式存在；它被认为是一个坏的具象客体，必须通过疏散，即通过全能投射来摆脱。如果这个过程被牢固确立，真正的象征和思维就无法发展。

第三种模式被称为"容器"和"容纳"的阐述（Bion, 1962b）。[埃德娜·奥肖内西的论文《比昂的思考理论和儿童分析的新技术》（*W. R. Bion's theory of thinking and new techniques in child analysis*, 1981b）对这一模式进行了优雅而简洁的描述，重刊于《当代克莱因》的第二卷。]在这个模型中，婴儿有某种感知觉、需要或感受，对他来说感觉起来不好，他想摆脱这种感受。婴儿的行为方式是"合理地计算出来的，以在母亲心中唤起他希望摆脱的感受"（Bion, 1962a）。因此，这种投射性认同是"现实的"；它不仅是一种全能幻想，而且会引起一些行为，从而在母亲心中触发同样的感受。如果母亲基本上是平衡的，并且有能力进行比昂所说的"遐思（reverie）"，她就能够接受这些感受并将其转化为婴儿可以内射的可容忍形式。这个转化过程被比昂称为"α 功能"。如果一切进行得比较顺利，婴儿不仅能内射那些已被转化成为可容忍的特定的坏东西，而且最终会内射这一功能本身，从而在他自己的头脑中拥有容忍挫折和思考的萌芽性手段。象征化、意识和无意识之间的"接触屏障"、梦思维、空间和时间的概念将得以发展。

当然，这个过程可能会出错，或许是因为母亲没有能力进行遐思，或许是因为婴儿对母亲能够做他不能做的事情感到妒忌和不容忍。如果客体不能或不愿意容纳投射，个体就会诉诸越来越强的投射性认同。内射也受类似力量的影响。通过如此有力的内射，个体在自己体内发展出一个不会接受投射的内在客体，这个客体被感觉为会贪婪地剥夺个体所纳入的所有好东西，它是全知的、道德化的、对真理和现实检验不感兴趣的。个人对这个故意误解的内在客体的认同，可能为精神病的发生提供了舞台。

在比昂的所有观点中，容器或容纳的概念以及 α 功能的概念被最广泛地接受，并且或多或少地被理解。它们的采用让人们对病人使用投射性认同有了不那么贬低的态度，以及对正常和病态投射性认同之间的区别能更好地形成概念。思维发展的容器和容纳模型缩减了情感和认知之间的鸿沟，因为它既关注于描述情感如何具有了意义，又关注描述思维能力如何发展的模型（参见 Thorner, 1981a, 1981b）。此外，对比昂来说，外部客体是系统的一个组成部分。克莱因经常被指责没有注意环境，我认为这种指责是错误的。比昂的表述不仅表明了环境是重要的，而且表明它如何重要。

比昂本可在《思考理论》（*A theory of thinking*）中将三个模型联系起来，但他并没有做那么多，甚至他在后来的工作中也没有。积极和消极实现之间交替的反复体验，确实鼓励了思想和思维的发展。不在身边的母亲回归了，这产生了一个特别重要的例证，在童年时期（以及在分析中），母亲纳入并转化或未能转化"有坏乳房在"的经验，多次重复着。

比昂在随后的工作中（1962b）进一步阐述了容器或容纳的模型，以及作为了解自己或他人的一种情感体验的思维（thinking），他将其命名为"K"，以区别于更常见的精神分析性的爱（love，L）和恨（hate，H）的先入之见。他还描述了对认识和真理的回避，他称之为"－K（minus K）"。他说，K 对心理健康的重要性就像食物对身体健康的重要性一样。换句话说，K 是克莱因的嗜知本能的同义词，不过以一种更详尽的形式呈现。

比昂在随后的工作中（1963）发展了"网格（grid）"的概念，这件工具不是用在会谈中的，在会谈中任何有意识的理论预想都会扰乱分析师的接收能力，但在会谈之后，有意识的思考具有建设性。网格的横轴代表思想可能被投入的用途；网格的纵轴代表在复杂性和抽象性方面的发生学增长。据我所知，很少有分析师在会谈结束后按照比昂建议的方式系统地使用网格来检查他们的临床材料。大多数人把它作为理解比昂的思想的一种方法。但这并不是说它没有影响克莱因学派分析师的工作和思考方式。典型的情况是，一个人被"定义性假设"的想法所影响；另一个人被谎言及谎言与"第二列"的关系所影响（使用错误的想法来否认危险的未知）；再另一个人对"神话"与"前构想"的关系感到困惑，等等。换句话说，很少有分析师把这个网格作为整体来使用，但几乎每个人都会发现它的某些方面在自己的思考中很有用。

比昂还发展了在偏执－分裂位（Ps）和抑郁位（D）之间波动的想法，他用符号 Ps ↔ D 表示这种波动，它是思维发展中的一个因素（1963）。这种从偏执－分裂位到抑郁位的来回运动最初由克莱因本人指出，但比昂一方面关注分散与失整合（Ps）的维度，另一方面关注整合（D）的维度，暂时不理会克莱因描述的偏执－分裂和抑郁组合的其他元素。这种强调帮助许多分析师留意单次会谈中从整合和抑郁到分裂和迫害的瞬间转变，而并非性格和倾向的重大转变。此外，比昂的表述还提醒注意偏执－分裂混乱的积极方面，以及能够面对可能瓦解和无意义的灾难性感受的需要。如果一个人不能忍受偏执－分裂位的分散和可能来临的无意义，他就有可能过早地推向整合，或者坚持某种特定的整合和意义的状态，而那是超出其当时的能力的（Eigen, 1985）。

在后来的工作中（1965, 1970），比昂比较详细地讨论了这样一个想法：在每次治疗中都有一条基本的不可知真理，他称之为"O"，分析师和病人都害怕，因为他们感到对它的体验是灾难性的。他强调，一个人不能知道或掌握这个现实，一个人只能"成为"它——这句话基于之前的一个区别，即用思考从经验中学习和用思考来增加学习者获得的知识储存，而不在自己身上产生任何变化。面对不可知的和可怕的"O"，比昂提倡"信仰"（faith, F），他的意思是，分析师愿意放弃惯用的道具，以便尽可能地接近会谈的"O"。比昂建议，分析师应该放弃"记忆"，"记忆"即分析师试图坚持其对病人或精神分析理论的了解;同样,分析师应该放弃"欲望",即对病人或他自己的未来愿望,以便完全集中于眼前不可知的现实。[见《关于记忆和欲望的说明》(Notes on memory and desire,1967,重刊于本书第二卷);另见《注意与诠释》(Attention and Interpretation,1970)]。

人们对这些警告的反应不一。一些分析师被消除记忆和欲望的想法迷住。有些人则愤怒地驳斥"O"和"F"的概念,认为它们是神秘的无稽之谈。其他人则同意,在对现实和真理的理解中蕴含着灾难的想法,他们同意放弃记忆和欲望的想法。不过我接触的大多数分析师都感到,真的有意识地试图消除记忆和欲望会导致分析师进入精神病状态。这些谨慎地认同废除记忆和欲望的人对那些热情的支持者表示怀疑,他们认为过于不加批判地采用"O"和"F"的想法、摒弃记忆和欲望会变成对无知和懒惰的理想化。

可怕的灾难状态的概念是人类经验的一个基本的和持续的方面,这在埃斯特·比克(Esther Bick)的工作中也是基本概念。比克并没有将她在这方面的工作当作对思考理论的贡献,但她呈现出这种灾难感作为终极的和基本的体验,既是存在的焦点,又是每个人利用思想和思维来逃脱的东西。她认为核心的灾难是一种原始的婴儿期不整合经验;但她强调它在成人生活中仍延续着,她对它的描述与比昂对"O"的概念一致,即不整合是在与真相的相遇中体验到的,但比克强调灾难是一种原始婴儿期经验,比昂强调灾难是在与真相的相遇中固有的。比克的观点是,灾难被体验为分崩离析,无休止地坠入空间,或者是一个人的内脏液化并不受控制地倾泻出来。她认为对这种焦虑的反应是不顾一切地使用所有的感官来支撑自我——专注于明亮的物体、声音、被拥抱、感受到嘴里的乳头;随后,某种形式的活动和运动以及思考本身可能起到这种支撑自我的功能。她的描述为婴儿观察的事实以及病人的材料赋予了异常生动的意义。她用术语"黏附性认同"来描述一种通过对客体的依恋而让自己保持完整的形式，其中没有投射，没有内射，只有"黏附"，随之而来的是当个体和客体分离时，就会造成精神上的损害和撕碎。在这种非常原始的思维和经验水平上，没有深度的概念；这是一个二维的世界。她把其中的一些想法写进了一篇非常简短的论文《早期客体关系中的皮肤体验》(*The experience of the skin in early object relations,* 1968，本书重刊)中。梅尔泽发现，比克版本的黏附性认同观点在研究自闭症儿童时很有用（Meltzer, 1975）。但比克本人没有进一步写出她的想法，在我看来，她并没有真正在黏附性认同、投射和内射之间建立有效的概念联系。

因此，西格尔发展了克莱因的象征主义思想，展示了真正的象征主义与抑郁位有多么重要的联系；比昂发展了克莱因的投射性认同思想，表明正常投射性认同对于现实思维的发展是多么重要，以及思想障碍是如何充满病态的投射性认同。两人都不可估量地丰富了克莱因的临床理解和理论表述的宝库。

# 第8章

# 关于象征形成的说明

汉娜·西格尔

本文最初是 1955 年 5 月在英国心理学会医学部会议上宣读的一篇论文，该论文基于 1954 年 11 月在伦敦圣安妮之家举行的象征意义研讨会上发表的一篇论文，并首次发表于《国际精神分析杂志》（38: 391-347）。后记部分收录于 1979 年出版的《汉娜·西格尔作品集》（*The Work of Hanna Segal*, New York: Jason Aronson, 1981: 60-65）。

对无意识象征的理解和阐释是心理学家工作的主要工具之一。心理学家经常要面对的任务不仅是理解和识别某个特定象征的意义，而且是整个象征形成的过程。这尤其适用于在符号的形成或自由使用方面表现出干扰或抑制的病人，例如精神病病人或精神分裂症病人。

举几个非常简单的例子，这些例子来自两位病人。其中一人我称他为 A 病人，他是一位接受住院治疗的精神分裂症病人。有一次他的医生问他，为什么自从病了以后就不再拉小提琴了。他用粗暴的口吻回答说："为什么？你想让我在公共场合手淫吗？"

另一名病人是 B，一天晚上他梦见自己和一个小女孩在拉小提琴二重奏。他的自由联想有拉小提琴、手淫等，从中可以清楚地看出，小提琴代表了他的生殖器，而拉小提琴则代表了关于女孩的手淫幻想。

这两个病人显然在同样的情况下使用了相同的象征——小提琴代表男性生殖器，拉小提琴代表手淫。然而，象征的作用方式却大不相同。对于 A 病人来说，小提琴已经完全等同于他的生殖器，以至于不可能在公共场合触摸它。对于 B 来说，在清醒的时候拉小提琴是一种重要的升华。我们可以说，它们之间的主要区别在于，对于 A 来说，小提琴的象征意义是意识层面的，对于 B 来说是无意识的。然而，我认为这并非两个病人之间最重要的区别。在 B 的例子中，梦的意义变得完全意识化，也没有阻止他使用小提琴。而另一方面，A 有许多象征在他的无意识中运作，运作方式与小提琴在意识层面上的运作方式一样。

再举一个例子，这个例子来自一名在精神分析情境中的精神分裂症病人。在他分析的最初几周里，他红着脸，咯咯地笑，整个一节会谈都不和我说话。后来我们发现，在来治疗之前，他一直在参加一门职业治疗课程，他在做木工，做凳子。他之所以沉默、脸红、咯咯地笑，是因为他不能主动跟我谈他正在做的工作。对他来说，他正在制作的木凳，与之相连而必须用的"凳子（stool）"一词，以及他在厕所里拉的大便（stool），完全被感知为同一件事，是他无法和我谈论的。随后的分析显示，单词、凳子和大便这三个"stool"完全等同，这一点在当时是完全无意识的。他只意识到自己很尴尬，不能和我说话。

我们这里引用的第一名和第二名病人，都使用小提琴象征男性生殖器。这两个例子的主要区别并不在于一个例子的象征是意识的，另一个例子的象征是无意识的；而主要区别在于，第一种情况里小提琴就是生殖器，第二种情况里它代表生殖器。

根据欧内斯特·琼斯（1916）的定义，精神分裂症病人 A 的小提琴被认为是一个象征。在 B 的梦里，也是这样。但在 B 醒来的生活中，当小提琴被用于升华时，它不是一个象征。

在琼斯作于 1916 年的论文中，他将无意识象征与其他形式的"间接表征"区分开，并对真正的无意识象征做了如下陈述：

1. 象征代表被压抑到意识之外的内容，整个象征化过程是在无意识中进行的。

2. 所有符号都代表着"自身和直接血缘关系，以及出生、生命、死亡现象"的想法。
3. 象征具有固定的意义。许多象征可以代表同一个被压抑的想法，但普遍的情况是一个给定的象征有一个固定的意义。
4. 象征化是"压抑倾向与被压抑物"心理冲突的结果。进一步说："只有被压抑的才被象征化；只有被压抑的东西才需要被象征化。"

琼斯进一步区分了升华和象征。他说，"在象征出现的时候，就象征而言，投注于被象征观念的情感，还不能证明它能带来质的改变，而质的改变是升华概念的标志。"

总结琼斯的观点，我们可以说，当一个欲望因为冲突而不得不被放弃并且被压抑时，它可以用象征的方式来表达，而不得不放弃的欲望对象可以用一种象征来代替。

进一步的分析工作，特别是对幼儿的游戏分析，充分证实了琼斯构想的一些要点。孩子最初的兴趣和冲动指向父母的身体和自己的身体，正是那些存在于无意识中的客体和冲动通过象征的方式进一步产生了其他兴趣。然而，琼斯关于象征在没有升华的地方形成的说法很快引起了分歧。事实上，琼斯本人和弗洛伊德都写了许多有趣的论文来分析艺术作品的内容。1923 年，梅兰妮·克莱因在论文《学校在儿童力比多发展中的作用》( *The role of the school in libidinal development of the child*, Klein, 1923 ) 中，表达了不同意这种关于象征与升华之间关系的观点。她试图表明，儿童游戏这一升华的活动是焦虑和愿望的象征性表达。

我们可以把它看作一个术语的问题，并接受琼斯的观点，即只把符号称为替代物而没有改变任何情感。另一方面，将升华中的象征也纳入象征的定义中有很大的优势。第一，广义的定义更符合一般的语言用法。琼斯的概念不包括大多数在其他科学和日常语言中被称为"象征"的用法。第二，我将在后面阐述这一点，从琼斯所描述的原始象征到用于自我表达、交流、发现、创造等的象征，似乎有一个不断发展的过程。第三，除非更广泛的象征主义概念得到承认，否则很难在早期原始欲望和心理过程及个体的后期发展之间建立联系。精神分析观点认为，孩子对外在世界的兴趣由一系列的情感和兴趣的转移所决定，这些情感和兴趣从最早的客体转移到最新的客体。事实上，除了通过象征的方式，又如何实现这种位移呢？

1930年，梅兰妮·克莱因（Klein, 1930）提出了象征形成中的抑制问题。她描述了一名4岁的自闭小男孩迪克，他不会说话也不会玩耍；他没有表现出任何感情和焦虑，对周围的一切都不感兴趣，只对门把手、车站和火车着迷。他的分析表明，孩子害怕自己对母亲身体的攻击，也害怕母亲的身体，因为他感到母亲的身体已经因为他的攻击而变坏；由于他强烈的焦虑，他为自己对母亲的幻想建立了强有力的防御。他的幻想生活和象征形成都因此瘫痪了。他没有赋予周围的世界任何象征意义，因此对世界不感兴趣。梅兰妮·克莱因得出结论，如果不出现象征，自我的整个发展就会停滞。

如果接受这个观点，那么我们就需要对象征化过程做崭新的更仔细的研究。首先，我认为一个很有帮助的理论是，跟随莫里斯（C. Morris, 1938），认为象征是一个三项关系，即被象征的某物、作为象征功能的某物以及用某物象征某物的人。从心理学的角度来说，象征主义是自我、客体和象征之间的关系。

象征形成是自我试图处理与客体的关系所引发的焦虑的活动。这主要是对坏客体的恐惧和对好客体丢失或不可接近的恐惧。自我与客体关系的困难反映在象征形成的困难中。尤其是，自我与客体的分化障碍导致了象征符号与所象征的客体的分化障碍，从而导致了精神病的具象思维特征。

# 第8章 关于象征形成的说明

象征形成很早就开始了，可能同客体关系一样早，但随着自我和客体关系性质的变化，象征的性质和功能也发生了变化。在我看来，不仅是象征的实际内容，象征形成和使用的方式似乎也非常准确地反映了自我的发展状态及其与客体相处的方式。如果象征被视为一种三项关系，那么象征的形成问题就必须始终在自我与其客体的关系的语境中加以考察。

我将试着简要描述自我对客体的一些基本态度，以及我认为它们影响象征形成过程和象征功能的方式。我的描述基于梅兰妮·克莱因（1946）关于偏执-分裂位和抑郁位的概念。据她介绍，口欲期分为两个阶段，早期是精神分裂类疾病的固着点，晚期是躁狂—抑郁类疾病的固着点。我的描述一定只能很简略，所以只选择那些与象征形成问题直接相关的点进行描述。

婴儿的第一个客体关系的主要特征如下。这个客体被分成理想的好和完全的坏两部分。自我的目的是与理想客体完全结合，彻底消灭坏的客体，以及自己坏的部分。至高无上的无所不能思维，断断续续而不稳定的现实感。几乎不存在缺席的概念。当与理想客体的结合状态没有实现时，所经历的不是缺席，而是感觉受到好客体的对立物——坏客体——的攻击，有时候感觉受到多个坏客体的攻击。这是弗洛伊德描述的幻觉愿望获得满足的时刻，此时是思想创造了客体，然后感觉这是真实的。梅兰妮·克莱因认为，这也是产生糟糕幻觉的时刻，如果理想条件得不到满足，那么坏客体同样会被幻想出来并被感觉是真实。

这一阶段主导的防御机制是投射性认同。在投射性认同中，主体在幻想中将自己的很多部分都投射到客体中，感觉被容纳的自身部分与客体相认同。类似地，内在客体被投射到外部，并与外在世界的某些部分认同，外部世界的这些部分就用来代表这些内部客体了。最初的投射和认同是象征形成过程的开始。

然而，自我并不会将早期的象征感觉为符号或替代物，而是感觉它就是客体本身。这与后来形成的象征截然不同，我认为后来形成的象征应该有自己的名字。我在1950年的论文中，提出了"等同"这个术语。然而，这个词与"象征"概念的区别太大了，在这里我想把它改成"象征等同"。

我认为，在原始客体与内在和外在世界中的象征之间的象征等同，是精神分裂症病人具象化思维的基础。在这里，原始客体的替代物或部分自身的替代物可以非常自由地被使用，但是，正如我引用的两名精神分裂症病人的例子一样，它们和原始客体没有什么不同：对象征的感知和对待，与对原始客体别无二致。被象征物与象征之间的这种无差别状态，是自我和客体之间的关系障碍的一部分。自我的一部分和内部客体被投射到一个客体中，并与之相认同。自身和客体之间的区别是模糊的。而由于自我的一部分与客体混淆，象征——这是自我的创造和功能——反过来又与被象征的客体混淆。

这样的象征等同形成于与坏客体的关系中，在这种情况下，主体试图把它们当作原始客体来处理，即采用完全地湮灭和遮蔽它的方式。在梅兰妮·克莱因的论文（1930）中，她引用了迪克的例子，似乎迪克与外部世界没有形成任何象征性的关系。这篇论文写于对迪克的分析的早期，根据我自己治疗精神分裂症的经验，我想知道，后来是否发现迪克在外部世界形成了许多象征等同。如果这样，那么这些象征等同就会携带着他与最早的迫害性客体或产生罪恶感的客体，即母亲的身体，所经历的全部焦虑。因此他不得不以湮灭的方式来处理这种情况，也就是完全撤回兴趣。随着分析的进步，他形成了一些象征，也开始对咨询室里的特定物品表现出兴趣。这些物体似乎具有这种象征等同的特点。例如，当他看到一些铅笔屑时，他说："可怜的克莱因太太。"对他来说，铅笔屑是切碎的克莱因太太。

## 第8章 关于象征形成的说明

我和病人爱德华（Segal, 1950）的分析就是这样。在分析的某个阶段，在象征等同的基础上，出现了某种程度的符号形成。因此，某些焦虑感觉像是从分析师身上转移了出来，转移到外在世界的替代物上，而分析师被感觉为一个坏的内部客体。于是，外在世界的众多迫害者需要通过遮蔽来应对。爱德华的分析在这一阶段持续了几个月，其特点是他对外部世界的兴趣极为狭窄。那时他的词汇量也变得非常贫瘠。他禁止自己和我使用许多词汇，他认为这些词汇能产生幻觉，因此必须废除。这与巴拉圭部落阿比本斯人的行为惊人地相似，他们不能容忍任何让他们想起死者的东西。当一个部落成员去世时，所有与死者名字有联系的单词都会立即从词汇表中删除。因此，他们的语言是最难学的，因为它充满阻碍和取代禁忌词汇的新造词。

自我的发展，及自我与客体的关系变化，都是渐进的。同样，从早期的象征，即我称之为象征等同的，到完全形成的抑郁位的象征，其发展也是渐进的。因此，仅仅是为了呈现清楚，我将明确区分在偏执分裂位和抑郁位状态下的自我的关系；以及明确区分象征等同和在抑郁位中后期形成的象征。

当达到抑郁位时，客体关系的主要特征是客体被感觉为一个整体。与此相关联的是，更大程度地觉知和区分自我与客体之间的分离。同时，由于客体是被作为一个整体来认识的，所以个体内心更充分地体验到矛盾心理。在这一阶段，自我正在与矛盾感受做斗争，自我与客体关系的特点是内疚、对丧失的恐惧或对丧失和哀悼的实际体验，以及努力重新创造客体。同时，内射的过程比投射的过程更加明显，这与努力将客体保持在内部，以及修补、恢复和重新创造客体的过程相一致。

在正常发展的有利环境中，经过反复的失去、恢复和再创造的经历，一个好的客体就在自我中牢固地建立起来。随着自我的发展和整合，与客体有关的三个变化从根本上影响着自我的现实感。随着对矛盾情感的觉知增强，投射强度的减弱，自身和客体之间的差异增大，人们对内在和外在的现实感也越来越强。内部世界从外部世界中区分出来。无所不能的思维是早期思维的特征，逐渐被更现实的思维所取代。同时，作为同一过程的一部分，原始本能目标也有一定的改变。早些时候，目标要么是完全拥有一个好的客体，要么是完全消灭一个坏的客体。随着人们认识到善与恶是一体的，这两种本能的目标都会逐渐改变。自我越来越关心如何把客体从自己的侵略性和占有欲中拯救出来。这意味着对直接的本能目标有一定程度的抑制，包括攻击性和力比多两种本能。

这种情况对象征的创造是一种强有力的刺激，象征获得了新的功能，改变了原有的特质。需要有象征来将攻击性从原始客体上移开，以减轻罪恶感和对失去的恐惧。这个象征在这里并不是原始客体的等价物，因为替代的目的是为了拯救原始客体，与替代物相关的罪恶感远远小于由攻击原始客体而产生的罪恶感。这些象征作为恢复、重新创造、重新获得和再次拥有原始客体的一种手段，也在内在世界中被创造出来。但是为了与增加的现实感保持一致，这些象征现在被感知为由自我创造的，因此不再完全等同于原初客体。

弗洛伊德（1923）假设，对本能目标的修改是升华的基本前提。在我看来，在抑郁位状态下，象征的形成需要对与原初客体相关的直接本能目标进行某种抑制，这样象征才可以升华。在内部创造的象征，可以重新投射到外部世界，赋予它象征意义。

体验丧失的能力和在自己内心重新创造客体的愿望赋予了个体使用象征的无意识自由。由于象征被认为是主体的创造物，与象征等同不同，它可以由主体自由使用。

当外在世界中的替代物被用作象征时，可能比原初客体更自由地被使用，因为它与原初客体不完全一致。然而，到目前为止，由于它与原初客体不同，它本身也被认为是一个客体了。它自身的特性得到认可、尊重和使用，因为用作象征的新客体，其特征不再由于与原初客体混淆而变得模糊不清。

在分析中，我们有时可以非常清楚地观察到，在病人对待粪便的态度中象征化关系的变化。在分裂水平上，病人期望他的粪便是理想的乳房；如果他不能保持这种理想化，他的粪便就会变成迫害性的，它就会被当作一个被撕咬的、被毁灭的、迫害性的乳房排出体外。如果病人试图在外在世界中象征化他的粪便，那么外在世界中的象征就被认为是粪便，即迫害者。在这种情况下，肛门活动不会出现升华。

在抑郁的水平上，这种感觉是内射的乳房已经被自我摧毁，并且可以被自我重新创造。粪便可以被感觉为自我从客体中创造出来的东西，可以被视为乳房的象征，同时也是自我的创造力的好产品。

当这种与粪便和其他身体产物的象征关系建立起来时，就可以投射到外在世界的物质上，如油漆、橡皮泥、黏土等，然后这些客体就可以用于升华了。

当然，当这一发展阶段已经达成时，它也不是不可逆转的。如果焦虑太强烈，在个体发展的任何阶段都可能出现退行到偏执－分裂位的情况，而投射性认同可能作为应对焦虑的防御。然后，那些已经发展出来在升华中发挥作用的象征，会退回到具象化的象征等同。这主要是因为在大量的投射性认同中，自我再次与客体混淆，象征与被象征化的事物混淆，从而变成一个象征等同。

在本文开头引用的精神分裂症病人A的例子中，A经历了一次已经建立的升华的崩溃。在他的精神分裂崩溃之前，小提琴一直是一种用于升华的象征，只有在他生病的时候，才具象化地等同于阴茎。在自我相对成熟的时候发展起来的词汇，等同于它们应该代表的物体；而当投射性认同发生时，这些词汇被体验为具象化的客体。投射性认同导致了自我创造的象征（词汇或者甚至是思想）与被象征的客体间的混淆。

现在，分别总结一下我所说的"象征等同"和"象征"的含义，以及它们产生的条件。在象征等同中，象征替代物被认为是原初客体。替代物自己的特征是不被看到或承认。象征等同用来否认理想客体的缺席，或者用来控制迫害性客体。它属于最早的发展阶段。

可以用于升华和进一步促进自我发展的真正象征，被感觉为代表着客体，该客体自身的特点可以得到承认、尊重和利用。当抑郁情绪强过偏执-分裂时，当与客体分离时，当矛盾情感、内疚感和丧失感可以得以体验和容忍时，象征就会出现。这时象征被用来抗衡丧失，而不是用于否认。当投射性认同机制作为防御用以对抗抑郁性焦虑时，已经形成并作为象征发挥作用的象征符号可能会退回到象征等同。

象征的形成决定了交流的能力，因为所有的交流都是通过象征进行的。当客体关系出现分裂性障碍时，沟通能力也同样受到干扰：首先是因为，主体和客体之间区别模糊；其次是因为缺乏沟通手段，因为象征是以具象化的样式被感受到的，因此无法用于沟通目的。精神病病人的分析中经常出现的一个困难就是这种沟通困难。例如言语，无论是分析师的还是病人的言语，都被感觉为客体或行为，不能简单地用于交流目的。

不仅与外部世界的交流需要象征，在内在的交流中也需要象征。事实上，当谈到人们与他们的无意识保持良好接触时，人们可能会问这是什么意思。这并不是说他们意识到自己的原始幻想，就像在他们的分析中明显展现出来的那样，而仅仅是他们对自己的冲动感受有一些觉察。然而，我认为我们的意思不止于此；我们的意思是他们与他们的无意识幻想有实际的交流。而这和其他任何形式的交流一样，只能借助象征来实现。因此，在"与自己保持良好接触"的人身上，存在一个持续而自由的象征形成过程。他们可以意识到并控制潜在的原始幻想的象征表达。与精神分裂症和分裂型病人打交道的困难不仅在于他们不能与我们交流，更在于他们不能与自己交流。其自我的任何部分都可能与其他部分分离，彼此之间无法交流。

我认为，用象征与自己交流的能力是言语思维的基础，而言语思维是用语言与自己交流的能力。并非所有的内部交流都是言语思维，但所有的言语思维都是通过象征，即语言进行的内部交流。

内部交流的一个重要方面，是通过象征化将早期的欲望、焦虑和潜意识幻想整合到更成熟的发展阶段当中。例如，在充分发展的性器功能中，所有早期的目标，如肛门、尿道、口腔等都可以象征性地表达和实现。费伦齐在《塔拉萨》（*Thalassa*, Ferenczi, 1923）一文中优美地描述了这一点。

这就是我这篇论文中的最后一个观点。我认为，处于抑郁位的自我执行的一项重要任务是，不仅要处理抑郁性焦虑，还要处理未解决的早期冲突。这一属于抑郁位的新成就——象征的能力，可以减轻焦虑和解决冲突，早期未解决的冲突也可以通过将它们象征化得以解决。由于对客体的体验以及象征等同中客体替代物的极端具象性，过去无法处理的焦虑，现在可以逐渐由更整合的自我通过象征化来处理，这样它们可以得到整合。在抑郁位及之后的发展中，象征不仅形成了抑郁位特有的"整体被破坏"和"重新创造"的客体，而且形成了分裂的客体，极好和极坏的客体；不仅是完整客体，还有部分客体。有些偏执的和理想化的客体关系和焦虑也被象征化，成为抑郁位整合过程的一部分。

童话就是一个恰当的例子。它主要涉及女巫和仙女教母、白马王子、食人魔等，其中包含大量精神分裂的内容。然而，童话又是一种高度整合的产品，一种艺术创作，充分象征着儿童早期的焦虑和愿望。我想通过对一名青少年精神分裂症病人的分析来说明童话的作用。这个女孩从4岁起就出现幻觉并确诊精神分裂症。然而，她有很多抑郁的特征，在她的一些生活阶段中，她表现出了比较好的整合。在这些阶段，她较少感觉受到迫害，她告诉我能够体验到对父母的渴望，她还常常写童话故事。在糟糕的阶段，她童话故事中的坏人会到现实中来迫害她。有一次，她沉默了好几个星期，其间她很明显地经历着迫害性幻觉。一天，她突然转过身来，带着极大的恐惧问我："兰开夏女巫是什么？"我从来没有听说过兰开夏女巫，她以前从来没有提到过她们，但我知道她自己来自兰开夏郡。经过一些诠释后，她告诉我，在她11岁左右的时候（实际上，那一整年她都没有幻觉），她写了一个关于兰开夏女巫们的童话。那次会谈之后的分析阶段非常有启发性。原来，兰开夏女巫代表了她自己和她的母亲。这种焦虑状况可以追溯到童年早期，当时她认为自己和母亲在互相吞食或吞食父亲。当达到更高的整合水平，她与父母建立了更现实的关系时，早期情境就通过象征形成得到处理——通过写关于兰开夏女巫的童话。随后，当她的健康状况恶化，早期的迫害情境换了一个新形式，以具象化的强度再次出现。这一次，童话变成了现实，她创造的童话人物——兰开夏女巫，成了一个具体的外在现实。在咨询室中可以很清楚地看到，童话人物的具象化过程依赖于投射性认同。她转向我，问我兰开夏女巫的事。她希望我知道她们是谁。事实上，她以为我是一个兰开夏女巫。在她的无意识幻想中，她把创造了兰开夏女巫的那部分自己放进了我的身体，而她已经与这部分自我失去了联系。在这个投射中，她失去了所有的现实感，也失去了她创造这个符号"兰开夏女巫"的所有记忆。她创造的象征与我这个真实的外部客体混淆了，因此对她来说，一个具象化的外部现实就是，我变成了兰开夏女巫。

在修通抑郁位的过程中，走向成熟的自我处理早期客体关系的方法至关重要。在抑郁位，可以完成一些整合，以及形成整体客体关系，这个过程伴随着将一些较早期的自我体验分裂出去。在这种情况下，一兜类似于精神分裂症的东西孤立地存在于自我中，持续地对自我稳定性造成威胁。最坏的情况是发生精神崩溃，自我被较早期的焦虑和分裂出去的象征等同物侵入。最好的情况是，一个相对成熟但受到限制的自我得以发育，可以行使功能。

然而，如果处于抑郁位的自我足够强大，并且有能力处理焦虑，那么更多的较早期情境可以被整合进自我，并通过象征化的方式处理，早期经验的全部财富都用来丰富自我。

"象征（symbol）"一词来自希腊语，意为扔到一起、带到一起、整合。我认为，象征形成的过程是一个连续的过程，将内部与外部、主体与客体、早期经验与后期经验带到一起并整合它们。

## 1979年后记：关于象征形成的说明

自从这篇论文写完之后，以及受到比昂关于容器和被容纳物关系的研究的很大影响，我开始认为导致具象化的不是投射性认同本身。我们必须考虑接收投射的客体和被投射部分的特殊关系，即容器和被容纳物之间的关系。关于更详细的解释，请读者参阅《汉娜·西格尔作品集》（New York：Jason Aronson，1981）第7章。就象征形成而言，这种关系非常重要。我想举两个例子说明这一点。

在第一个例子中，环境因素起着重要作用。一名神经症性年轻人，他在大部分时间里都能在抑郁水平生活和工作。他可以用象征的方式进行交流，并达成了很多升华。然而，这些成就是不牢靠的，当他经历压力的时候，他倾向于大量使用投射性认同，与此同时退行到具象化的功能水平。例如，有时他有近乎幻觉的精神状态。

有一次会谈，他来时非常不安，因为他醒来时经历了幻觉性的体验。唯一与幻觉不同的地方在于，他拼命地抓住这一信念：那一定是他头脑的产物。当他醒来时，他觉得自己的头是实心的，他看到一辆摩托车驶进他的头中。骑手戴着一种面罩，使他的头看起来像一个手指。他感到很害怕，认为自己的头会爆炸。然后他看着自己的食指，很受惊吓，因为他的手指看起来像只大猩猩。当他让自己回忆起上一次会谈时，才从极度焦虑的状态中恢复过来。在上一次会谈中，他被诊室窗外摩托车的刺耳噪音干扰。他认为摩托车和我儿子有关。他由这只大猩猩联想到一名精神病男孩，该男孩在一篇论文中被描述为看起来像只大猩猩。他由手指联想到肛门自慰，这是他几天前说到过的。他的肛门自慰总是联系着对精神分析师或母亲的肛门的暴力投射性认同，梅尔泽（1966）曾经描述过这个现象。我们可以这样分析，窗外的摩托车代表了他自己的侵入性自我，就像手指和阴茎一样。侵入性自我被投射到一个外部客体，也就是摩托车上，并侵入了他。在这一联结中重要的是，外部世界有一个实际的侵入性客体，适合接收这个投射。这重复了他的童年情境，在他还是个小婴儿时，确实有一名非常具有侵入性的大孩子干扰着他与母亲的关系。对他来说，他的投射就这样在外部世界中被具象化了。

　　我的第二个例子是一名精神困扰更严重的年轻女性。这位女性的情况是，她的困扰似乎源于，她的过度妒忌和自恋都投射到她明显自恋的母亲身上。这名病人没有精神病，但她可能是我遇到的最难理解的病人。她的言语交流很难理解。我常常难以抓住她意识层面的意思。她容易误用词语，混合语言。她所说的话既不连贯又矛盾。她说的话、她想说的话和她实际的想法之间常常没有什么联系。无意识的含义更加混乱。在其他病人中，当言语交流如此困难时，可能会出现重要的非言语线索。而对她来说，却常常没有非语言线索或出现误导的线索。她的语气或面部表情经常与她的内心状态无关。她通常以友好、放松的微笑迎接我，没有任何迹象表明她实际上处于焦虑、困惑和敌意的混乱之中。她的象征有时非常具象化。她会出现身体兴奋、奇怪的身体感觉、心身症状、疑病、歇斯底里等，经常抱怨自己没有情绪，只有身体感觉。她经常通过身体感觉来回应解释。言语被她体会为具体的东西，感觉就像身体里的肿块，这常常伴随着对癌症的恐惧。在这种情况下，可以观察到，她觉得自己侵犯了我的言语，使我的发言成为她的一种有形财产。但有一个相反的现象。她的言语可以说是完全抽象的。大部分时间她都在用隐喻、陈词滥调和技术术语说话。她经常用一种毫无意义的方式概括。有时她说很长时间的话，而我意识到她没有说任何我能掌握的具体或真实的话。同时，我可以观察到她是如何把我话中的意义全部清空的，好像她听了一个诠释，然后立即把它翻译成哲学或精神分析的抽象术语，常常完全扭曲它的意思。她潜在的幻想是，她进入我，把我所有的东西都掏空了，她也同样感到被我掏空了。偷窃是一个反复出现的主题。在其他时候，她可能会将自己经历中的零碎片段传达给别人，这些片段似乎起到比昂的"怪异客体"（Bion, 1957）的作用。

在这些作用模式中，可以看到容器和被容纳物之间的紊乱。当她过于具象化时，投射的部分完全认同于容器；当她的交流没有意义时，容器与所容纳的内容之间存在相互清空的关系。当她破碎并产生"怪异客体"类型的联想时，她的投射将容器也分裂成了碎片。

在她的情况中，她投射的部分和容器之间的这种相互破坏的关系应该是与妒忌和自恋有关。她自身之外不允许任何会引起妒忌的东西存在。我想提供一些材料来说明这一点。

她做了几个梦，很有她自己的特点，正描绘出她的自恋。例如，她梦见自己和一个年轻人躺在床上，和他黏在一起，与他融合，但这个年轻人就是她自己。在做了几次这样的梦之后，她带来了一个不同的梦："她在一所屋顶正在瓦解的房子里。她不想注意这一点，因为她住在地面和顶层之间的中间层。"她对这个梦有很多有用的自由联想，其洞察程度令人吃惊。她拥有一所房子里三套公寓中的一套。房子的主人想让她分担修理阁楼的费用。她对此感到愤怒，因为她觉得这不公平。她确实签了一份表示她愿意的合同，但她认为同意这份合同是愚蠢的。屋顶漏水，她自己的公寓在中间层并不会有危险，但她为住在顶层公寓的朋友们感到很难过。然后她说中间一定是她的肚子，开始抱怨她的身体症状和精神状态。阁楼一定是她的头，她认为她的头已经严重破碎了。她无法思考，不能工作。她认为我应该只关心她的头。我向这位病人解释了她对精神分析契约的否定，契约认为我们都应该关心她的头部，我将住在顶层公寓的朋友与她不想关心的内在客体、思想和感情联系起来。但在稍后的治疗中，我注意到，尽管她对自己的头感到悲伤，但她的态度中有一些非常优越的东西。我特别注意到，尽管后来她在治疗中抱怨自己感到多么空虚，无法交流，但她似乎对自己的隐喻感到相当自豪，随着治疗的进行，这些隐喻变得越来越华丽。当我提醒她注意这一点时，她很不情愿地说，当她谈到中间层时，她实际上想到的是"第一层（first floor）"，在她的母语中，这是指属于上层社会的一种口语表达。因此，正是她的自恋阻止了她与内在事物的联系和照顾。这反过来又似乎阻止了她的象征和交流。她肚子里的疼痛，即中间楼层，是她存放我的地方，这个楼层完全由她的内脏控制和认同。如果她把我整合进她的头部，她会意识到她自己的依赖感，她会觉得自己非常自卑。中间层，也就是第一层，既代表了她的优越感，也代表了她的病。

我们可以从容器与被容纳物的关系的角度来看待语言化。语言只能通过习得才能获得，这一点与无意识的象征不同。虽然婴儿开始时会发出声音，但这些声音必须被环境接受，才能转化为语言，单词或短语也必须从环境中学习。婴儿经历了一种体验，母亲提供与这个体验结合的单词或者短语。语言包含、涵盖和表达了意义。语言为体验提供了一个容器。然后，婴儿就可以将这个容纳着意义的单词或短语内化。我的病人极其难以体会任何包含并表达她的意义的诠释或任何措辞。我给出的诠释都变得很奇怪，它们可能成为她的腹疼或性兴奋。她可以熟记于心并应用于其他人。她经常认为这些诠释来自她自己，并将其反馈给我，但它们通常有点扭曲，常常被剥夺了情感意义，有时是完全颠倒的。她做了一个梦，对梦的联想说明了这种困难。为了理解这些，可以参考海伦·凯勒自传（1954）中的一段优美文字，她描述了她第一次重新发现语言是怎样的过程。很长一段时间里，她的老师一直试图通过在她的手上写字来与她交流。海伦没有回应。在很长时间里她无动于衷地打碎、砸碎东西，第一次在她弄坏了一个娃娃之后，她哭了。那天下午，当老师再次试图与她交流并在她的手掌上写下一个字时，海伦·凯勒明白了，并做出了回应。因此，是从第一次体验抑郁情绪的经历当中，她立即且直接地拥有了一种理解符号交流的能力。这种经历对分析自闭症儿童的那些人来讲，非常熟悉。埃米利奥·罗德里格（Emilio Rodrigue, 1955）在《一名3岁哑巴精神分裂症病人的分析》(*The analysis of a three-year-old mute schizophrenic*) 中首次描述了该过程。回到我病人的梦这里。她梦见一个有着长指甲和凶猛牙齿的小女孩在贪婪地攻击着一张桌子，又抓又咬。她最初的联想是，我告诉了她我何时休假，这可能激起了她的贪婪。她用一种没有任何真情实感的方式哀叹她是多么原始，梦中的小女孩是如何代表她等。但后来她补上另一种联想。她最近读了一本小女孩写的书，或者关于一个小女孩的一本书，小女孩失去了视力和听力，就像一只小野兽，直到有一天她发明了手语并教给老师。（我病人阅读的这本书显然是海伦·凯勒写的。）我认为海伦·凯勒的描述和我的病人讲述的版本，体现了两种不同的象征形成。尽管海伦·凯勒有种种缺陷，但她已经实现了与读者的完全沟通；但我可怜的病人还不能用别人容易理解的方式说话。她仍然没有接受她是从母亲那里学会说话的事实。

# 参考文献

Bion, W.R. (1957) 'Differentiation of the psychotic from the non-psychotic personalities', *International Journal of Psycho-Analysis* 38, 266–75; also in W.R.Bion, *Second Thoughts,* London: Heinemann (1967) 43–64; reprinted in paperback, Maresfield Reprints, London: H.Karnac Books (1984).

Ferenczi, S. (1923) *Thalassa: A Theory of Genitality,* New York: W.W.Norton (1968).

Freud, S. (1923) *The Ego and the Id, SE* 19, 1–66.

Jones, E. (1916) 'The theory of symbolism', in E.Jones, *Papers on Psycho-Analysis,* 2nd edn, London: Baillière, Tindall & Cox (1918).

Keller, H. (1954) *Story of My Life,* New York: Doubleday.

Klein, M. (1923) 'The role of the school in the libidinal development of the child', in *The Writings of Melanie Klein,* vol. 1, London: Hogarth Press (1975), 59–76; paperback New York: Dell Publishing Co., (1977)).

——(1930) 'On the importance of symbol formation in the development of the ego', in *The Writings of Melanie Klein,* vol. 1, 219–32.

——(1946) 'Notes on some schizoid mechanisms', in M.Klein, P.Heimann, S.Isaacs, and J.Riviere, *Developments in Psycho-Analysis,* London: Hogarth Press (1952) 292–320; also in *The Writings of Melanie Klein* vol. 3, 1–24.

Meltzer, D. (1966) 'The relation of anal masturbation to projective identification', *International Journal of Psycho-Analysis,* 47, 335–42 and reprinted here on pp. 102–16.

Morris, C. (1938) 'Foundations of the theory of signs', *International Encyclopaedia of Unified Science,* Chicago: University of Chicago Press.

Rodrigue, E. (1955) 'The analysis of a three-year-old mute schizophrenic', in M.Klein, P.Heimann, and R.Money-Kyrle (eds) *New Directions in Psycho-Analysis,* London: Tavistock Publications, 140–79; in paperback, Tavistock

Publications (1971).

*——(1956) 'Notes on symbolism', *International Journal of Psycho-Analysis*, 37, 147–58.

*Rycroft, C. (1956) 'Symbolism and its relation to primary and secondary processes', *International Journal of Psycho-Analysis*, 37, 137–46.

Segal, H. (1950) 'Some aspects of the analysis of a schizophrenic', *International Journal of Psycho-Analysis*, 31, 268–78; also in *The Work of Hanna Segal*, New York: Jason Aronson, 101–20; reprinted in paperback, London: Free Association Books (1986).

——(1952) 'A psycho-analytical approach to aesthetics', *International Journal of Psycho-Analysis*, 33, 196–207; also in *The Work of Hanna Segal*, 185–206.

——(1955) 'Depression in the schizophrenic', *International Journal of Psycho-Analysis*, 37, 339–43; also in *The Work of Hanna Segal*, 121–29.

\* 在1957年发表的文本中没有提到标"\*"的这两篇论文的贡献，虽然三篇论文几乎是同时撰写和宣读的。

# 第 9 章

# 思考理论

W.R. 比昂

本文原为 1961 年 7 月至 8 月在爱丁堡举行的第 22 届国际精神分析大会上宣读的论文,首次发表于《国际精神分析杂志》(43: 306-310)。

1. 在本文中,我主要想提出一个理论体系。它与一种哲学理论相似,因为哲学家们关注的是同样的主题;它与哲学理论的不同之处在于,它与所有精神分析理论一样,是为了使用。它的设计意图是,执业中的精神分析师应该用实证可检验的数据来重述它所构成的假设。在这方面,它与哲学上类似陈述的关系就像应用数学的陈述与纯数学的关系。

旨在接受实证检验的派生假设及在较小程度上的理论体系本身,与精神分析中观察到的事实的关系类似于以下,就像应用数学的陈述,如关于一个数学圆的陈述,与关于在纸上画一个圆的陈述之间的关系。

2. 这个理论体系旨在适用于大量的案例;因此,精神分析师应该体验到与该理论相近的实现。

我并不强调此理论在诊断方面的意义,尽管我认为只要存在思维障碍,它就可能适用。它的诊断意义将取决于一些理论不断结合所形成的模式,这一理论将是其中之一。

如果我讨论一下情感体验的背景,可能有助于解释这个理论,因为它是从这种背景中抽象出来的。我将用一般术语来做这件事,而不去尝试追求科学的严谨性。

3. 方便起见,我们将思考(thinking)视为取决于两项主要心理发展的成功结果。第一种是思维(thoughts)的发展。它们需要有一种装置来处理它们。因此，第二种是这种装置的发展，我暂且称之为思考（thinking）。我重复一遍，思考必须被召唤出来以处理思维。

我们会注意到，这与任何认为思维是思考的产物的理论不同，因为正是在思维的压力下，心理才迫使出现了思考发展，而不是反过来的。心理病理学的发展可能与上述任一阶段有关，或者两者都有，也就是说，它们可能与思维发展的崩溃有关，或者与"思考"或处理思维的装置的发展崩溃有关，或者两者都有。

4. "思维"根据其发展历程的性质，可分为前构想、构想（conceptions）或思维，最后是概念（concepts）；概念得到命名，因此是固定的构想或思想。构想是从前构想与实现的结合开始的。前构想可以看作康德的"空念（empty thought）"概念在精神分析中的类似物。在精神分析中，婴儿具有一种与对乳房的期望相对应的先天性倾向，这一理论可以用来提供一个模型。当前构想与接近这一前构想的实现相接触时，心理产生的结果就是构想。换句话说，当婴儿接触到乳房本身时，前构想（对乳房的先天期待，对乳房的先验知识，"空念"）与对实现的认识相匹配，并与构想的发展同步。这个模型将为这样的理论服务：前构想与其实现的每一个交接点都会产生一个构想。因此，构想将被期望不断地与满足的情感体验联系在一起。

5. 我将把"思维"一词限制在前构想与挫折的结合上。我提出的模型是，一个婴儿对乳房的期望与没有乳房可供满足的意识结合。这种结合被体验为没有乳房，或者说里面"缺少"乳房。下一步取决于婴儿应对挫折的能力：特别是取决于决定逃避挫折还是改变它。

6. 如果容忍挫折的能力足够，内在的"没有乳房"就会成为一种思维，并发展出一种"思考"的装置。这启动了弗洛伊德在他的《心理功能的两个原则》中所描述的状态，在这种状态中，现实原则的支配与一种能力的发展是同步的，这是思考的能力，也是在感受到欲望的时刻与适合于满足欲望的行动最终达到满足的时刻之间，弥合了挫折感之鸿沟的能力。因此，是容忍挫折的能力使心理将思维发展成为一种手段，通过这种手段，被容忍的挫折本身变得更容易被容忍。

7. 如果容忍挫折的能力不足，坏的内部"没有乳房"使心理面临着需要在逃避挫折和修改挫折之间做出决定，而一个有成熟能力的人格最终会认识到坏的内部"没有乳房"是一种思想。

8. 无力忍受挫折，使天平向逃避挫折的方向倾斜。其结果是严重偏离弗洛伊德所描述的在现实原则主导阶段的思维特点。本应是思维的东西，以及本应是前构想和消极实现并列的产物，变成了一个糟糕的客体，与事物本身无法区分，只适合疏散。思考装置的发展因此而受到干扰，相反，投射性认同的装置被过度发展。我为这种发展提出的模型是这样一种心理，它的运作原则是：疏散掉一个坏乳房与从一个好乳房处获得养料是同义的。最终的结果是，所有的思维都被视为与坏的内部客体没有区别；适应的机器被认为是，并非是思考思维的装置，而是清除心理上的坏的内部客体积累物的装置。问题的关键在于改变与回避挫折之间的决定。

9. 数学元素，即直线、点、圆，以及与后来被称为数字之物相对应的东西，来自二元性的实现，如乳房和婴儿、两只眼睛、两只脚，等等。

10. 如果不能忍受挫折的情况不太严重，改变会成为主导目标。数学元素的发展，或亚里士多德所说的数学对象（mathematical object）的发展，与构想的发展相类似。

11. 如果不能忍受挫折占主导地位，就会采取一系列步骤，通过破坏性攻击来逃避对实现的感知。就前构想和实现的结合而言，数学构想虽被形成，但它们被当作与事物本身无异的东西，被高速疏散，就像消灭空间的导弹。空间和时间被视为与被毁灭的坏客体——也就是"没有乳房"——相同，因此本应与前构想结合的实现就无法完成形成构想的必要条件。投射性认同占主导地位，混淆了自我和外部客体之间的区别。这是不会对二元性产生任何认识的原因之一，因为这样的认识有赖于对主体和客体之间区别的认知。

12. 一名病人形象地告诉我与时间的关系，他一次又一次地说他在浪费时间，并继续浪费时间。这个病人的目的是通过浪费来毁灭时间。《爱丽丝梦游仙境》中对疯帽子的茶会的描述说明了其后果——永远是四点钟。

13. 不能忍受挫折会阻碍思维和思考能力的发展，尽管思考能力会减少愿望和实现之间差距增大所固有的挫折感。构想，也就是前构想和实现之间结合的结果，以一种更复杂的形式重复前构想的历史。一个构想不一定会遇到一个足够接近于满足的实现。如果可以容忍挫折，构想和实现的结合，无论是消极的还是积极的，都会启动经验学习的必要程序。如果对挫折的不容忍还没有严重到足以激活逃避机制，但又大到无法承受现实原则的支配，那么人格就会发展出全能性，以代替前构想或构想与消极实现的结合。这里涉及的是全知的假定代替了借助思维和思考从经验中学习。因而不存在区分真假的心理活动。全知代替了对真假的辨别，独断专行地肯定了一件事在道德上是正确的，而另一件是错误的。否定现实的全知假定，令由此产生的道德一定是精神病的一种功能。对真假的辨别是人格中非精神病部分及其因素的功能。因此，在主张真理和主张道德优越性之间存在着潜在冲突。一个人的极端主义也会感染另一个人。

14. 有些前构想与对自我的期望有关。前构想装置足以实现那些属于适合婴儿生存的狭窄范围内的情况。影响生存的一种情况是婴儿本身的个性。通常情况下，婴儿的个性和环境中的其他元素一样，是由母亲打理的。如果母亲和孩子相互适应，投射性认同在打理中起着主要作用；婴儿能够通过原始现实感的运作，使投射性认同（通常是一种全能的幻觉）的行为成为一种现实的现象。我倾向于相信，这是它的正常状况。当克莱因谈到"过度的"投射性认同时，我认为"过度"一词应该被理解为不仅适用于投射性认同被采用的频率，而且适用于对全能的过度信仰。作为一种现实的活动，它表现为合理计划的行为，以在母亲心中唤起婴儿希望摆脱的感觉。如果婴儿感到自己快死了，就会引起母亲对婴儿快死了的恐惧。一个心理状态平衡的母亲可以接受这些，并做出疗愈性的反应：也就是说，这种方式让婴儿感觉到自己正在重新接受自己被吓坏的人格并以它可以容忍的形式——恐惧是可以被婴儿人格所控制的。如果母亲不能容忍这些投射，婴儿就会沦落到继续进行投射性认同，而且力度和频率越来越大。越来越大的力量似乎使投射失去了其半影（penumbra）的意义。重新内射也受到类似力度和频率的影响。我从病人在咨询室的行为中推导出他的感受，并利用推导结果形成一个模型，我的模型中婴儿的行为方式与我通常期望的可以思考的成年人的行为方式不同。它行动的方式就仿佛它感觉到一个内部客体已经建立起来，它具有贪婪的阴道式"乳房"的特征，会把婴儿接受或给予的所有美好事物都剥离出来，只留下退化堕落的客体。这个内部客体使它的主人缺乏任何可利用的理解力。在分析中，这样的病人似乎无法从他的环境中有所收获，因此也无法从他的分析师那里有所收获。这对于思考能力的发展所带来的后果是严重的；我将只描述其中一个，即意识的早熟发展。

15. 在此处语境中，我所说的意识是指弗洛伊德所称的"感知精神品质的感觉器官"。

我以前（在英国精神分析协会的一次科学会议上）曾描述过使用"α 功能"的概念作为分析思维干扰的工作工具。假设一个 α 功能将感觉信息转化为 α 元素，从而为心理提供梦境思维的材料，并因此有能力醒来或入睡、有意识或无意识，这似乎很方便。根据这一理论，意识取决于 α 功能，如果我们假定，在从自身经验中了解自己的意义上，自我能够意识到自己，那么假设这种功能的存在就是一种逻辑上的必然。然而，由于没能在婴儿和母亲之间建立一种关系，正常的投射性认同成为不可能，这会阻止 α 功能的发展，因此也无法将元素区分为有意识和无意识。

16. 通过将"意识"一词限制在弗洛伊德的定义所赋予它的意义上，就可以避免这一困难。在这个有限的意义上使用"意识"一词，可以假设这种意识产生了自我的"感觉数据"，但没有 α 功能将它们转换成 α 元素，因此可以存在着能意识到自身或对自身无意识的能力。婴儿人格本身无法利用这些感觉数据，而必须把这些元素疏散到母亲那里，依靠母亲做那些有必要做的事情，把它们转换成适合婴儿作为 α 元素使用的形式。

17. 弗洛伊德所定义的有限意识，即我用来定义原始婴儿意识的意识，与无意识没有关联。所有对自身的印象都具有同等价值；都是有意识的。母亲的遐思能力是婴儿收获自我感觉的受体器官，是由其意识获得的。

18. 原始的意识不可能完成我们通常认为是意识范畴的任务，如果试图将"意识"一词从普通的使用范围中撤出，在这种普通范围里它被应用于对理性思维非常重要的心理功能，这将是一种误导。就目前而言，我做出这种区分只是为了说明，如果通过投射性认同，原始意识和母亲的遐思之间的相互作用崩溃了，会有什么后果。

如果婴儿和乳房之间的关系允许婴儿投射一种感觉到母亲心中，比如说，它快死了，并且当这种感受在乳房中的逗留使婴儿的心理可以忍受它了之后，婴儿还能将其重新内射，那么正常的发展就随之而来。如果这种投射不被母亲接受，婴儿就会觉得自己即将死亡的感觉被剥夺了意义。这时，它重新内射的就不是一种变得可容忍的对死亡的恐惧，而是一种无名的恐惧。

19. 母亲遐思能力的崩溃所留下的未完成任务被强加给原始意识；它们在不同程度上都与相关的功能有关。

20. 原始意识无法承担放在它身上的负担。在内部建立一个投射性认同—拒绝性的客体，意味着婴儿没能拥有一个善于理解的客体，而是有一个故意误解的客体，这一客体会被婴儿认同。此外，它的心理素质被一个早熟和脆弱的意识所感知。

21. 心理可用的装置可被视为四方面的：

（1）思维，与改变还是回避有关。
（2）投射性认同，与通过疏散来回避有关，不要与正常的投射性认同相混淆（关于"现实的"投射性认同，本文第 14 点）。
（3）全知［根据知晓一切、否定一切的原则］。
（4）交流。

22. 对我在这四个标题下列出的装置的检查表明，它的出现是为了处理广义的思维，即包括我所描述的构想、思维、梦的思维（dream thoughts）、α 元素和 β 元素在内的所有客体，就仿佛它们是必须处理的对象，（1）因为它们以某种形式包含或表达了一个问题；（2）因为它们本身被感觉为不受欢迎的心理残余物，并出于这个原因而要求得到关注和通过某种手段消除。

23. 作为问题的表达，显然它们需要一种装置，以便在缺乏（lack）认识和理解以及旨在改变这种缺乏的行动之间起到某种作用，就像 α 功能在感受信息和理解感觉信息之间架起联结的桥梁那样。（在这种情况下，我把对心理素质的感知也囊括进来，它需要得到与感觉信息相同的处理。）换句话说，就像感觉信息必须经过 α 功能的修改和处理以使它们能够为梦境思想所用一样，思想也必须经过处理以使它们可以用于转化为行动。

24. 转化为行动涉及公布（publication）、交流和常识。尽管思维的这些方面暗含在讨论中，而且至少有一个已经公开略提，不过到目前为止，我一直避开讨论它们；我提到的是相关性（correlation）。

25. 公布在其起源上可能被视为不过是思维的一种功能，即让感觉信息能够为意识所利用。我希望把这个词保留给那些将私人意识公开的操作，即意识到对个体来说很私人的内容。所涉及的问题可以被看作是技术性和情感性的。情感方面的问题与以下事实有关：人类个体是一种政治动物，无法在群体之外实现，如果不表达其社会成分，就无法满足任何情感驱力。他的冲动，我指所有的冲动而不仅仅是他的性冲动，同时也是自恋性的。问题是如何解决自恋性和社会性之间的冲突。技术上的问题则是关于思想或构想如何以语言表达，或在符号中的对应物是什么。

26. 这使我想到交流。在起源中，交流是通过现实的投射性认同来实现的。原始的婴儿程序要经历各种变迁，包括通过全能幻想的夸大作用而贬值，正如我们已看到的。如果与乳房的关系良好，它可能会发展成自我对其自身心理素质的容忍能力，从而为 α 功能和正常思想铺平道路。但它也确实发展为个人社交能力的一部分。这种发展在群体动力中非常重要，但几乎没有得到任何关注；如果没有它，甚至连科学交流都不可能进行。然而，它的存在可能会在交流的接收者心中引起受到迫害的感觉。减少迫害感的需要会导致在构成科学交流的过程中容易变得抽象。沟通的要素，即词语和符号，它们的功能是通过单个的名词短语或者通过言语组合，传达出某些现象在其关系性模式中的持续结合。

27. 交流的一项重要功能是实现相关性。虽然交流仍然是一种私人功能，但需要有构想、思维以及它们的言语化才能促进一组感觉信息与另一组感受信息的结合。如果联合起来的信息是和谐的，就会有一种真理的感觉，若能在类似于真值函数陈述（truth-functional statement）的某种陈述中得到表达，那种感觉就十分美好。如果不能实现感觉信息的这种结合，就无法实现一种常识性观点的结合，就会在病人身上诱发一种精神衰弱的状态，就仿佛对真理的饥饿在某种程度上类似于对食物的饥饿。陈述的真理性并不意味着存在一个与真理陈述相近的实现。

28. 我们现在可以进一步考虑原始意识与心理素质的关系。情感对心理来说，履行的功能类似于感受在空间和时间上与客体的关系；也就是说，私人知识中常识性观点的对应物是共有的情感观点；如果对一个被讨厌的客体的观点能与同一客体被喜爱时的观点联合在一起，人就会体验到真理感，这种联合证实了以不同情感所体验的客体是同一客体。一种关联性得以建立。

29. 类似的相关性，通过把意识和无意识带到咨询室的现象中来体验，使精神分析客体具有一种现实性，即使这些客体的存在本身受到了怀疑，但这种现实性相当明确。

# 第 10 章

# 早期客体关系中的皮肤体验

埃斯特·比克

这篇论文最初口头发表于 1967 年 7 月哥本哈根举行的第 25 届国际精神分析大会，首次发表在《国际精神分析杂志》（49: 484-486）。

这一简短通讯的中心主题是，讨论婴儿皮肤的原始功能，以及其原始客体在与人格各部分最原始的结合体之间的关系中所发挥的原始功能，而此时的人格各部分尚未与身体各部分发生分化。这一主题最容易在精神分析里移情中的依赖和分离问题下进行研究。

本文论点是，我们认为在最原始的状态下，人格各个部分被感觉到彼此之间没有结合力，因此必须通过皮肤作为边界，让它们被动聚合在一起。但是，这种容纳自身各部分的内在功能最初依赖于内射一个外部客体，这个外部客体被体验为能够实现这一功能。后来，对客体这一功能的认同取代无整合的状态，并引发了内部和外部空间的潜意识幻想。只有这样，才为梅兰妮·克莱因所描述的自身和客体的原始分裂和理想化的运作搭建起了舞台。在容纳功能被内射之前，自身内部空间的概念是不可能出现的。内射，即在内部空间中建造一个客体的能力，因此受到损害。如果没有这一过程，投射性认同的功能必然会持续不减，所有与之相关的身份混淆都会显现出来。

自体和客体原始分裂和理想化的阶段，现在可以被看作建立在自体和客体被各自的"皮肤"容纳的早期过程基础之上。

这种原始状态的波动将在婴儿观察的案例材料中加以阐释，用来说明"未整合（unintegration）"与"失整合（disintegration）"之间的区别，前者为完全无助的被动体验，后者是通过分裂过程实现的，是服务于发展的主动防御操作。因此，从经济的角度比较，不同于处理更有限和更特定的迫害性和压抑性情况，我们正在处理的是"未整合"状态下更容易带来灾难性焦虑的情况。

在婴儿期"未整合"状态下，对有容纳功能的客体的需求似乎会导致对客体的疯狂搜索——一束光、一个声音、一种气味或其他能感知的客体。这个客体可以留住婴儿的注意力，从而至少让婴儿在瞬间体验人格的各个部分被聚拢在一起。最佳客体是嘴里的乳头，加上抱着他、说着话和带有熟悉气味的母亲。

临床材料将显示，这个具有容纳功能的客体如何被具象化地体验为皮肤。这种原始皮肤功能的发展缺陷可能是由实际上的客体互动不充分造成，也可能是由对客体的幻想攻击造成，这削弱了内射过程。原始皮肤功能的紊乱可能导致发展出"第二皮肤（second skin）"，通过不适当地使用某些心理功能或某种天赋，创造皮肤容器功能的替代品，通过这一过程，假性独立取代了对客体的依赖。下面的材料将给出一些"第二皮肤"形成的例子。

在这里，我只能先指出基于这些发现对临床材料所做的分类。我当前的目标是开启这个话题，在以后的论文中再详细讨论。

## 婴儿观察：爱丽丝宝宝

这一段婴儿观察的对象是一位不成熟的年轻母亲和她的第一个婴儿，共进行了一年的观察。"皮肤容器"的功能在 12 周的时间里逐渐发展。随着母亲忍耐与婴儿亲近的程度提高，她刺激婴儿展示活力的需要也随之减少。可以观察到，婴儿体内未整合状态也因此减少。这些未整合状态的特征为颤抖、打喷嚏和混乱无序的动作。随后，他们搬进了一所尚未完工的新房子。这严重扰乱了母亲的抱持能力，导致她从婴儿身边退缩。她开始一边看电视一边喂食，或者晚上在黑暗中不抱孩子。这导致婴儿出现大量的躯体障碍和未整合状态。孩子父亲当时患病，因而情况变得更糟，母亲不得不计划重返工作岗位。她开始催促婴儿进入假性独立状态，强迫她使用训练杯，白天开始使用婴儿椅，同时严格拒绝回应婴儿晚上的哭泣。这位母亲现在又回到了先前的倾向，即刺激孩子产生攻击性的表现，而这正是她所激发和赞赏的。6.5个月以后，婴儿成为一个过度活跃、好斗的小女孩，母亲称她为"拳击手"，因为她总是捶打别人的脸。我们在这里看到了一种肌肉强壮型的自我容纳的形成——"第二皮肤"代替了适当的皮肤容器。

## 一名精神分裂症女孩的分析：玛丽

这名病人从3.5岁开始分析，经过几年，我们得以重建她的婴儿期障碍史中反映的精神状态。事实如下：难产，早期会紧咬乳头但母亲疏于喂养，第三周补充奶瓶喂养，母乳喂养到11个月，她在4个月时出现婴儿湿疹，抓挠直到出血，极度黏附于母亲，严重不耐受等待喂奶，各方面呈现发育迟缓和非典型状态。

在分析中，病人从一开始就反映出对分离的严重不耐受。如在第一次假期休息后，她咬牙切齿地彻底撕裂和破坏所有材料。我们通过病人的姿势和动作的未整合状态，以及她的思维和交流过程，观察到她对即刻联系的极度依赖。这些状态在每次会谈开始时存在，在会谈过程中有所改善，在离开时重新出现。她进来的时候驼背、关节僵硬、行动怪异，就像她后来说的自己像"一袋土豆"一样，并发出爆破音"SSBICK"来表示"早上好，比克（BICK）太太"。这"一袋土豆"似乎一直处于溢出散落的危险之中，部分原因是她的皮肤不断被抠出洞，代表她的部分（"土豆"）被容纳（投射性认同）在客体的皮肤（"袋子"）里面。从驼背姿势到直立姿势的改善，伴随她总体依赖性的减轻，更多的是通过基于自身肌肉的第二皮肤的形成，而不是基于对具有容纳功能的客体的认同。

## 对一例成人神经症病人的临床分析

通过移情中的接触质量和分离体验两方面，我们观察到病人有"袋装苹果"和"河马"这两种自我体验交替出现，这两种体验都与紊乱的喂养期有关。在"袋装苹果"状态下，病人敏感、虚荣，需要被不断地关注和赞扬，容易受伤，并且不断预期发生灾难，比如从沙发上起来时的崩溃。在"河马"状态下，病人具有侵略性、专横、尖刻，按照自己的方式行事毫不留情。这两个状态都与"第二皮肤"类型的组织有关，主要由投射性认同主导。"河马"皮肤和"口袋"一样，反映了他生存于其中的客体皮肤，而装在袋子里薄皮、容易碰伤的苹果，则代表了装在这个不敏感的客体内部各个自身部分的状态。

## 对一名儿童的分析：吉尔

这是对一名5岁儿童的分析，这名儿童在喂养期出现厌食。我们在早期分析中看到病人出现了皮肤容器问题，比如她在分析的第一段假期中不断要求母亲给她系紧衣服、系紧鞋子。后来的材料显示了她强烈的焦虑，而且需要把自己与玩具和娃娃区别开，她说："玩具和我不一样，它们会碎成碎片，不会好起来。它们没有皮肤。我们有皮肤！"

## 总结

通过分析重构可以看到，在第一皮肤形成过程中受到干扰的所有病人，都显示出喂养期的严重紊乱，尽管父母并不总能观察到。这种有缺陷的皮肤形成，在后期的整合和形成组织中造成了普遍的脆弱性。它不同于退行，表现为未整合状态，涉及最基本的未整合特征，包括部分或全部的身体、姿势、动作和相应的心理功能，特别是交流。"第二皮肤"现象取代第一皮肤的整合，表现为部分或全部类型的肌肉外壳或相应的语言层面的肌肉性。

对第二皮肤现象的分析研究往往会产生暂时的未整合状态。只有坚持彻底修通对母性客体的原始依赖的分析，才能改善这种潜在的脆弱。必须强调的是，分析情境的容纳尤其存在于设置中，因此技术的坚定与稳定在这个领域是至关重要的。

# 第 4 部分

## 病理组织

## 引言四

这是一个有很大发展的领域。克莱因的追随者们对她的偏执－分裂位和抑郁位的基本概念没做多少修改，但是随着他们继续探索精神病、自恋、边缘状态、成瘾、性倒错（sexual perversion）和倒错的性格结构，他们对不同病症中的防御性部署发展出了更丰富和更复杂的想法。"病理组织"的想法已经逐渐发展为一个中心概念，用以整理所遇到的临床现象。许多作者对这一概念的发展做出了贡献，"组织"一词已经使用了一段时间，首先是"自恋性组织"（罗森菲尔德和索恩），然后是"防御组织"（奥肖内西）。更近些时候，约翰·斯坦纳使用了"病理组织"这一术语，现在已普遍采用。

在病理组织的观点中有两条主要思想脉络。第一条是坏的自身对人格其他部分的支配；许多作者指出了这种奴役中倒错的、成瘾性的因素，表明它涉及施受虐，而不仅仅是攻击性。第二条线索是关于冲动、焦虑和防御的结构化模式的发展，它使人格在偏执－分裂位和抑郁位之间某处扎根。这种模式允许个体维持着一种平衡，不稳定但有很强的防御性，个体在这种平衡中受到保护，免受偏执－分裂位的混乱影响，也就是说，他不会成为显而易见的精神病病人，但他也不会发展到可以面对并试图修通抑郁位的问题，解决其内在的痛苦。个体可能会出现转变，甚至有时会出现成长的迹象，但这种组织极为深刻地抵触变化。这些防御似乎共同组成了一个僵硬的系统，没有发展出抑郁位防御所特有的灵活性，而个人为修复所做的努力——这是抑郁位的特点——通常过于自恋，无法带来持久的解决。各种病理组织的心理病理学有相当大的差异，但对这些病人的分析往往会陷入困境，或者非常漫长，只有部分成功，或者有时无法结案。不同的作者都关注这些组织的破坏性是原始的还是防御的。通常情况下，两者都对，事实上，许多作者的作品中都隐含着这样的观点：他们所讨论的组织都是妥协形成（compromise formation），也就是说，它们同时是死本能的表达和对死亡的系统性防御。

病理组织的临床现象已经报告了很多年；在弗洛伊德对负性治疗反应的讨论中（1916, 1923, 1924, 1937）；在亚伯拉罕关于自恋防御的工作中（1919）；以及在克莱因学派的琼·里维埃（Joan Riviere, 1936）对负性治疗反应的讨论中，他认为这是对修复受损内部客体这一任务的防御，这一任务被感觉为不可能完成。

在较近期的一批作者中，比昂是最先处理这种组织如何产生问题的人之一。他命名为"－K"的模型描绘了当遐思和 α 功能失效时，内心世界是怎样一幅令人不寒而栗的景象（Bion, 1962b，特别是第 28 章）。他说，人们不禁要问，为什么会有－K这样的东西存在；他说，他将只探索一个因素：妒忌。在他的模型中，假设的婴儿将对死亡的恐惧与对乳房的妒忌和仇恨一起投射到乳房上。由于被投射的妒忌，乳房被妒忌地感觉为从死亡的恐惧中移除了好的元素，并将无价值的残留物强行送回婴儿体内。更糟糕的是，妒忌的乳房夺走了婴儿的生存意志。当这个客体被重新内射时，它变成了一个极具破坏性的内部客体，一心想要剥夺婴儿，或婴儿仅剩的东西，剥夺他仍然拥有的任何品质，妒忌地宣告道德上的优越性，引起内疚，但只是为了显示优越性，而不是为了纠正什么。自我部分地与这个妒忌的剥夺性内部客体相认同，形成其他作者所称的坏自身、破坏性自身或自恋性自身，它试图以各种方式统治内部世界。

在论文《边缘病人中的分裂现象》（*Schizoid phenomena in the borderline*, 1979，本书重刊）中，亨利·雷伊探讨了分裂现象作为一种相对持久的人格组织的作用，它既不是神经症性的，也不是精神病性的，而是形成一种边缘状态。他强调了分裂型存在模式的典型具体思维，以及随之而来的分裂、投射性认同、否认和无法同化内射客体。他强调，分裂型人格发现自己会陷入幽闭恐惧症和广场恐惧症之间的波动。由于分裂型病人的投射，所以包含他本人的空间被感受为敌对而危险，但要从那危险的封闭空间中出来，就会迷失在没有容器的碎片化状态中。雷伊给出了许多分裂型行为和思想的生动例子，包括在通过抑郁位时遇到的困难，这些困难很可能是用躁狂性修复来处理的，在这种修复中，阴茎的神奇治疗能力被激进地炫耀着。雷伊将克莱因和比昂的心理发展和思维的概念，与皮亚杰（Piaget）对空间和时间概念发展的概念化联系了起来。然而，对于导致人们陷入分裂模式而不能进入抑郁位整合状态的各种可能因素，包括环境和心理内部的因素，雷伊没有给出太多想法。

自恋话题引导许多克莱因学派分析师进一步探索关于病理组织的第一条主要思路，即"坏自身"对人格其他部分的支配。正如西格尔所指出的（1983），克莱因给了我们所有概念和技术工具来理解自恋，但她自己对自恋说得很少。然而，克莱因明确指出，她不同意弗洛伊德的观点，即婴儿会经历一个原始自恋阶段，在这个阶段中力比多附着在自我身上。她的假设是："自体情欲和自恋包括对内化好客体的爱及与内化好客体的关系，内化的好客体在幻想中形成被爱的身体部分和自身的一部分"（M. Klein, 1952b）。她对暂时性的自恋状态和她所说的"自恋结构"进行了区分，前者涉及朝向理想化的内部客体的退缩，后者则是一种更持久的组织，涉及用以控制客体的投射性认同，并以影响自我和超我结构的方式将它们重新内射（M. Klein, 1946）。克莱因没有详细说明这个简短的提法，也没有在妒忌和自恋之间建立明确联系，不过她在《嫉羡和感恩》（1957）中暗示自恋是对妒忌的一种防御。

赫伯特·罗森菲尔德对理解死本能的运作和在自恋中对死本能的防御，做出了一些值得注意的贡献（1964, 1971b，本书重刊）。他在1964年的论文《论自恋的心理病理学：一种临床方法》(*On the psychopathology of narcissism: a clinical approach*)中，描述了自身与客体美好和令人妒忌的品质相认同的方式，以至于自身和客体之间的界限变得模糊，事实上，自身将客体的品质作为自己的品质，而不承认其来源。他说这种全能认同是通过内射和投射同时发生的，其目的是否认客体的分离性，从而否认对它的依赖性；这种否认使我们有可能逃避妒忌、无助和抑郁焦虑等痛苦的感觉。事实上，无论是外部客体还是内部客体的存在，几乎都被否认。1964年的这篇论文经常被称为与"力比多自恋"有关的论文，这也许不是一个令人满意的术语选择，因为它听起来是良性的，而我觉得罗森菲尔德和其他克莱因学派分析家一样，他认为除了最短暂的自恋状态之外，所有的自恋基本上都是破坏性的，充满了死本能，不应与自我尊重和照顾好自己混为一谈。

在20世纪60年代和70年代，一些克莱因学派分析师开始进一步研究关于自我各部分之间的自恋性和倒错性关系的想法。梅尔泽（1968，本书重刊）继承了克莱因关于区分人格中好的和坏的部分的想法，指出人格中破坏性部分的目的是制造混乱，使好的婴儿自身放弃心理现实和外部现实，心甘情愿地服从坏自身提供的迷惑性绝望。他提出，坏自身的主张是，它提供了保护，使人免于在对好父母的性交及其产物的幻想攻击中体验被杀死的婴儿的恐怖。其他作者都没有把坏自身的控制力追溯到如此具体的原因（另见 Meltzer, 1973）。

在《论对精神错乱的恐惧》(*On the fear of insanity*, 1969)中，莫尼—克尔提出，婴儿的心灵生来就处于混乱和疯狂之中——"我们生来就是疯狂的，然后变得理智"，他是这样表达的。随着个体的发展，自身的疯狂部分感觉它的独立和全能受到了理智的威胁，而理智将使它暴露在妒忌和依赖之中。因此，疯狂的自身试图主宰理智的自身，导致了梅尔泽在《恐怖、迫害和恐惧》(*Terror, persecution, dread*; 1968)中描述的情境。

但最能将这些问题突显出来的论文也许是《对生死本能的精神分析理论的临床方法：对自恋的攻击性方面的调查》（*A clinical approach to the psychoanalytic theory of the life and death instincts: an investigation into the aggressive aspects of narcissism*, 1971b，本书重刊），其中罗森菲尔德描述了他称之为破坏性自恋的概念，那是一个基于对坏自身的理想化的组织。他描述了坏自身的倒错品质，以及它在诱惑好自身和击败分析师方面的胜利。有时，坏自身会激起一个妄想的世界，在这个世界里，力比多的、依赖的自我消失了，出现了一个接近躁狂的情况。他说，分析师的临床目的是拯救力比多自身，帮助病人意识到自己坏的部分的破坏性全能；一旦暴露出来，就有希望令坏自身坍塌，显出原形，正如我的一个病人所说，作为一个"可怜的魔鬼"而不是"撒旦"。

在《残忍与心灵皱缩》（*Cruelty and narrowmindedness*, 1985a，虽然写于多年前，但于本书中重刊）中，布伦曼再次强调了自身的一部分对另一部分的支配这一主题。他描述了对一个残酷超我的全能理想化，以及自身对那个超我的认同，其方式是模糊自身与客体的界限，否认无助、否认自身的需要以及对好客体的依赖。为了逃避有意识的内疚，心理感知被缩小，以证明残忍是合理的，并忽视客体的好。

莱斯利·索恩在《自恋组织、投射性认同以及认同行动的形成》（*Narcissistic organization, projective identification, and the formation of the identificate*, 1985a，但写就的时间更早，于本书中重刊）中描述的认同行动（identificate）概念，是描述坏自身形成和维持的另一种方式。他的想法发展自罗森菲尔德1964年关于自恋的论文，该论文强调，全能认同接管了，实际上是偷窃了客体的好品质，以逃避依赖和妒忌。自身的这一部分，索恩称之为"认同"，不仅战胜了客体和自我的其他部分，而且将自我的其他部分抹去；它声称是自我的全部。与罗森菲尔德不同的是，索恩认为只有全能的投射性认同才会产生这种结果，全能的内射性认同则不会。罗森菲尔德认为这两种防御同时发生。

随着西格尔的论文《防御灾难情境重新出现的妄想系统》（*A delusional system as a defense against the reemergence of a catastrophic situation*, 1972）的发表，我们开始走向关于病理组织的第二条思路，也就是防御丛（constellation of defences）的观点，防御丛导致人格陷入偏执－分裂和抑郁位之间的不安平衡。西格尔讨论了这样一名男性，他在婴儿期遭受了灾难情境，被破坏性和自我毁灭的冲动所淹没，受到被毁灭的威胁。他发展出了一个妄想系统，其中对客体的依赖应该是被排除在外的，以防止可怕的灾难再次发生。妄想系统包含复原的元素，尽管主要目的是对外部现实的施虐性控制和对其客体的侵略性攻击。妄想显然是精神病性的，虽然他所发展的各种痴迷性仪式，以及亲属提供了大量不为人知的支持，阻止了精神病的明显发生。因此，此文朝着偏执－分裂和抑郁位之间的防御性平衡的想法发展，尽管西格尔的病人比其他作者描述的大多数病理组织的特点更接近偏执－分裂这一端。

在《对防御组织的一例临床研究》（*A clinical study of a defensive organization*, 1981a，本书重刊）中，埃德娜·奥肖内西讨论了一个病情较轻的人，这个人有某种类似的情况。她认为，当一个焦虑、受迫害的经典人物带着脆弱的自我到达抑郁位时，他会发现其中的痛苦和无法解决的责任，而发展出一种防御组织。她将防御与防御组织区分开，理由是防御组织比单个防御更加固定和病态，单个防御会留下更大的空间来修通焦虑，并向更整合的状态迈进。她描述了病人最初的崩溃，他的精神状态极其不稳定，接近偏执－分裂位的混乱和疯狂；随后他的防御组织恢复了；在分析的第三阶段，他为了倒错的和全能的目的，滥用了这个组织；在第四阶段，他逐步进展到一个较为整合的状态。

里森伯格－马尔科姆在论文《作为防御的赎罪》（*Expiation as a defence*, 1981a）中描述了一个病人倒错性地使用内疚感来显得有责任感和抑郁的，而事实上他却回避了抑郁位的真正责任——这也是这些论文中多次强调的对内部现实的扭曲。

贝蒂·约瑟夫也处理了这个问题，特别是在《濒死成瘾》(*Addiction to near-death*, 1982，本书重刊)中，她描述了自身破坏性和依赖性部分的关系中的成瘾品质和性愉悦。病人激起了绝望、抑郁和对迫害的恐惧，所有这些在某种程度上是真实的，但病人以一种创造受虐情境的方式陷入其中，并试图让他的分析师也陷入其中。她描述了这种受虐成瘾的一种可能的防御性基础。她说，这样的病人无法忍受等待，甚至无法忍受最简单的那种内疚。她认为，在婴儿期，抑郁性痛苦一定是一种折磨，并认为他们试图通过接管对自己施加的痛苦来摆脱这种折磨，把它建成一个倒错的兴奋世界，并阻止持续向抑郁位发展。就像在其他几篇论文中一样，约瑟夫在这篇论文中处理的是她和其他同事所称的"性格倒错"，尽管可能没有明显的性倒错存在。这篇论文也特别重要，因为它将关于病理组织的两股思维联系起来，即自身各部分之间的倒错关系，以及个人在偏执-分裂和抑郁位之间维持着的不稳定的平衡态。

约翰·斯坦纳（1982）给出了一个阐述，更明确地指出了其他几位分析师的观察，即自恋或破坏性组织的恶性程度存在着一种连续性。在斯坦纳的描述中，每个人都有自身的原始破坏性方面和一个健康的自身。在精神病病人中，破坏性自身支配并破坏健康的部分；在正常人心智中，破坏性的自身较少被分裂出去，因此它可以被人格的健康部分所容纳和中和；在边缘和自恋状态下，两者之间存在某种不健康的联系。斯坦纳认为，人格的每一部分都包含好的和坏的方面。这不仅掩盖了较为破坏性部分的破坏性，而且允许一些倒错元素与力比多自身联系在一起，导致在自身的两部分之间的倒错关系中，力比多的、依赖性自身太愿意成为受害者。

在《病理组织与偏执-分裂位和抑郁位之间的相互作用》(*The*

*interplay between pathology organization and the paranoid-schizoid and depressive positions*，1987，本书重刊）中，斯坦纳明确指出，病理组织作为一套防御，不仅针对偏执－分裂位的分裂和混乱，而且针对抑郁位的精神痛苦。虽然在病理组织中使用了偏执－分裂位所特有的原始幻想和心理机制，但斯坦纳认为，当它们采取稳定的防御组织的形式时，会具有某种伪整合性，可以伪装成抑郁位的整合，给人提供相对稳定和避免抑郁痛苦的错觉。同奥肖内西和约瑟夫一样，他强调在这种组织中既有防御性的方面，也有更直接表达死本能的元素。不管是固有的破坏性还是防御性，经常有令人上瘾的、倒错的元素，这些元素强烈抵制变化，并且确实反对任何对心理现实的真正掌握。

因此，很明显，这组克莱因学派分析师一直在朝着同一种概念化的方向发展，显然他们相互影响，但当时并没有特别意识到有一个共同的主题。许多问题仍然存在，也许特别在于，有些时候以及在某些病人中，一个坏客体被感到是人格当中的一个独立实体，而另一些时候以及在另一些病人中，它在一个破坏性的混合体中接管了自我，这个混合体避免了疯狂，却从来不会允许出现任何类似于与抑郁性焦虑的完全接触。比昂的假设是，妒忌是一个关键因素，我提到的所有作者都同意这一点。约瑟夫补充说，对挫折和痛苦的容忍门槛很低。罗森菲尔德发现，无论是过去还是现在，被外部客体剥夺都是一个重要因素（Rosenfeld, 1978a, 1986）。这可能会是许多克莱因学派学者将继续研究的一个课题。

# 第 11 章

# 边缘病人中的分裂现象

亨利·雷伊

本文首次发表于 J. 勒博伊特（J. Le Boit）和 A. 卡波尼（A. Capponi）编辑的《边缘病人心理治疗进展》（*Advance in the Psychotherapy of the Borderline Patient*, New York: Jason Aronson, 1979: 449-484）。

## 生命存在的分裂模式

第二次世界大战之后的这段时间里，心理治疗师和精神分析师所见的或接收转诊的病人种类发生了显著变化。大部分病人似乎都存在着某种人格障碍，而且无法被归入神经症和精神病这两大类里。我们现在知道它们是边缘型、自恋型或分裂型人格组织。这种简化是各种分类尝试的长期过程之结果。

在这篇文章中，我们试图提取人类行为和心理过程的一些方面，这些方面大概构成了我们现在所知道的分裂型或边缘型人格组织的核心。它不仅可以在那些我们将要描述的具有这种人格的人身上找到，而且可以在那些可能会崩溃成精神分裂症、抑郁症或躁狂症的人身上找到，或者，会发现它是具有癔症人格或强迫人格的人的基本人格。通过研究不同状态下的"分裂"特征，我希望能够按照分裂型人格和生命存在的分裂模式的一定纯粹形态来定义它，并与它可能参与构成的其他状态区分开。这些人大概代表了这样一群人，他们的人格组织达到了一种稳定状态，在这种状态下，他们过着极受限的、不正常的情感生活，既不是神经症的，也不是精神病的，而是某种边界状态。

　　精神科医生看到的分裂型或边缘型病人通常是在 20 岁出头。他们的主诉是无法与他人保持联系，他们无法维持任何温暖和稳定的关系。如果他们真的设法建立了一种关系，这种关系很快就会变成强烈的依赖，并导致身份认同的紊乱。他们迅速而短暂地形成对其对象的认同，体验到身份感的丧失，伴随着强烈的焦虑，害怕自身破碎或解体。他们很少建立起牢固的性别身份，在男性化和女性化的体验中摇摆不定。他们不是同性恋，但害怕自己可能是同性恋，他们选择爱的对象或尝试选择爱的对象也是摇摆不定。他们一定要控制、操纵、威胁和贬低他人。他们指责社会和他人的弊病，容易被迫害。这可能与他们对自己的宏大想法有关。事实上，他们的感觉是被相对渺小的或者宏大的幻想所支配。当感到自己渺小、不受保护和处于危险之中而受到威胁时，他们可能用不可控制的愤怒和各种形式的冲动行为来防卫自己。其异常情绪的其他方面反映在他们所抱怨的徒劳感上，这也是他们的典型特征之一。这还反映在他们所患的特殊抑郁上，一种人格解体性质的抑郁，即无聊、无用、缺乏兴趣等，但在真正抑郁的痛苦方面有明显的麻木。与这种死气沉沉相伴的是对刺激物的寻求，以及通过酒精、毒品、大麻、自残、倒错、滥交等手段产生感受性体验。他们的主诉经常包括各种不正常的感受，各种类型的体象（body image）困扰，以及人格解体和现实解体的体验。他们的身体自我并不比他们的人格、自我或自身更有结构性和稳定性。他们的基本困惑和混乱状态经常很明显。

　　他们的工作表现有很大的差异。通常来说，他们来接受治疗时，已经放弃了学业或工作，或者正在从事某种形式的体力劳动或低水平的工作，虽然他们可能已经达到了大学文化标准。不过，如果他们在结构化的情境下工作，工作能力可能会很有限。

在我的个人经验中，两种性别的表现方式有一个区别，有更多的男性响应了我所给出的描述。就女性而言，她们会表现出癔症，癔症的防御机制标志着潜在的人格结构，她们比男性更经常地表现出癔症性行为、付诸行动、癔症性发作，以及明确的幽闭—广场恐惧综合征。

然而，幽闭—广场恐惧综合征对男性女性都是基本的；只是它的某些表现形式不同。正如冈特里普（Guntrip, 1968）所清楚描述的那样，分裂型病人是一个囚犯。他渴望爱，但被阻止去爱，因为他害怕他的爱对他的对象产生破坏性力量。他不敢爱，因为害怕自己会破坏。他发现自己被封闭在两难境地中，被封闭在受限的空间里，只拥有受限的对象和受限的关系。

我打算描述的正是在这种受限状态中发挥作用的那些机制。要治疗这些病人，仅仅依靠移情情境中的善意和支持是不够的。先要对他们的心理过程、幻想和支撑其行为的基本结构有透彻的了解，之后再带有情感地理解。

我将从内在的部分客体和它们的语言——投射性认同开始，因为我们必须从构成分裂型结构的"巴别塔"的某个地方开始。我用这种措辞，实在是因为我们需要理解的这些部分客体的结构在以混乱的语言相互交谈，并以混乱的语言对我们说话，这需要专门的诠释。

在正常的人际关系中，整个自我中的一方面或另一方面，与另一人的自我中的一方面或另一方面相呼应。这是在整合的自我水平上的关系。此外，在正常的行为中，除了爱和恨的某些方面，当我们想要具象化时，自我会利用一些约定俗成的符号及象征，符号是意识层面的，而象征既可能是有意识的也可能是无意识的，然而两者都存在于内在表征的水平上。相比之下，精神分裂症的交流往往发生在"商品"层面，是一种以物易物的协议，在这种协议中，主体感到自己被给予"东西"，被迫接受"东西"，被施加"东西"，等等。

因此，一名病人在几周甚至几个月的时间里拒绝谈论她的亲密感受之后，她说道："你不明白。如果我对你说话，我就打了你，我就用我满肚子的腐烂和发霉的东西毒害了你。"她以前曾模拟过一次自杀，目的是把自己的胃洗干净，把其中的一些内容清除掉。另一名病人说："当你和我说话、问我问题时，你就是在咬我，撕下我的一块肉。我不会再说话了，我不会再听了。"心理语言学家公认的事实是，我们首先认为，母亲的话语被孩子当作母亲的感知部分来体验，就像母亲拥有的其他部分一样。

此外，正常的人或多或少都是以人的角度在思考问题，而不是以放置在容器中某处的客体来思考。与此相反，这正是分裂思维的运作方式。思想是包含在某处并被驱逐到某物或其他人里的物质对象；甚至包含思想的客体本身也被包含在某处。因此，精神分裂症病人最具体地显示了幽闭恐惧症和广场恐惧症的真正问题。在咨询室里，他要坐在门或窗户附近，即便这扇门并不能开大到足以使他逃脱。他感到自己被吞噬，被一个或另一个客体所包围，并感到他对在他体内的那些客体也在做同样的事。

一名精神分裂症病人通过解释他为什么害怕躺在沙发上来说明这一点。他害怕被沙发吞没，而且由于身高太高，他的脚只能搭在沙发上，他担心父亲会看到他的腿伸出去，并把它们砍掉。在他的无意识幻想中，他无法区分沙发和他的母亲，他觉得自己被困在母亲体内，只有脚露了出来。这就是具象的思维，在这里观念等同于客体，而且这些观念—客体总是被自己包含或含有自己。

我们现在必须考虑这些客体的特点以及它们被置换时的命运。这将引导我们去研究部分客体的概念以及分裂和否定的概念。值得注意的是，在弗洛伊德思想中越来越重要的这些观念，仍然没有被古典精神分析的信徒们使用，或者说几乎没有被用到。引用拉普朗什和庞泰利斯（Laplanche & Pontalis, 1967）的话："值得注意的是，正是在精神病领域——布鲁勒（Bleuler）也从一个不同的理论立场谈到分裂（*Spaltung*）的领域——弗洛伊德觉得有必要形成某种自我分裂的概念。在我们看来，尽管没有多少精神分析师采用这一概念，但它值得在此加以概述；它的优点是强调了一种典型的现象，虽然它没有提供一个完全令人满意的解释"（p. 429）。类似的评论也适用于部分客体和否认的概念，因为这些概念是相互依存的。我认为有必要在病态的部分客体和正常的部分客体之间做出重要区分，后者构成的那个客体部分能够被组合成整体客体，仅在这种意义下它才是部分客体。因此，只有在相较于由各个部分整合而成的整个母亲时，母亲的乳房才是部分客体，并在婴儿的幻想中像一个被赋予行动、爱和恨的能力的客体一样发挥作用。

分裂在正常发展中也起着一定的作用，例如，客体和主体的好坏方面的分裂，以及一个客体与其他客体的分裂。但精神分裂症病人的表现是不同的。受支配于迫害性焦虑和对自我灾难性解体的恐惧，即从生命之初就产生的原始和基本焦虑，病人开始反复和密集地使用分裂来摆脱自己坏的部分，导致客体和自我的分裂。自我的碎片化部分、内部客体的碎片化部分以及属于这些碎片的冲动和焦虑被投射进了他的客体，这些客体通过投射性认同获得了自我这些分裂的、现在被投射和否认的方面。这些客体成为迫害者，被内射，却无法被同化，反过来又被投射到外部客体（甚至是心理内在关系中的内部客体），恶性循环继续。这些客体，其中一些被比昂称为怪异客体，不仅在精神分裂症病人的思维中，而且在分裂型病人的思维中也是重要的元素。这些过程并不仅仅适用于客体或自身坏的方面。出于对毁灭的恐惧，客体或自身好的部分也被分裂了出去，并以同样的方式投射到客体中，这些客体在容纳它们时被期望去照顾、保存和保护它们。

在心理治疗的过程中，分裂型病人把好的部分投射到治疗师身上，以便保存它们，就像把它们存入银行一样，如果他找不到他的治疗师，他就会变得很疯狂，因为失去治疗师意味着自身和客体的一些要素丧失了。此外，由于分裂型病人的修复活动是基于具象的补偿，就仿佛用砖头重建房子一样，放置在治疗师那里的砖头的丧失使重建成为不可能。在我看来，这就是分裂型病人拒绝与治疗师形成普通移情关系的根本原因之一。除非人们能够诠释这种不信任，这种不信任从根本上说是合理的，而且治疗师需要理解这种不信任，否则就极难获得分裂型病人的信任。在这些内在分裂的同时，治疗师也被分裂成好的和坏的客体，移情关系不断变化，并在很长一段时间内持续不稳定和支离破碎，不仅每天都在变化，而且在会谈期间每分钟都在变化。

我在医院治疗过一名年轻的精神分裂症病人，她就是这样，要么把我看作不能失去的客体，她不能与这一客体分离，想永远依附于这个客体，要么在转瞬间就把我看作她大力攻击的客体，以至于我不得不用武力保护自己。有一天，她以一种惊人的方式演示了从神经症性移情到精神病性移情的变化：她以合情合理的和与现实保持着接触的方式跟我谈论她在家里的生活，然后突然，她以惊人的速度走到门口，用刺眼的目光和因激动而颤抖的声音说:"在我面前趴下，服从我。你知道，这么多年你是怎样虐待我母亲和我的，你犯下了那些残忍和折磨人的罪行。当你在凌晨三点来到我的房间时……"

外部现实已经消失，只剩下心理现实。父亲的形象和我的形象已经成为一体。通过投射性认同，我已成为她的父亲，带着他的特征，那些特征部分是真实的，部分是由病人通过同样的投射性认同过程归结到他身上的。五分钟仿佛五个世纪一样漫长，这五分钟结束时，我正在纳闷接着会发生什么，她变得平静了，并恢复了或多或少的正常对话。但她仍然不信任，紧靠着门，好像她很可能在等待那些被她称为"他们"的"可怕的人"回来，他们会来把她带走，送给地狱般的命运。她不能和我

## 第 11 章 边缘病人中的分裂现象

做朋友,因为"他们"会生气并惩罚她。最好是与"他们"保持良好的关系。她问是否可以杀了我,好让"他们"相信她不爱我。同时,失去我的想法是无法忍受的;在她给我的车胎放气,以令我在事故中丧生后,她躲起来看着我,又追着我警告说,如果我上了车,就会有很大的危险,但不告诉我原因。

与客体分离的恐惧,以及渗透到客体中并与之融合成原始统一体的愿望,可能都太强烈,以至于超越了人类的理解。

一名偏执和受迫害的病人就是这样,多年来不停地抱怨,满是愤怒和绝望的恶毒责备,因为我在用诠释引诱她并使她相信她是被爱的之后却不爱她。她找到了我想折磨她的证据,因为我没有让她在身体上渗透到我的身体里并与我融合。在这个问题上,她完全失去了与现实的联系,坚持认为这种融合是可能的。她经常责备我,说我不同意她的话,这便是我拒绝她的一个证据,这使得分析几乎不可能进行。这产生了两个人,而不是一个人,我成了一个怪物,至少当时她憎恨这个怪物。

从我刚才所说的可以看出,分裂型病人的身份问题是一个重大问题。获得稳定的自我会遇到巨大的困难,这是错误的内射性认同的结果,其中有迫害的感觉,以及对可能会变得极为暴力的客体的恐惧,因为这个客体是由强烈的破坏、妒忌和贪得无厌的冲动的投射所产生的。分裂型病人既不是异性恋也不是同性恋,甚至不是双性恋。因为他们的认同既取决于未被同化的内部客体,也取决于他们身处其中的外部客体,因此这种认同取决于客体的状态,并随客体的变化而变化,随其身份和行为的变化而变化。他们有一个外部的壳或甲壳,但没有脊椎骨。他们像寄生虫一样生活在可能是借来或偷来的壳里,这就产生了一种不安全感。

一名极度分裂型的年轻人就是这样,他在治疗期间经历了崩溃,被除我之外的所有精神病医生诊断为完全精神分裂症,他会在晚上给自己穿上伦敦商人的典型服装。他会在凌晨三点进入父母的卧室,叫醒他们并对父亲说:"我现在是你希望我成为的那个人吗?"此前几年,他一直穿母亲的衣服来打扮自己。他接受治疗的那个心理治疗小组设法让他面对自己的缺乏主动性和没有离开家去工作的问题,在小组的压力下,他决定成为一个男人。

有一天,一些工人碰巧在他家门口修路。他在一个瓶子里撒了尿,并把瓶子放在前门,以示蔑视;他看着镜子里的自己,将头发梳成威灵顿风格,然后以军人的方式在院子里行走。邻居在他们房子之间的篱笆上晾着一些衣服,他拿起邻居刚洗的一些衣服,扔进对方的花园。他要工人们告诉他是谁允许他们在那里的,然后就回到自己家里。由于当天对工人来说是特殊的日子,于是他唱了一首反对工人的歌曲。他相信自己身处危险中,工人会攻击他。此外,英国广播公司会开始谈论他,爱尔兰叛军会来抓他。他已经变得很重要,却受到迫害,他的同性被动性和女性认同感作为一种被动防御进入了冲突。最后,为了分离自己,为了消除对父母的认同,他变得暴躁、敌对和具有攻击性。他们没法照顾他了,他被送入医院成为住院病人。

在与我的个体会谈中,他坐在地板上,从较低的位置仰视我,以示尊重,就像一个婴儿。他说,如果他躺下或坐下,他就会像婴儿一样,无法了解自己与周围事物的关系。后来他变得纠结于自己人格的多个方面:他不再知道自己是由父母的哪些部分组成的,每一块都有一个国籍:他的父亲是英国人,他的母亲是德国、波兰混血,现在住在英国。每一块"碎片"都有一个特殊的、独立的特征。他的父亲是一名教授,除此之外由于家庭传统的缘故他还是一名军人,但又是一名和平主义者;他兼属上层社会和下层社会,保守派和革新派,等等。他开始相信自己的母亲是犹太人。他给每一块"碎片"都赋予了国籍:他有一块"碎片"是普鲁士人,非常刻板;一块"碎片"是英国人;一块"碎片"是波兰人;等等。他想成为一个犹太人,不久之后他又不想了。他先是钦佩他们，然后批评他们。最后，他向我解释了想成为犹太人的原因：因为犹太人被打碎、驱逐、迫害、剥夺，生活在不同语言和民族的巴别塔中，却通过犹太人这一事实找到了他们的统一性和自己的身份，而这一事实可以超越并将所有碎片团结成一个整体。

他对客体的整合功能进行了多么奇妙的无意识描述啊！他不得不经历这种分裂型退行，各个部分以错误的方式组合起来以便分离出各种元素并重建庞大体系。这个例子清楚地演示了自我整合对精神分裂症病人或分裂型病人提出的难题。

## 精神分裂症性崩溃

我曾经治疗过一名年轻的精神分裂症病人，她的态度类似于紧张症，有着非常有趣的仪式，她四肢的姿势或脸部的表情总是被相反的姿势或表情消减，后者会控制和撤销前者。我最终明白，这些姿势要么是性的，要么是攻击性的，都需要加以控制。在她父亲去世后，她采取了典型的紧张性姿势，并说她不能动，因为她会与被封闭在体内的父亲发生碰撞。

后来，我在与其他病人的交谈中逐渐了解到，不动的反面可以在阵发性运动中看到，如癫痫发作时的运动，与此相反，它导致内在内容投射到外面，在那里它们可以被攻击和破坏。然后我开始理解分裂型病人的极端精神僵化，他必须控制所有的客体，包括内部和外部的。他对性迫害和破坏性冲动的焦虑是如此之大，以至于不能允许客体有任何自主权。对支离破碎的恐惧达到了灾难性的程度。

有一名分裂型病人就是这样，他无法改变生活和态度，他永远不能住在家以外的任何地方，如果搬家，他必须原样带走房间的样子，包括所有家具和东西，什么都不能变。

### 转化、表征和象征化

关于分裂型病人，要考虑的第二个事实是将感官或感觉运动经验转化为表征、图像、象征和符号以及记忆所必需的精神装置，这种转化对于维持普通人际关系和构建能思考的正常精神装置都是至关重要的。

我们已经看到，分裂型病人的思维要素具有具象性特征，弗洛伊德本人将其描述为系统无意识的基本特质之一，也就是事物表征而不是言语表征。这种转换功能的缺陷似乎是分裂型病人的基本缺陷。但同时我们知道，分裂型病人在很多情况下有能力发挥巨大的智慧，即便他把人当作事物，并以这种方式消除了对他来说是危险和迫害的情感。分裂型的私人关系和高度发展的智力共存，这只能用自我的分裂来解释，这种分裂导致了部分自我的出现，这种部分自我是智力发达的和高度发展的，如皮亚杰或哈特曼所描述的那样，而另一部分自我的发展则被阻滞在分裂阶段，在那里抑郁位还没有得到修通。

在对分裂型病人进行心理治疗的过程中，治疗的进展取决于能否解除这种分裂型结构，能否允许对怪异客体和感官体验进行正常的符号化，也就是说，使其他交流方式成为可能。有时候，在不发生灾难性反应的情况下，也就是说在自我的凝聚部分不解体的情况下，是有可能达到这一目的的。另一些情况下，这是不可能的，病人需要经历一次显而易见的精神分裂症发作。对某些人来说，这是一件好事，因为这是回到正常和非正常发展之间的分界点的唯一途径，在那里，已瘫痪了的、以前被奴役和严格控制的情感状态会重新继续成长。我相信没有人能够预测，如果这种情况发生，病人是会成为慢性精神分裂症病人，还是会向新的领域前进。

同样的情况也适用于临床上处于明显的精神分裂状态的分裂症病人：他是否有恢复发展的潜力？这主要取决于其精神装置的符号转换能力，

以及在抑郁位方面所达到的阶段。事实上，有这样一群病人，对他们来说，精神分裂状态是一种退行，构成了对抑郁状态痛苦和折磨的防御；相比那些真正的精神分裂症病人，也就是从未达到抑郁状态的病人，这些病人有更好的前景。在临床上，病人在精神分裂症和抑郁症之间摇摆不定的"分裂情感"状态也是人们熟知的，这些病例在心理治疗中也有更有利的结果。我们也知道有些病例在没有治疗的情况下，从精神分裂症转为抑郁症，或在病程上反过来。

在那些研究精神装置中的转换和表征功能的人中，比昂（1965）的工作特别突出，意义重大。我想举一个缺陷转化的例子。比昂说："在精神分析理论中，病人或分析师的表达是对情感体验的表征。如果我们能够理解表征的过程，这将有助于我们理解表征和被表征的东西。"

一名病人告诉我以下这个梦：

"我在和朋友一起吃饭，然后我从桌边站起来。我很渴，开始喝水。我意识到我嘴里的瓶子有一个像奶瓶一样的脖子；没有奶嘴，但我想我能感觉到通常固定奶嘴的凸缘。当我想到这一点时，我开始更清楚地看到这个瓶子。我把它放在面前，看到它有着奶瓶的形状。在瓶子里我看到了水。水位下降，气泡穿过液体，正因为如此，我意识到有些水已经成为我的一部分；但我感觉不到这个成为我一部分的东西。我很焦虑，因为我既不能理解也不能感觉到水从与我分离的状态变成了我的一个亲密的部分。当我这样想时，瓶子变大了。那一刻，我看到在瓶子朝向我的那个内侧，表面上刻着凸起的字，这些字是关于如何给婴儿断奶的说明。"

在这个梦中，主体没能将水从身体外部到内部的运动经验转化为表征和记忆形式的良好经验。他没有参与到这个体验中。他不明白发生了什么；他告诉我们，他缺乏变化的经验。这只能在口中得到体验，在嘴里水的存在产生一种感觉，这种感觉是发生转化工作所需要的。经验的一部分缺失了；就好像他是通过管子被喂养的。但他告诉我们他缺少的是什么，是乳头，是断奶的经验，是从母亲身上吸吮的经验。他自己拿着瓶子，给自己喝。乳头无疑代表了母亲的乳房和母亲的存在，母亲的身体接触对于认识和记录这种经历是绝对必要的。看来，没有好客体的情况下，同化的一部分工作没有发生。

**补偿**

在分裂阶段的结构性机制及其防御机制之外，我还想提出分裂型精神状态的一个基本方面。这就是支配分裂型病人全部行为的"复仇法则"和缺乏补偿（reparation）能力的问题。正是这种复仇法则，通过其在分裂型病人身上难以置信的力量，不仅对发育不良的心理结构负有责任，还带来人性的缺乏。我所说的复仇法则是指："以眼还眼，以牙还牙"；"罪有应得"；"如果我偷了东西，我的手将被砍掉；如果我犯了罪，我将受到惩罚；你偷了东西，我将砍掉你的手"；等等。没有宽恕，没有怜悯，没有补偿。只有《旧约》中的先知们所宣扬的可怕的复仇和愤怒。

在分裂状态下的补偿也服从反向复仇的法则。就像我已经描述过的一切，它必须是具象的。我把这称为修复（repair），以区别于补偿。我们也许可以称它为重建（reconstruction），与补偿形成对比。重建与弗洛伊德关注的恢复（restitution）有一些共同之处。而补偿是弗洛伊德所不知道的概念，在梅兰妮·克莱因的工作中起着基本的作用。甚至弗洛伊德关于恢复的想法也仍然是粗略的，远非完整，正如他关于分裂和否定的想法一样。几乎所有的分析师都没有接受在1920年后出现在弗洛伊德作品中的根本性的新主题，在这个主题中，生本能作为一种建设性的力量与死本能作为一种瓦解的本能形成了对比。人们为文字争论不休，却忘记了分析是以观察为基础的。对分裂型人格结构的研究使我们回到了一位大师对分裂、投射和否认的观察，而他极端保守的弟子们已经把这些观察埋没了。在重建或修复中，婴儿期的全能性被保留下来，并试图重建被破坏的那部分。相比之下，补偿并不是也不可能是一种全能的行为。

### 躁狂防御

我们现在将考虑躁狂状态的作用。一方面，它的作用是抵御解体的焦虑和分裂迫害，另一方面是抵御抑郁状态的痛苦。在躁狂的临床综合征中，人们可以从精神病学的角度观察到这一点，也可以视为心理治疗期间的一种潜在心理动力学状态。我们一定不要忘记，躁狂状态可以代表着正常的成熟和补偿阶段的夸张。在躁狂状态或躁狂防御中，我们不再关注母亲的乳房，而是关注阴茎。我认为，在所有的抑郁状态中，与主体有关系的客体是母亲的乳房，它也包含着或象征性地代表了母亲的乳房，作为部分客体，它代表了被摧毁、被掏空、被毒害的母亲，因此处于抑郁状态；主体觉得这是他的错，开始与这个抑郁的客体相认同，因而使他自己也抑郁了。

躁狂状态的客体是阴茎，主体需要它来完成补偿任务：通过它，他可以重新获得被摧毁的客体，或者是通过认同获得直接的替代品，或者通过重新创造母亲的内容物，也就是说，通过填充她空虚的乳房使她怀孕，等等。母亲客体越是被主体的攻击所摧毁，阴茎就越是必须变得无所不能，而主体通过认同也变得无所不能。客体的受毁状态以这种方式被否认了。这里不会有适当的补偿，在躁狂期过后，病人又回到他的抑郁或分裂情感状态，处于他以前已达到的成熟水平。

一名非常分裂的病人梦见他的鼻子上平衡地放着一根长杆，这根长杆直达天空，末端平衡地放着一个婴儿。当他醒来时，他对自己说："这个该死的阴茎毫无用处，它太大了，没有用。"在沙发上，我前面提到的那个病人把他的整个身体都认作阳具，他感到自己的身体在扩大，并被宏伟的妄想所侵袭。

在躁狂状态下，我们有一个假阴茎，它什么也不修复；它的作用是否认被破坏客体的真实性，并将自己呈现为普遍试用的替代品，这导致形成一个虚假的自我。同时，攻击性冲动继续破坏客体。

躁狂反应实际上可以代表一个正常发展阶段的病态偏离。我认为，当自我那些分离的碎片重新结合时，无论是像马赛克一样拼接还是以融合的形式，都是在阴茎的幻觉作用下完成的。这一方面是通过对阴茎的认同来实现的，采用了它的特征和功能，另一方面是因为，尽管它是一个部分客体，但正如我们所解释的那样，它通常作为整体客体——父亲的代表而发挥作用，并与代表母亲的部分客体——母亲的乳房建立关系。我们在这里有两个性别的性特征的原型和它们之间关系的原型。在这个模型中，阴茎作为创造者通过繁殖进行整合和修复的作用变得很清楚。

另一方面，在躁狂状态下，对勃起的阴茎无限量的宏伟面存在着部分认同。这方面的表现是全能的、蔑视性的，也是迫害性的。在分裂型病人中，它总是以一种潜在的形式存在，当在临床上看到偏执状态下的宏大妄想或躁狂抑郁症病人的抑郁特征时，它也演示了阳具的宏大在这些情况下的作用。

前面提到的那名病人，他觉得自己在身体和精神上都有不同程度的变化，他解释说，当他体验到体内有一根从肛门延伸到嘴里的硬柱、可以抵御一切攻击时，他第一次觉得自己有一个永久的人格。后来，他在宏大状态下认同了耶稣基督，留起了胡须，并做了木匠，设计了宗教装饰纹样，还想在教堂里讲道。

## 抑郁位

在此不可能深入讨论抑郁状态的发展机制了，尽管这构成了治疗的重要阶段。这方面的工作已经写了很多，我想集中讨论分裂状态。我们只需记住，在这个过程中，破坏性冲动失去了它们的强度，而爱的冲动则发挥了根本作用。自我好的和坏的部分以及客体好的和坏的部分逐渐结合成整体，复仇法则失去了它的威力。原始的同情心开始取代生命之初特有的完全自我中心主义。客体获得了自己的生命，而主体则成为一个与之有联结的客体，就像其他客体一样。

## 从分裂状态到精神分裂症的变化

这些发展阶段属于前言语期。弗洛伊德没有将它们视为两段发展，而是提出我们在这里需要理解一种三阶段的演变：首先是一个古老的前言语阶段和一个古老的言语阶段，其中的区别可以被认为是本体发生重复系统发育的一个例子，然后，在6岁、7岁或8岁之后，是一个外部现实占主导地位的阶段。我认为，非言语模式为言语思维提供了一种结构，而言语思维又反过来影响着预先存在的非言语模式。这种相互关系揭示，当一个分裂型病人变成精神分裂症时，言语思维将会出现怎样的紊乱。当从分裂状态到精神分裂症状态变化时，要界定发生了什么并不容易。我对分裂的语言和结构了解得越多，就越觉得这种区分很困难。

从古典精神病学的角度来看，这很简单：是否有妄想或幻觉？如果有，就是精神分裂症；如果没有，就不是。但事实上，当一个人不仅沿时间线纵向工作，而且像精神分析师那样深入工作时，情况会完全不同。如果我们将分裂型病人的材料与一名完全发作的精神分裂症病人的妄想观念进行比较，我们就可以看到这一点。

让我们举一个极端的例子，一名有过四次精神分裂症发作的病人，每次都表现出不同的临床症状。在慢性精神分裂症—紧张症（hebephrenic-catatonic）状态下，刚开始时，他对宇宙和星星有强烈的兴趣，觉得自己在与地外宇宙交流。作为证明，他从公文包里拿出一些椭圆形和圆形的象牙色小纸片，并很有把握地跟我说，显而易见它们是从外星来的。他后来承认，虽然一开始他坚信这一点，但后来意识到，自己只是从某个地方收集了这些纸片。

我们在这里看到一些分裂机制的相互作用。首先，他非常强烈地怀有自己无所不能地参与宇宙的愿望。为了实现这个愿望但不变得疯狂，他必须避免破坏外部现实，而是试着改造它。通过外部的物理证明，他可以加强愿望的内在精神现实。为此，他通过投射性认同的幻想转化了这些纸片，并以这种方式获得了其经验的正式证明。因此，他决定不完全放弃外部现实，而是通过一个分裂的过程，通过全能的愿望和投射性的创造来夸张地改变它。

在选择精确适合他们投射的客体方面，一些分裂型病人已不仅是艺术大师水平，也就是说，这些客体本身的特征与他们的投射如此相似，以至于在客体和所投射的幻想之间做出区分变得非常困难。

在我看来，精神分裂症病人更极端，不理睬外部现实的存在，而是宣扬并以妄想的方式相信他所希望的任何东西，他已经倒退到一个非常原始、幼稚的阶段，在这个阶段，心理现实和外部现实之间的区别几乎不存在，也基本与他无关。只有一个现实，即内在幻想世界的现实。在分裂型的世界里，我们会看到我刚才描述的那种病态过程中存在着各种等级的异常态。

# 第11章 边缘病人中的分裂现象

## 边缘状态上的时空连续体和置换

现在,我们将尝试从空间和时间组织的角度来研究之前描述的临床观察,就像在任何其他知识分支一样。皮亚杰派的观察、观点和构架已得到广泛使用,既有外显的也有内隐的方式,但绝不是排他的。这项工作的主要来源是,治疗期间的临床观察、精神分析心理治疗的督导以及对信息的诠释。我之所以使用皮亚杰,只是因为精神分析从来没有像他和他的学生那样研究过外部现实的结构,以及空间、置换和时间的结构。

在治疗病人的过程中,特别是治疗幽闭恐惧症和广场恐惧症病人的过程中,对我来说越来越明显的是,空间中客体的基本组织(包括病人自己)是观察到的行为模式的基础。幽闭恐惧症和广场恐惧症病人所经历的各种身体和精神状况都很可能是指一种原始状况,而所有其他次生状况都是其替代品和象征。

幽闭恐惧症病人害怕身处于一个封闭的环境中,他们会产生极度的焦虑或恐慌,并想离开。这个"环境"可能是一个房间、一次堵车、一段婚姻。当他们没有被容纳在什么里时,他们就会成为广场恐惧症病人,并产生焦虑或恐慌。因此,他们可能会被关在家里,或者只能从安全的地方独自走一定距离就不能再走了,或者必须有人陪同。这些情况的表现是众所周知的。然而,当我观察到这种状况确实是分裂状态和精神分裂症的一种基本状况时,我才意识到它有非常重要的意义。我所说的基本状况是指,每当在动力学治疗的背景下看到分裂型和精神分裂症病人时,他们都揭示了幽闭—广场恐惧症的基本恐惧,在用纯粹的现象学精神病学方法评估他们的行为时,这些恐惧丝毫不显眼。从本体发生学来讲,分裂状态的精神和情感障碍是人类早期、原始和基本组织上的障碍。正是皮亚杰赋予空间的早期结构化以重要性,才引导我尝试从空间、运动和时间的早期组织方面来解释分裂型的生存方式。

### 婴儿及其世界的空间发展

胎儿起初被容纳于子宫内，而子宫本身又被容纳于母亲体内。它被相对剥夺了运动和移位的自由，尽管可以有一定程度的运动。另一方面，它跟着母亲一起在母亲的外部空间中移动。出生后，可以说母亲通过照顾、喂养、温暖支持等，一定程度上为婴儿重新创造了这种子宫状态。虽然仍然受到限制，但婴儿的个人空间允许他比在子宫里有更大的自由。它可以被称为有袋动物的空间。婴儿现在在母亲的空间里活动，但只在母亲的那部分空间里活动，这是他的个人空间。随着他的成长，他的个人空间不断增加，直到与母亲的空间重合。如果母亲是正常的，比方说没有幽闭—广场恐惧症，那么该空间将与普通空间重合，在那里主体将是众多客体中的一个客体。在这个过程中，主体内在的空间同时形成，在其中精神内在的客体活在精神内在的关系里。它们一开始以非常具体的方式被体验着，例如，作为感觉或精细复杂的知觉，后来甚至会更为精细复杂，成为某种非常复杂的本质的表征。

看上去每个人都拥有某种持续存在的外部个人空间，有点像动物行为学中的领地概念，在其中我们的客体关系与普通空间中的客体关系有些不同。然而，正如皮亚杰所指出和描述的那样，空间不是牛顿式的绝对空间，时间也不是绝对的时间；它们都是构建物。婴儿和儿童必须建构他们的客体和他们的空间，空间即客体间的相对位置，就像在爱因斯坦模型中的一样。

那么，我们的想法是看看这些早期建构的某些方面和阶段，以及它们作为分裂模式的基础结构是如何出现的，是未进化的还是被扭曲的。纯粹的皮亚杰方法不能令人满意，因为尽管情绪、情感和驱力被当作了认知结构的内在组成部分，却没有被如此讨论。因此，我将提出自己的有关精神分析的和受皮亚杰启发的阐述。

那些客体，被成年人熟悉地视为独立整体来对待，但对于婴儿来说，当然不是这样体验的，儿童得"构建"它们，通过皮亚杰所描述的动作图式（schemas）将各部分联系起来，也就是说，通过主体对客体的内化行动。皮亚杰说，儿童"以实践图式的形式"协调"它们之间的行动，这是一种感觉运动的前概念，其特点是在相同客体面前重复相同行动的可能性，或在类似的其他客体面前归纳出它。"

对皮亚杰来说，更复杂的图式不仅仅是以前孤立元素的联合或综合。因此他在谈到感觉运动模式时写道："它是一个明确的、封闭的运动和知觉系统。实际上，图式呈现出双重特点：一是结构化（从而将自己构成为感知或理解的领域），二是事先将自己组成整体，而不是由先前孤立元素之间的联合或综合产生"（Battro, 1973）。对皮亚杰来说，"感觉运动图式并不简单等于我们有时所说的模式，也就是说，它们有进一步的概括能力和同化能力"（Battro, 1973）。

至于与人相关的图式，他说，"它们既是认知的又是情感的。在人的领域，情感因素也许更重要，在物的领域，认知因素更重要，但这只是程度问题。"因此，他说"情感图式"只是指图式的情感方面，图式除此以外也是智力性的。

因此，总结起来，对皮亚杰来说，行动在一开始就是所有生活表现的源泉。它先于思维，控制着感知和感觉，正是通过主体对其客体的行动组合过程，以及这些动作图式的内化，才产生了思维的前身。因此，婴儿把他的拇指放进嘴里，再把这个动作扩展到拇指之外的其他客体上，然后通过使用棍子或一些类似客体来扩展他手臂的范围，以获得他将带进嘴里或其他地方的那些客体，从而让这个动作更为精细复杂。

我不知道除了结构理论本身之外，是否有别人对弗洛伊德著作中的这种思维方式进行过研究。但值得注意的是，例如在案例"鼠人"中，弗洛伊德不断提到心理结构。事实上，第二部分的标题是"强迫性结构的一些一般特征"（Freud, 1909）。他说，"强迫性结构可以对应于每一种心理行为"（p. 221）。他写道：

"在这种疾病（强迫性神经症）中，压抑不是通过失忆的方式发生的，而是通过情感抽离所带来的因果关系切断而发生。这些被压抑的联系似乎以某种影子的形式存在（我在其他地方把它比作一种灵魂般的感知），因此它们通过一种投射过程被转移到外部世界，在那里它们见证了被从意识中抹去的东西。"

这是任何结构主义者都想要的那种对精神结构所形成的优秀定义。

因此，对于客体关系精神分析师来说，在成年人的行为中存在着正常或病态的原始客体关系或图式，它们支配着行为的各个方面。这些原始的内化客体关系中，有些可能一直没有被整合，并自主地发挥作用。部分客体心理学或者关于部分客体、部分主体、部分状态等的心理学，都涉及客体关系起源学发展方面的研究。

婴儿的需要表现为渴望得到满足，毫无疑问，婴儿从这里开始就希望他的一部分内源性空间，也就是自体的前身，成为他生存和成长所需要的满足性客体。婴儿对客体在其空间（即早期的自我或自体）中的出现和消失的早期发现，将促使他以唯一有能力做的方式，即具象的方式，把好客体当成自己或自己的一部分好空间来渴求。婴儿无法总是把客体留在他的空间中（即内在空间和个人空间），这种挫折感会让他愈发渴望客体成为自己的所有物。如果这种欲望的增长和对确保这种客体的需要有很高的强度，就会成为贪婪。由于没能占有想要的满足性客体而产生的挫折感、愤怒、焦虑，将导致另一欲望，即想要将这些被渴求的客体从那个正包含着它的空间夺走的欲望，因为包含客体的那个别的空间现在处于无痛苦或快乐的状态，这也是婴儿以前经历过的状态。这种愿望

## 第11章 边缘病人中的分裂现象

不仅是为了占有客体,而且是为了剥夺其他空间,就像他自己受到了剥夺一样。这就是妒忌。

此外,婴儿被留在自身空间里等待满足物时,将不得不用自身空间来代替那些客体,例如身体的一部分或玩具等。因此,他将以拇指、排泄物或生殖器作为空间的一部分来代替乳房—母亲的位置。这些东西可能被证明有助于等待外部乳房—母亲的出现,从而暂时缓解未得到满足后的焦虑或挫折感。不满足可能会驱使婴儿惩罚那个非自身空间,把挫折性客体(例如粪便)放入其中而取代好乳房,或把它变成一个坏客体。然而,那些被放入非自身空间的自身空间部分仍然被认为是自身空间的某种部分,一种特殊的纽带在自身空间和非自身空间之间通过从中移入或移出而形成,即通过内射和投射。这种纽带使早期客体关系具有一种占有的性质,以及在客体之间认同的性质,而这正是内射性认同和投射性认同过程的根源所在。当这个过程涉及为满足需要和交流的目的而取代客体时,它绝不是异常的。

然而,正是它的持续存在和扭曲引起了分裂型体验方式的大量典型特征。它创造了活在客体中的感觉,因为自身的一部分就在客体中;它创造了永远不让客体远离自己控制的需要;它创造了一种即将到来的毁灭感,因为如果失去客体,可能会失去自身的一部分。如果自身投射的或被移位的部分被确信具有妒忌、贪婪和破坏性的冲动,它就会导致被迫害感,并造成无数其他的分裂型表现。

现在必须从我们的时空模型出发,对分裂型表现进行系统检查,同时用实例来说明。首先,我将尝试说明人们必须如何将幽闭—广场恐惧症从一种特殊的综合征扩展到人格的基本普遍组织。一位有幽闭恐惧症的妇女来见我以进行心理治疗评估。她说,她害怕如果出去,就会有可怕的事情发生在她身上。她坚持说不知道那是什么。我指出,只有两种可能性,要么她会对别人做什么,要么别人会对她做什么。她犹豫了很久之后说:"我担心我会做一些疯狂的事情。"又是一段犹豫之后,她说:"我会大喊大叫,人们会认为我疯了。"我说:"喊叫是从你里面发出来的东西,还会有什么东西从你里面出来?"她变得非常紧张,过了一会儿,她请求我允许她离开。我说,当然了,如果她那么渴望离开,就可以离开,但另一方面,如果她能有勇气说出是什么思想让她那么不舒服,以至于想离开,这样可能会省去她几个月的时间而无须治疗,也不必痛苦。她鼓起勇气说道:"尿和粪。"我不说面谈中的其他内容了。这是以各种形式发生着的常规情况。我将以图式的方式来表达对我的病人和别人治疗的病人的多年研究结果。

人们注意到,病人想从可能会接触到威胁性客体的空间中移开。她想离开这个房间。然而我们也知道,恐惧症病人会避免某些处境,例如,在公共场合吃饭;他们不会去餐馆,或电影院,或商店。他们限制自己的外部空间,直至把自己关在家里。重要的是要了解他们撤退至的最终空间在无意识中对应的是什么。

在这种情况下,外部世界或外部空间通过投射性认同转化为主体自己的身体或内在空间,与母亲的内在空间相认同,因此走进和走出房间就是走进和走出房间所代表的那些事物——终极而言就是母亲的身体。出生经验的原始印记状态持续存在于该早期经验的转化和表征的等级中。固定在头脑中的不一定是原始的出生经验,而是属于空间建构等级的某种原始的相似状态的经验,比如前面描述的有袋动物空间。当有东西从身体里出来,如喊叫、尿液、粪便、精液、唾液、呕吐物,它就会触发"从里面出来"这个系统,并产生附带的影响。所涉及的机制是通过投射性认同,主体与他自己身体的内容认同,以及他自己的身体与母亲身体内容物的投射性认同。他就是这样体验到自己从母亲身体里出来的。

正如我所说,原始的情绪体验,即情感,在自身和非自身空间的结构化中一直非常重要。于是,包括主体自己在内的任何类型的客体从自

## 第11章 边缘病人中的分裂现象

身空间到非自身空间或反方向的位移都是以一种原始的方式来体验的。在某些情况下，空间被体验为曾经在人格的一部分中被体验到，并和其他部分是分离的，这种体验空间的方式持续存在着。与这种状态相关的惊恐以及身体上的极度痛苦和感官感觉，是当自我还基本上是身体自我时的那种体验的持续。成人自身中分裂出来的古老部分开始活动，接管并麻痹了更多的成人自我，自此，在应对危险时成人方法就不再可用了。

然而，当我理解这是与精神分裂症病人的基本状态相同的体验时，我意识到其下潜藏的基本结构，例如，他们因害怕融合而消失在沙发上，所以难以躺在沙发上，并且突如其来地对母亲表达同一种的恐惧；或者，他们难以与我一起待在房间里，除非他们能靠近门或窗户，甚至窗上有铁栅栏也不要紧；或者，有一个人的情况是，在万米高空的飞机上，必须在飞机门边才能避免恐慌。当然，正如我所说的，不仅是母亲，还有为取代母亲的内在空间而构建的早期空间结构，都充满了原始的情感体验。

由于这些空间是由客体和它们的置换构成的，所以这些空间中的客体是令人满意的或令人不满意的、迫害性的或保护性的、好的或坏的。这里有两名典型分裂型病人的两个梦。一个梦是，病人在母亲体内相当快乐。然后，他感到他想探索外面。他走了出来，开始获得性方面的享受，还做了一些攻击性的事情。随后，他变得焦虑起来，因为他觉得有些人很可能生他的气，而且他在外面敞开、不受保护的地方。于是他回到了母亲里面。不幸的是，他意识到这里并没有更安全，因为他可以在里面对母亲做一些事情，这同样会使他陷入危险。

另一名分裂型的年轻人梦见他住在一个类似隧道的建筑物里，他在隧道里乘坐一种手推车移动。每隔一段时间就有一个开口，他可以从开口里看到外面的世界。有时手推车会停下来，他会下车与这个外在世界混在一起，特别是为了性的目的。然后他会回来，继续过里面的生活。

然而有一天，他突然想到隧道可能关闭，他将永远被封闭在里面，他感到惊慌失措，非常急切地想出去。幽闭—广场恐惧症病人无处可去。

下面这名病人举了一个例子说明从一个容纳性空间里出来和有东西从身体里出来，以及它们如何由一种常见经历联系在一起。他是我见过的最严重的幽闭—广场恐惧症病人。他梦见自己排出了一条近百米长的大便，而这个大便仍然连在他的肛门上。它没有与他分开。我们继续进行着这次会谈，当会谈接近结束时，他坐在沙发上极度恐惧地说："救救我，救救我，如果我从房间里出去，我只会变成一摊液化的大便。"

在这里我们可以看到，从房间里出去与从他身上出来的粪便联系在一起，对粪便的认同程度是彻底的，因为他感到自己只能是粪便。此外，他在梦中不能让粪便与他分开。由于他自己与粪便相认同，所以他害怕在离开我之后将处于一个没有保护的暴露空间里。这名病人只有在有人知道他在厕所的情况下才能去厕所排便。因此，也显示了他对破碎的恐惧，如果他的一部分与其他部分分离，他就会害怕支离破碎；以及对自身解体的恐惧，害怕因与另一客体（如粪便）的认同而使自我解体。

很明显，身份认同问题，例如是幼童还是成人、是男性还是女性等，在上述与客体短暂认同的基础上是可以理解的。索求、控制冲动和占有欲都明显与一个事实有关，即投入非自身空间的部分自身空间不被允许与自身分离，反之亦然，而且部分自身空间支配着这种行为以防止自身部分灾难般的丧失。为了防止自身的丧失，必须与客体保持距离，反之亦然。因此，一个年轻的分裂型病人在企图解决这个问题时，会待在自己的房间里，通过从窗户看孩子们玩耍来与他人交流，并通过电话与他人进行远距离沟通。一名女子试图住在我的个人空间里，不断在我住所附近走动，或用电话渗透到我的公寓里。当没有人时，她会让电话铃响着，在我的个人空间里睡过去。就是这样，分裂型病人为了防止痛苦、焦虑、抑郁等，将自己的一部分分裂出来，投射出来，否认它们的存在。

他立即体验到相反的感受：害怕失去，害怕破碎，试图重新建立联系等，恶性循环继续下去。

内在空间和个人空间是不一样的。个人空间的客体是普遍空间和内在空间之间的过渡。有一个关于伏尔泰的故事，他为自己建造了一个一半在教堂里、一半在外面的坟墓，迷惑那些争论着他是否无神论者的人。客体在空间中的相对位置时时令人惊讶。我们知道痴迷者的心态是不让客体相互接触，以及对对称的需要。但有时定位甚至更加明确。一名非常分裂的女孩会想知道，当客体处于上下位置时，例如，一只鸟在她头上飞过，是否意味着性交。她在父亲去世后不能移动了，因为任何移动要么会伤害她体内的父亲，要么会有性方面的含义。客体的相对位置对她来说极为有意义。她会把右脚放在左脚上面，做一个简短而快速的敲击动作。这是有性意味的，它可以通过将右脚从前面挪到后面来撤销，不再是敲打，而是朝着反方向做一个幅度更大的动作。

我现在要考虑的是，不成熟的时间"概念"如何以与空间概念相同的方式卷入这种存在方式。一名自闭的小男孩希望每天都在同一时间进行会谈（我做不到），他会拿起我的手表，把它调到他想要的时间。时间就是手表表面显示的时间，手表成了非常特殊的空间设备。我们不得不玩一个从伦敦到布赖顿后乘火车返回的游戏。我们必须从一个车站到另一个车站，然后按相反的顺序通过每个车站返回。如果我出了任何差错，一切都要重新开始。他已经像皮亚杰演示的那样排好了空间，却不能从中得到解脱。他可以从 A 到 B 到 C 到 D 等，但不能以从 D 到 A 的方式直接回到 A。他必须像阿喀琉斯和乌龟一样从每个位置移动到下一个位置，或者像奇诺的箭一样。这些例子促使我们更仔细地研究移位和运动的要素以及时间的要素。

皮亚杰描述了对不同年龄的儿童进行的一项简单实验。覆盖有两条隧道，一条明显长于另一条。两个娃娃分别在一个单独的轨道上，以固定的速度移动，在完全相同的时间进入各自的隧道，并在完全相同的时间里出现在远端。某一年龄段的儿童反复说这两个娃娃以同样的速度移动，尽管他们同意其中一个隧道更长。将隧道移开再重复实验，这一次，同一个孩子说，超过另一个娃娃的那个娃娃走得更快。然而，如果再把隧道放回去，他们会说娃娃的速度是一样的。他们的判断显然是基于娃娃的相对位置，而不考虑长度和时间。这样，通过结合大量令人欢快的简单实验，就有可能重现成长中的儿童所经历的阶段，看到他们如何构建其成熟的空间、速度和时间观念。在时间概念中至少涉及这些概念：顺序或事件在时间中的排序，例如，B在A之后，C在B之后，等等；然后是类包含，例如，如果B在A之后，C在B之后，那么A-C大于A-B，或者整个类大于子类；最后，是时间的测量。

　　同样，因果关系的概念也是分阶段发展的，并取决于其他概念的出现，如永久性客体、空间和时间的概念，从而引出对因果关系的客观看法，而不是魔法现象性看法。

　　一名女士，一名非常聪明的女病人，非常严肃地对我说道，她知道她将与我结婚，并与我在我的原籍国生活在一起；她将与她的丈夫在英国结婚并生活在一起；与其他许多男人也是如此——所有这些都是同时发生的，她看不到任何矛盾。事实上，她很生气我指出实现这一计划可能存在困难。

　　T. S. 艾略特说，过去的时间就是未来的时间，未来的时间就是现在的时间。但显然这是时间上的不一致。时间作为一个序列化的过程，使我们不可能回到过去。几年后在同一个地方，和以前并不一样。但对分裂型病人来说，移位和运动可能是灾难性的，因为它可能撕掉他的一部分，让他变得支离破碎、空虚或迷失，它也可能对他的客体造成同样的影响。因此，运动可能非常缓慢，或者变成不动，就像那个女孩的情况，她的父亲在她的内在空间里。运动带来分离和丧失，如果它来得飞快，就带来灾难。僵硬、固定、冷淡、无能——都是对这种可能性的防御。

有一天,一名病情非常严重的女士向她的治疗师透露,她不能在治疗后立即离开医院。这将与她不崩溃的情况互斥。乘坐公共汽车并迅速消失是非常可怕的。她首先在医院的地面上徘徊,然后非常缓慢地离开,非常渐进。她从一个地方移动到另一个地方的速度非常重要。在抑郁中,身体和四肢的运动变得越来越慢,直到达到抑郁的恍惚状态,终极的不运动可见于自杀。在躁狂中,情况恰恰相反,每个含有速度的动作,其速度都在增加,病人不能留在一个地方。在这两种状态下,对时间流逝的感受都有很大改变。

皮亚杰说:"心理时间是达成的工作和活动(行动的力量和速度)之间的联系,或者说时间是可变的;它根据行动的减速而扩张,或根据行动的加速而收缩……或者说,时间在其出发点上被赋予了心理持续的印象,这种印象内含于主体活动里对期望、努力和短暂满足的所有态度中。"分裂型病人在他的活动中瘫痪,在与客体相关的行动中空虚,只能以一种完全不正常的方式体验关系中的时间持续区间。

在这一点上,有必要回到客体的定位和主体永久性这一最重要概念之间的关系上。皮亚杰经常描述一个小实验:在婴儿精神生活的前半年,如果物体被手帕盖住,正要抓取物体的婴儿就会停下手。在晚些的阶段,婴儿会设法掀开手帕,在刚刚被覆盖的地方 A 寻找物体。但皮亚杰随后观察到,如果在婴儿面前将放在 A 处的物体移到 B 处,婴儿常常会在 A 处寻找该物体,因为婴儿以前曾在这里成功找到了该物体。只有到了第一年年底,婴儿才会毫不犹豫地在物体被移去的地方找它。在此之前,他无视一系列的移位,而是着迷于自己对物体采取的行动。因此,皮亚杰说,客体永久性与它在空间中的定位密切相关。

在这里,绝对有必要区分皮亚杰的客体概念和精神分析的力比多客体。皮亚杰将感觉运动阶段结束时,即婴儿大约 18 个月时的客体描述为一个永久客体。当主体本身是众多客体中的一个时,这个概念适用于所有的客体,而完全不考虑力比多投资的问题,正是这种投资使某客体对婴儿有意义和独一无二。力比多客体在感觉运动客体形成之前早就已经有意义了。皮亚杰所描述的客体形成阶段对于理解分裂型病人扭曲的自身和客体至关重要,特别是因为在分裂的防御机制中,物理世界的客体被特别用于认同目的。

由于个人也要在空间中构建自己的身体形象,就和空间中其他身体的形象一样,并逐渐达到自我身份的永恒感,因而类似的考虑也适用于此。正如马塞尔·普鲁斯特(Marcel Proust)在《去斯万家那边》(*Swann's Way*)借斯万之口所说的,如果一个人在黑夜中醒来,不知道时间也不知道自己在哪里,那么他就不知道自己是谁。非常有趣的是,皮亚杰通过那些可爱的简单小实验证明,物质的同一性概念是在明确的阶段发生的,例如,同一性的概念发生在数量守恒的概念之前。因此,通过在不同形状的容器中展示同一物体(例如水)的变化形状,孩子需要一段时间才能说这是同一份水。他还需要更久才能摆脱空间的束缚,比如认为高的细管中的水比另一个细管中的水多。只有当他能够同时协调两个独立的变量、如宽度和高度时,他才能获得正确的答案。

我们现在开始理解分裂型病人在感到不稳定、身份混乱、身体形象紊乱、对无常的恐惧等时,所使用的那种心理操作的组织水平,因为他在不同地方、不同处境、与不同客体相处时必然会有不同的体验。

对分裂型来说,在与存在和永恒性密切相关的空间之外,生存的困难极为巨大。就是这样,一名年轻人只有在驾驶摩托车时才有存在感,只要前面有车或他的引擎在运转。如果他超车或发动机停了,他的人格就要解体。一名年轻女士尽管在分析中变了很多,但她只能是她母亲头脑中的那个人。一名年轻男士经常待在寄宿家庭的一个房间里,他已经独自生活了相当长的时间,取得了进步,开始学习,但不得不搬出他的房间来学习,以便有人陪伴他，因为他不能忍受独处。所以他坐在各种公共场所，如酒吧和咖啡馆。然后他经历了一个阶段，此时场所必须和他一起移动，所以他坐在公共汽车上，在学习的时候到处游荡。他是不是曾被母亲带着到处走？事实上，这种行为持续了几个月后，他做了一个梦，梦见自己正站在一辆公交车上，抱着一个婴儿，是他的孩子，有些庞大。随后孩子长大了，看起来很正常，但他却失去了孩子。在他的联想中，他说这个婴儿也是他自己。一些恐惧症病人，也许是大多数，除非有人陪伴，否则他们将无处可去，在一些病人身上这会达到令人吃惊的极致程度。

在本文中，我尝试了引入空间、运动和时间的概念，以它们为基本要素，即原始人类行为的纬线和经线。原始思维的核心是婴儿为构建空间而采取的第一个动作。这是由主体对其客体的行动完成的，反之亦然。随后是原始的时间概念。属于任何阶段的行为模式都可能持续存在，并在以后的任何时刻激活。

## 参考文献

Battro, M. (1973) *Piaget Dictionary of Terms*, E.Ritschverimann and S.F.Campbell (eds). Oxford: Pergamon.

Bion, W. (1965) *Transformations*, London: Heinemann; paperback Maresfield Reprints, London: H.Karnac Books (1984); and in *Seven Servants: Four Works by Wilfred Bion*, New York: Jason Aronson (1977).

Freud, S, (1909) 'Notes upon a case of obsessional neurosis', *SE* 10, 153–310.

Guntrip, H. (1968) *Schizoid Phenomena: Object Relations and the Self*, London: Hogarth Press.

Laplanche, J. and Pontalis, J.B. (1967) *The Language of Psycho-analysis*, tr. Donald Nicholson-Smith, New York: W.W.Norton (1973).

# 第 12 章

# 恐怖、迫害和恐惧——对偏执性焦虑的剖析

唐纳德·梅尔泽

本文最初是 1967 年 7 月在哥本哈根举行的第 25 届国际精神分析大会上宣读的论文,首次发表在《国际精神分析杂志》(49: 396-400)。

这篇短文旨在为探索梅兰妮·克莱因定义的客体关系中的偏执-分裂位做贡献。这是基于分析工作的结果,她对分裂过程在心理结构形成中的作用以及客体关系动力中的投射性认同机制的发现,让我们能以更深刻地理解人格的方式进行分析工作。

一系列心理痛苦被归入偏执性焦虑的范畴,其他作者已经开始对其进行详细研究,例如罗森菲尔德的"困惑",西格尔和比昂的"灾难性焦虑",比昂的"无名恐惧"。相对缺少明确定义的术语如无望(hopelessness)、绝望(despair)、无助(helplessness)也必须处理,但本文只限于这三个:恐怖(terror)、迫害(persecution)和恐惧(dread)。我尝试从元心理学的角度来定义这些术语,展示它们在分析过程中的位置和相互作用,并呈现案例来展示它们的运作和相互关系。

## 案例材料

虽然这位近 40 岁的有教养且聪明的男性是因为躯体症状进入分析,但很快就展露出大量的性格病理。自恋结构在分析早期就清晰地呈现,例如在下面的梦中。他在一条孤独的林间上坡道上走着,看到另一个与

他年龄相仿的男性在他前面，一名性格非常偏执的前商业客户。当小路分叉时，他没有按照本来的打算向右走，而是跟随那个人下到一个海滩上，他认出这个海滩属于他出生的村庄（因父母移民，他在6个月大时离开了这个村庄）。在海滩上，他怀着钦佩的心情听那个人长篇大论地讲述他的收入和重要地位，以及即使在假期中也必须与他的办公室时刻保持联系，因为没有他的建议他们什么也做不了。

由于他这部分婴儿结构多次在梦中呈现为一只狐狸，关联到一本童年时代的图画故事书，所以它被称为他的"狐狸"部分，且可以被看作是几种类型的精神内容和现象的来源。它不断地对别人的话进行双关语和讽刺（包括分析性诠释）；精心创作了一堆没有结尾的且巧妙筛选的带有色情成分的打油诗；提出持续的愤世嫉俗且势利的辩词；并在意识之外对他的环境进行视觉和听觉上的审查。后者在移情中制造了一系列梦境，表明对分析师的技术和生活方式进行最令人生畏的密切监视。例如，他知道我有位同事住在他去分析的途中经常开车经过的一条路上。在我借了这位同事的车之后的那个晚上，尽管我已经采取了预防措施，把车停在了拐角处，病人还是梦见我同事家门口的路上有一个洞，约有一辆车那么大。然而，病人既未有意识地看到借来的车，也未注意到我平时的车不在，也没有注意到该同事家门前的空位。

然而，这个"狐狸"部分无所不知的品质和它对其他婴儿结构的控制丝毫没有屈服于分析性探索。相反，由于两个启示，它似乎强化了控制，这两个启示都是在被病人承认之前就从梦中重构出来的。其中第一个是秘密的施受虐自慰倒错，第二个是对火的恐怖。症状这种矛盾强化具有一种奇特的挑衅性质。他宣称倒错行为是他生活中唯一的乐趣，使他免于自杀；而对火的恐怖一方面被宣称是绝对合理的，另一方面又因战争期间的创伤而被神圣化。他丝毫不承认这两个论点是互斥的。

另一个拒绝探索的心理病理领域是他与年迈母亲的关系，母亲得了

## 第12章 恐怖、迫害和恐惧——对偏执性焦虑的剖析

慢性病不久后，病人就出现了促使他来分析的躯体症状。虽然从青春期晚期以来，他与母亲的关系就一直冷淡，他甚至是鄙视她的，但她的病对他却极具迫害性。他以一种奴役般的监护作风，从他的兄弟姐妹那里夺取了对母亲健康、财务问题和家庭事务的监督权，在意识中是受驱使于对早已去世的父亲的忠诚，他似乎被父亲独家任命负责照顾母亲。迫害成分与倒错关联，他所体验的隐秘的快乐，就像沙漠中的绿洲，而这沙漠就是生病的母亲出于自身无力享受快乐而恶意强加给他的剥夺。随着岁月流逝，他的母亲不会再婚这一事实变得明朗，之后这个组合逐渐出现。它取代了父亲去世后的几年里他对她的暴虐和妒忌的占有态度。转折点发生在他母亲的家被燃烧弹严重破坏的事件中，虽然还没有破坏到无法修复的程度。当时他还能勇敢地扑灭大火，但此后不久他就产生了对火的恐惧，一有袭击的迹象就冲出家门，睡在附近的水沟边上，留下母亲一个人住在房子未受损的部分。

在接下来的几年里，这种倒错行为形成了一种固定的模式——穿着司机的制服，坐在汽车轮胎的内胎上，拿着一杯威士忌，进行生殖器和肛门自慰。在对一个梦的分析中揭示出高潮的排泄意义，梦中他坐在井上方的管子上排泄，然后把衣服扔进井里。这种倒错行为的前史引起关注，可以准确地追溯到一个事件，即在一次外出时，家庭汽车的一个轮胎被刺破了，他的父亲需要拆除、修理、充气和更换这个坏轮胎，因为备用轮胎不见了。这个小男孩看着他的父亲并被性兴奋淹没，此后出现了一系列症状和秘密活动。其中之一是吸吮自行车的脏轮胎的习惯。另一个是个令人兴奋的游戏，就是把自行车轮胎里的空气放出来，然后等到有警察来了，在警察的注视下试图用嘴把它吹起来。但他产生了对乘坐家庭汽车的恐惧，这让他受到了严厉的惩罚。

为了理解分析中发现的作为倒错和性格病理基础的焦虑，必须注意到另一个因素，这也是创伤和命运的混合物。病人是最小的孩子，也是

唯一的男孩。幼儿时期一个特殊的创伤事件起了一个屏障记忆的功能。当他5岁的时候，很可能是他与保姆在乡间散步时（在他母亲长期生病后，他与母亲团聚，这场病完全改变了家庭对未来的计划），他们发现了一个被丢在树篱下的婴儿尸体。在他的脑海中这件事紧密地与他的淘气习惯坚固地联系起来；当在花园里吃午饭时，他总是偷偷地把讨厌的冷肥肉扔到树篱下。它构成了"死婴"材料的核心，这在后面会看到。

分析的前三年，主要被他大量的投射性认同和"假性成熟"[1]的倾向占据，这种倒错、性格病态和症状的簇集是通过付诸行动而逃避了分析。在付诸行动中，他的"狐狸"部分被分裂给了一名来往密切的商业伙伴，他感觉自己是受那人支配的。但随着这些的减少，以及他的"狐狸性"变得更加意识化且明确地显现在移情中，发生了两件事。首先是形成了一种新的希望，即通过分析从受限的生活中释放出来的可能性。因此，随着接受对分析过程的某种程度的依赖，他有意识的合作不再带有隐秘的空缺。其次，他对精神痛苦的态度发生了变化，因此他的懦弱，早先被标榜为愤世嫉俗的利己和势利，现在被允许放在分析性调查的中心位置了。

在接下来的几年里，也就是分析的第四年和第五年，材料足以用来剖析他的迫害性焦虑了。在分析过程中，可以开始向更深的婴儿性依赖（将分析性乳房作为内射客体依赖）进展——达到了抑郁位的阈限。[1]

由于第五个圣诞假期之前两个月和之后一个月的工作显得如此关键和清晰，我将尝试对其进行详细描述。

我们可以清楚地看到，挣扎于是否放弃倒错就如同挣扎于是否信任分析或分析性父母。他梦见自己在学校参加拉丁文考试。他认为题目可能是一个陷阱，但决定用简单的方式将名词做词性变化成为"门萨（Mensa）"（梅尔泽的双关语）。或者他梦见自己在参观曾经的学校，并不得不决定是与司机和男孩一起开车，还是陪同愉快的女主人（在"狐狸"

## 第12章 恐怖、迫害和恐惧——对偏执性焦虑的剖析

和分析之间选择)。

这种不确定性似乎与对分析性父母的力量的怀疑有关,而不是对其善良或真诚的怀疑。在我的一只眼睛上方被划了一个小口子之后的晚上,病人对此没有意识上的关注,他梦见自己向分析师抱怨,他一只眼睛的上方在一次飞机失事中被划伤了,和他可能由于飞行员的粗心而丧生。依赖的强度是显而易见的。

但随着他信心的增长,他对一个有能力和有勇气的"爸爸"的认同也在增加。这表现在他的梦境和行为中,他面对了他一直畏惧的情境,以及代表他自己婴儿结构中"狐狸"和"狐狸性"部分的人。在一个梦中,他保护儿子的豚鼠不被黄鼠狼吃掉;在另一个梦中,他赶走了袭击老人的暴徒。但是,当他在一个梦中面对一位已经发作偏执崩溃的旧友时,他所能做到的就只是躲在婴儿房里。在现实中,当这个朋友突然拜访他时,他要求我的病人参加一个对"神灵"的怪异祈祷,我的病人只能设法平息他。我们知道,这极其密切地触及了他对火的恐惧,以及他现在所透露出的对鬼魂或神灵的恐惧。我们已经看到了许多梦,梦中的酒精灯[1]着火了。我们也了解到,他不喜欢游泳实际上是对深水的恐惧,不是因为害怕溺水,而是对怪物从下面抓住他的恐惧。材料还表明,这个组合在他的阳痿和对女性生殖器的厌恶中发挥了作用。

离圣诞节很近了;他的母亲似乎病重了,他内在对好客体的生命力的信任似乎瓦解了,因为"死婴"的主题再次占据了上风。他又开始梦见门前台阶上的死章鱼,草坪上被压扁的虫子,或者岩石下的死螃蟹。一天早上他经历了一次恐怖,当时他把面包卷从烤箱里拿出来,一些面粉从面包卷上掉下来,在煤气炉上爆燃。一天晚上,当女儿卧室发出的声音被他理解为电视机爆炸时,他吓得瘫软在地。几天后的一个晚上,

---

[1] spirit lamps,英文 spirit 既是神灵也是酒精。——译者注

楼下的声音被他感觉为一个疯狂的入侵者，他被吓得瘫软。他的梦反映出复现的无望。纳粹在英国发动反击，或者布赖顿被轰炸。

然而事实上，他在假期中感觉很好，并注意到自己的活力和勇气有所增强。他在一个梦中非常悲痛，梦中他的母亲已去世，她的遗物正在被收存起来。但被运走的沙发是分析用的沙发。他自己明白，现在，分析、他的母亲和他内在的好客体是多么紧密地关联在一起。在后来的一个梦中，他因用甲基化酒精灯在炉子里生了火而被一个女人责骂。她命令他退后，说已经叫了消防队，同时自动喷管会将事态控制住。总之，他内在的母亲禁止他的躁狂性修复，告诉他在"爸爸"到来之前，她内在的阴茎就已足够。

此时，焦虑的三种不同性质，即迫害、恐惧和恐怖，在他的意识体验中已非常鲜明。当然这在某种程度上是由于焦虑的经济学改变，即他的抑郁多过被受损客体迫害，对于他自己的不良部分和包含着这些部分的恐怖他者，他则更少胆怯，并且更加意识到恐怖情境有心理现实的基础，是可以被理解和修正的。现在工作的注意力可以转向内部母亲的婴儿们的反复破坏和恢复的问题，以及它在分析师的孩子、出版物和诠释——头脑的孩子——等方面的移情表现。这项工作涉及通过对心理现实更为负责来预防破坏性的攻击（他倒错中的自慰攻击）。但真正的修复也是通过放弃躁狂性修复的付诸行动来实现的，这体现在他对体力劳动的势利蔑视和对智力追求的理想化中。其中一个情节是这样的。在梦见他从家里的汽车上赶走一只黄蜂之后，出现了腹痛的症状，并持续了几天。在梦到他的父亲正在修理轮胎的内胎，病人部分希望钉子的屁股被留在轮胎里之后，腹痛便解决了。在接下来的数节会谈中，在他对分析性爸爸的批评和竞争性态度得到仔细检视之后，他梦见从树篱的缝隙中发出的可怕声音使他感到恐怖，直到一只小猎犬出现。但当它在他前面跑向他母亲的房子时，似乎变成了他父亲的拳师犬。

在接下来的一年里，在修通这个问题的过程中，发生了许多事件，这些事件集中在分离议题，以自慰或付诸行动的形式攻击母亲的内部婴儿们。他各种形式的躁狂修复减少了，他的俄狄浦斯冲突开始消解。恐怖发作消失了，对倒错行为的残余依附最终被放弃了。

## 对临床材料的讨论

这些材料表明对移情的系统性分析如何使我们看到病人焦虑的不同性质，以及自恋作为一种防御结构的组织。病人对"死婴"、"燃烧弹"婴儿、幽灵般的"燃烧的面包卷面粉"婴儿们感到恐怖。他被他的受损客体们——他死去的父亲、他受损的母亲、他有缺陷的分析师——所迫害，他被他们剥夺了快乐、休闲、金钱和舒适；他不得不为他们工作，成为受人尊敬的人，谋求生计，去了解他不感兴趣的经济、健康、道德和政治的世界。他恐惧并服从于他"狐狸"部分的暴政，是它要求他参与倒错行为，即便它早已不再是他隐秘的快乐绿洲。这个破坏性的部分通过它的诽谤和全知的鼓吹，使他无法钦佩或尊重任何人。它通过对女性生殖器的诋毁使自己处于阳痿状态，同时它将阴茎呈现为美味的可吮吸乳头，用同性恋欲望来威胁他。但是，最重要的是，"狐狸"为他提供了保护，使他免于死婴的恐怖，至少它声称是那样。只有在移情中，就像在树篱中的小狗的梦中一样，他才意识到这个"狐狸"的部分从来没有保护过他，事实上他一直都被一个外部的好客体所保护，从根本上说那是受到他母亲的保护；在移情中则是受到分析师、精神分析、分析性乳房的保护，尽管他的内射能力很弱，仍然有力量将一种修复性的活力投射到他的内心世界中——就像他的母亲滋养了那个偷偷地把冷肉扔在篱笆下的叛逆小男孩。一系列关于活的与死的婴儿们的梦（死的螃蟹、死的章鱼、吓人的篱笆上的缺口等）逐渐向他展示了他依赖性的本质，并使他能够反抗他的暴君"狐狸"，正如在黄鼠狼的梦或袭击老人的梦中所看到的那样。对"狐狸"的顺从和倒错已经让位于承认在婴儿水平上完全依赖于精神现实中的原始好客体。

只有在这种情况下，他被受损客体的迫害才得到改善，在梦中，在移情中，在他与母亲的关系中开始让位于对它们的抑郁性关注。在绝望屈服于无望的地方，现在出现了希望。

## 理论讨论和总结

恐怖是一种偏执性焦虑，其基本特征是瘫痪，没有行动的途径。恐怖的客体，在无意识幻想中是死客体，甚至不能成功逃离。但在心理现实中，一个客体的生命力可能被剥夺，也可以回到它身上，就像神学术语中灵魂回到身体一样。这只能通过内部父母的补偿能力和他们的创造性交媾来完成。

当对内部客体的修复能力的依赖被俄狄浦斯嫉妒或破坏性妒忌所阻止时，这种修复就不能在睡眠和梦境中发生。只有外部现实中的一个客体，具有婴儿水平上的母亲乳房的移情重要性，才可能完成这一任务。如果婴儿期依赖受到妒忌的诋毁性活动或因不容忍分离而产生的顽固性的阻挡，那么这一任务可能会无数次地进行而得不到承认。

当对内部好客体的依赖因破坏性自慰攻击而变得不顺利时，且对外部好客体的依赖不可用或不被承认时，就会发生与自我不良部分的成瘾关系，即对暴君的服从。一种安全感的幻觉被破坏性部分的全知全能所鼓吹，并被相关的倒错或成瘾行为所产生的全能感所延续。暴虐的、令人上瘾的坏部分令人恐惧。值得注意的是，虽然暴君的行为方式与迫害

## 第12章 恐怖、迫害和恐惧——对偏执性焦虑的剖析

者有相似之处，特别是如果有任何反叛的迹象，但对自我顺从部分的根本掌控则是通过让其害怕失去对抗恐怖的庇护。我得出的结论是，仅仅是对抑郁性焦虑的不容忍，或联合来自受损客体的迫害，并不会造成对暴君的顺从的成瘾组合。当在心理结构中发现害怕失去与暴君的成瘾关系时，我们会发现恐怖的问题就位于其核心，作为恐惧和服从背后的力量。

在这样的自恋组织被拆除并对坏的部分的暴政发起反击之前，不可能进展到抑郁位的门槛。此外，在此之前，心理病理学中的一些因素，如对分离的不容忍，或对抑郁性痛苦的不容忍，或面对迫害时的胆怯，都无法准确地估计。与暴君有关的恐惧感从根本上说是害怕失去对抗恐怖的虚幻保护，尤其当叛逆是与好客体联手进行的时候，这些客体随后又被感到并不胜任或不可用的，如在分析的放假期间，这种恐惧就可能会被观察到。

## 注释

[1] 见我的论文《肛门自慰与投射性认同的关系》，刊登于《国际精神分析杂志》（1966，47：335-342）（本书重刊于第5章）和我的书《精神分析过程》（*The Psychoanalytical Process*，London：Heinemann，1967）。

# 第13章

# 精神分析中生死本能理论的一种临床方法：对自恋攻击性方面的研究

赫伯特·罗森菲尔德

这篇文章最初是1971年在维也纳举行的第27届国际精神分析大会上的特邀稿件，首次发表于《国际精神分析杂志》（52: 169-178）。

当弗洛伊德在1920年提出生死本能二元论时，精神分析发展的一个新时代开始了，它逐渐开辟了对精神生活中攻击性现象的更深理解。许多分析师反对死本能理论，并想将其作为纯粹的推测和理论而抛弃；然而，其他人很快就认识到其根本的临床重要性。

弗洛伊德强调，死本能悄悄地驱使个人走向死亡，只有通过生本能的活动，这种类似死亡的力量才会向外投射，并以针对外部世界中客体的破坏性冲动出现。一般来说，生本能和死本能在不同程度上是混合或融合的，弗洛伊德认为，本能，即生本能和死本能，"几乎从不以'纯粹的形式'出现"。虽然本能的严重解散（defusion）状态确实类似于弗洛伊德对未融合的死本能的描述——例如，希望死亡或退回到虚无状态——但我们在详细的临床检查中发现，死本能不能以其原始形式被观察到，因为它总是表现为针对客体和自我的破坏性过程。这些过程似乎在严重的自恋条件下以最致命的形式运作。

因此，我试图在本文中特别澄清自恋的破坏性方面，并将其与弗洛伊德的生死本能的融合（fusion）与解散理论联系起来。

在《超越快乐原则》（*Beyond the pleasure principle*）中采用了更为

推测性的方法之后，弗洛伊德在其他著作中用生死本能的理论解释了许多临床现象。例如，在《受虐的经济问题》（*The economic problem of masochism*, 1924）中，他说：

> "因此，道德受虐成为'本能融合'存在的一个经典证据：它的危险性在于它起源于死本能，并代表后者的那部分以破坏本能的形式逃脱了向外部世界的偏转（deflection）。"

在《引论新编》（*New introductory lectures*, 1933）中，他讨论了情欲和攻击性的融合，并尝试鼓励分析师们在临床上使用这一理论。他说：

> "这一假设开辟了一条调查路线，有一天可能对我们理解病理过程具有重要意义。因为融合可能会被解除，而这种本能的解散可能会给适当的功能带来最严重的后果。但这个观点仍然太新。迄今为止，还没有人试过实际运用它。"

仅仅四年后，在《可终止的和无法终止的分析》（*Analysis terminable and interminable*, 1937）中，弗洛伊德回到了这一死本能理论的临床应用，以理解对分析治疗根深蒂固的抵抗，他说：

> "在这里，我们处理的是心理研究能够了解的终极事物：两种原始本能的行为，它们的分布、交融和解散。在分析工作所遇到的抵抗中，没有比存在这样一种力量更强烈的印象了，这种力量正以各种可能的手段来抵御康复，并且决心坚定地坚持疾病和痛苦。"

弗洛伊德把这与他以前的消极治疗反应理论联系起来，之前联系的

## 第13章 精神分析中生死本能理论的一种临床方法：对自恋攻击性方面的研究

是无意识的内疚感和对惩罚的需要，现在他又补充说：

> "这些现象明确无误地显示出精神生活中的力量，根据其目的我们称之为攻击本能或破坏本能，我们将其追溯到生命体的原始死本能……只有通过这两种原始本能——爱欲和死本能——同时或相互对立的作用，而不是其中某一种，我们才能解释生命现象的丰富多样性。"

弗洛伊德在同一篇论文的后面部分提出，我们可能必须从力比多和破坏性冲动之间斗争的角度来审视所有精神冲突的例子。

1916年，弗洛伊德在讨论对自恋性神经症的精神分析方法时，强调了他所遇到的不可逾越的石墙。然而，他在1937年描述对分析治疗根深蒂固的阻抗时，却没有明确地将自恋状态下的阻抗与惰性状态和负性治疗反应中的阻抗联系起来，他确实将后者这些阻抗归结为死本能。这种遗漏的主要原因之一可能是，弗洛伊德的整个原始自恋（primary narcissism）理论最初是基于个人将其力比多指向自身的想法，而次生自恋（secondary narcissism）则是由于力比多从客体撤回到自我身上——直到在1911年澄清了关于快乐原则和现实原则的想法，并在《本能及其变迁》（*Instincts and their vicissitudes*, 1915）中把这些观点与爱和恨联系起来，此后他才开始觉得，在快乐的自恋阶段个体开始受到外部客体影响时对客体的恨或破坏性之间存在着某种重要联系。例如，他在1915年指出："在原始自恋阶段，当客体出现时，与爱相反的第二种情况，即恨，也得到了发展。"

在同一篇论文中，他强调了攻击性的重要性：

> 恨作为与客体的一种关系，比爱更古老。它源于自恋的自我对带

来外部刺激的外部世界的原始排斥。

在弗洛伊德对涅槃原则的看法中可以看到同样的思路，他认为涅槃原则是在死本能的支配下向原始自恋的退缩或退行——在这里，和平、无生命状态和对死亡的屈服被等同起来。

哈特曼等人（Hartmann et al., 1949）似乎对弗洛伊德关于攻击性与自恋的关系的想法有类似的印象，他们写道：

"弗洛伊德曾将自恋和客体爱之间的关系与自我毁灭和对客体的破坏之间的关系对比。这种对比可能促成了他将自我毁灭作为与原始自恋相应的原始攻击形式的假设。"

从这一切可以看出，弗洛伊德一定意识到了自恋、自恋性退缩和死本能之间的明显关系；但他在理论上和临床上都没有详细阐述。正如我将在本文后面说明的那样，我觉得这些联系相当有临床意义。

现在回到弗洛伊德（1937）提出的，关于与死本能的沉默对抗有关的、临床阻抗意义上的隐性移情问题，重要的是要认识到他认为这些抵抗无法成功地通过分析处理：显然，他认为，除非死本能的隐性沉默攻击性作为一个公开的负面移情出现，否则无法得到分析，而且任何诠释都无法"激活"它。

在研究隐藏的负性移情和澄清破坏性冲动的实质方面，亚伯拉罕比弗洛伊德走得更远，他在对自恋病人的临床工作中遇到了这些冲动。在精神病性自恋病人中，他着重于自恋者傲慢的优越感和冷漠的态度，并诠释移情中的消极攻击性态度。早在1919年，亚伯拉罕就通过描述对分析方法的一种特殊形式的神经症性阻抗，为分析隐藏的负性移情做出了贡献。他在这些病人身上发现了极明显的自恋，他强调了在表面渴望合

# 第13章 精神分析中生死本能理论的一种临床方法：对自恋攻击性方面的研究

作之下隐藏的敌意和蔑视。他还描述了自恋的态度是如何附着在移情上的，这些病人是如何看轻和贬低分析师的，并怨恨他那代表着父亲的分析角色。病人颠倒自己和分析师的位置，以显示自己比分析师更优越。亚伯拉罕强调，在这些病人的行为中，妒忌的因素是明确无误的，他以这种方式在临床上和理论上将自恋和攻击性联系起来。然而有趣的是，亚伯拉罕从未试图将他的发现与弗洛伊德的生死本能理论联系起来。

赖希（Reich）反对弗洛伊德的死本能理论。然而他确实对分析自恋和潜在的负性移情做出了根本上的贡献。与弗洛伊德相反，他还强调，病人的自恋态度和包括负性感受在内的潜在冲突都可以在分析中被激活并被带到表面，然后得到修通。他认为"每个案例都毫无例外地以一种多少有些明显的不信任和批评态度开始分析，通常来说这种态度是藏在内心的"（Reich, 1933）。

他认为，分析师必须不断指出藏起来的是什么，不应该被病人的明显正性移情所误导。赖希详细研究了性格盔甲，自恋防御借此具象地、长期地表达自己。在描述自恋病人时，赖希着重注意他们的优越感、嘲笑和妒忌的态度，以及他们的蔑视行为。一名经常被死亡念头困扰的病人在每次治疗中都抱怨说，分析对他没有影响，完全没用。这个病人还承认他有无限的妒忌心，不是针对分析师，而是针对令他觉得低人一等的其他人。渐渐地，赖希意识到并能够向病人展示他面对分析师的胜利，以及他如何试图让分析师感到自己无用、自卑和无能，以至于一事无成的企图。然后，病人能够承认，他不能容忍任何人的优越感，总是试图打击人。赖希指出："之后就是病人被抑制的攻击性，目前为止最极端的表现是他的死亡愿望。"

赖希关于潜在攻击性、妒忌和自恋的发现与亚伯拉罕在1919年对自恋阻抗的描述有许多相似之处。

在许多接受了弗洛伊德生死本能互动理论的分析师中，梅兰妮·克莱因的贡献值得特别考虑，因为她的工作在理论和临床本质上都立足于这一假设。她还对负性移情的分析做出了重要贡献。她发现妒忌，特别是其分裂的形式，是分析中产生慢性负性态度的重要因素，包括"负性治疗反应"。她描述了早期婴儿期分裂客体和自我的机制，这一机制使得婴儿期自我能够让爱和恨相互远离。在她对自恋的贡献中，她更多地强调了力比多方面，并提出自恋实际上是一种次生现象，它是建立在与一个内在好的或理想的客体的关系之上，这一客体在幻想中形成被爱的身体和自身的一部分。她认为，在自恋状态下，会发生的是从外部关系撤回到对一个理想化内部客体的认同。

梅兰妮·克莱因在1958年写道，她在对幼儿的分析工作中观察到，在一种不可抗拒的破坏客体的冲动和一种保存客体的愿望之间，存在着一场持久的斗争。她认为，在理解这种挣扎方面，弗洛伊德对生死本能的发现是一个巨大的进展。她认为焦虑来自"生命体内部死本能的运作，它表现为对毁灭的恐惧"。

为了抵御这种焦虑，原始自我使用了两个过程："死本能的一部分被投射到外部客体中，客体成为一个迫害者，而保留在自我中的那一部分死本能，则将攻击性转向这个迫害性客体。"

生本能也被投射到外部客体上，然后被感觉是慈爱的或理想化的。她强调，早期发展的特点是，理想化的客体和坏的迫害性客体被分裂开，彼此保持着很远的距离，这意味着生本能和死本能保持在一种解散的状态里。在分裂客体的同时，自身也被分裂成好的和坏的部分。这些自我分裂的过程也使本能处于一种解散状态。几乎在投射过程的同时，另一个原始过程——内射开始了，"主要是为生本能服务：它与死本能斗争，因为它能让自我吸收一些有生命力的东西（首先是食物），从而约束在内部运作的死本能。"

这一过程对于启动生死本能的融合至关重要。

## 第 13 章 精神分析中生死本能理论的一种临床方法：对自恋攻击性方面的研究

由于客体和自我的分裂过程以及因此而产生的本能解散状态，起源于梅兰妮·克莱因所描述的"偏执－分裂位"的婴儿早期阶段，我们可以预期在那些偏执－分裂机制占主导地位的临床情况下，会看到本能最彻底的解散状态。一些病人在这一早期发展阶段从未完全发展成熟，或退行回到了这一阶段，我们在他们身上可能会遇到这些状态。梅兰妮·克莱因强调，早期的婴儿机制和客体关系会依附于移情，这样，就可以在分析中调查和修正那促成了本能解散的分裂自我和客体的过程。她还强调，通过调查移情中的这些早期过程，她渐渐相信对负性移情的分析是分析心智更深层面的前提条件。特别是通过调查早期婴儿化移情的负性方面，梅兰妮·克莱因遇到了原始的妒忌，她认为这是死本能的直接衍生物。她认为，在婴儿与母亲的关系中，妒忌作为一种敌对的、破坏生命的力量出现，特别是针对善于喂养的母亲，因为她不仅为婴儿所需要，而且由于拥有了婴儿自己想要拥有的一切而被妒忌。在移情中，这将表现为病人需要贬低他认为有用的分析工作。代表着几乎完全被解散的破坏性能量的妒忌，对婴儿期的自我来说似乎是特别难以忍受的，并且在生命的早期就从自我的其他部分中被分裂出去。梅兰妮·克莱因着重强调，分裂的、无意识的妒忌在分析中往往不被表达出来，但仍然会产生麻烦和强大的影响，阻碍分析的进展，最终只有实现整合并与整个人格和谐共处才能有效。换句话说，在任何成功的分析中，本能的解散必须逐渐转变为融合。

弗洛伊德关于生死本能的融合与解散的理论对于理解解散的破坏性过程至关重要。

哈特曼等人在 1949 年强调说，"对攻击性和力比多的融合和解散知之甚少"。哈特曼本人专注于研究中和化（neutralized）的力比多和攻击性能量的功能，这可能是基本本能正常融合的一个方面。他还强调了在精神分裂症等精神病状态下力比多和攻击性去中和化的重要性，并指出解散与去中和化可能是相互关联的（1953）。

弗洛伊德认为，当发生了向较早期发展阶段退行时，就能在临床上观察到本能的解散。

我将本能解散和融合过程与梅兰妮·克莱因关于客体和自我分裂过程的理论联系起来，以此来澄清本能解散和融合过程的起源。客体和自我的分裂是生命早期的一种正常防御机制，旨在保护自我和客体免受来自死本能的破坏性冲动的毁灭危险。这可以解释为什么本能的解散在自恋病人的精神病理学中起着重要作用，以及为什么在经历了自恋状态的病人中可以明显地观察到解散了的破坏性冲动。

为此，我将集中研究自恋的性欲和破坏性方面，并试图在我的临床材料中澄清一些本能的严重解散是如何产生的，并指出促成正常融合和病理融合的因素。

我引入了病理融合的概念，以便清楚地描述在性欲和破坏性冲动混合的过程中，破坏性冲动的力量被大大加强，而在正常融合的过程中，破坏性能量被减轻或中和。

最后，我将介绍案例材料，以说明被解散和分裂的攻击性在给分析制造障碍方面的临床重要性，如慢性阻抗和负性治疗反应。

我在以前关于自恋的作品（1964）中，强调了在自恋状态下自身和客体的投射性认同和内射性认同（自身和客体的融合），作为防御，它们反对任何对自身和客体之间分离的认识。意识到分离会立即导致对客体的依赖感受，从而导致不可避免的挫败感。然而，当认识到客体的好时，依赖还会激发妒忌。因此，在放弃自恋立场的过程中，对客体的攻击性可能不可避免，而且，全能自恋的客体关系之强度和持久度，与妒忌性破坏冲动的强度密切相关。

在更详细地研究自恋时，我认为必须区分自恋的力比多和破坏性方面。在从力比多方面考虑自恋时，我们可以看到，对自身的过高评价起

## 第13章　精神分析中生死本能理论的一种临床方法：对自恋攻击性方面的研究

着核心作用，这主要基于自身的理想化。自身理想化通过对好客体及其品质的全能内射性认同和投射性认同来维持。通过这种方式，自恋者感到与外部客体和外部世界有关的任何有价值的东西都是他的一部分，或者由他全能地控制着。

同样，当从破坏性方面考虑自恋时，我们发现自身理想化再次发挥了核心作用，但现在是自身的全能破坏性部分的理想化。它们既针对任何正性的力比多客体关系，也针对自身的任何力比多部分，是这部分的自身体验着对客体的需要以及对客体的依赖欲望。自身的全能破坏性部分经常保持着伪装，或者它们可能在沉默和被分裂出去了，这掩盖了它们的存在，令人认为它们与外部世界没有关系。事实上，在阻止依赖性客体关系和令外部客体永远被贬低的方面，它们起到了非常强大的作用，这也是自恋者对外部客体和世界明显漠不关心的原因。

在大多数病人的自恋中，力比多方面和破坏性方面并存，但破坏性冲动的暴力情况有所不同。在力比多方面占主导地位的自恋状态中，一旦与一个被感知为与自身分离的客体接触，全能的自体理想化就会受到威胁，破坏性就会变得明显。病人感到被羞辱和失败，因为他发现实际上是外部客体包含着他本认为是自己的创造力带来的那些宝贵品质。在分析中，人们观察到，当病人因被剥夺了全能自恋而产生的怨恨和报复的感觉减少时，妒忌才会被意识体验到，因为只有这时他才意识到分析师是一个有价值的外部人。

当破坏性方面占主导地位时，妒忌更为暴力，表现为希望摧毁分析师，因为他是生命和好的真正来源的那个客体。同时，暴力的自我毁灭冲动也会出现，我想更详细地思考这些冲动。就婴儿期的情况而言，自恋的病人想要相信是自己给了自己生命，他能够养活和照顾自己。当他面对依赖分析师的现实，而分析师代表父母，尤其是母亲时，他宁愿死去，宁愿不存在，宁愿否认自己出生的事实，也要破坏分析进展和代表内心中的孩子的洞察力,他觉得代表着父母的分析师已经创造出了这些成果。在这一点上,病人经常想放弃分析,但更多时候,他以自我毁灭的方式行事,破坏他的职业成功和个人关系。其中一些病人会产生自杀倾向,公开表达死亡的愿望,希望消失在遗忘中,死亡被理想化为一劳永逸解决所有问题的方案。

由于个人似乎决心满足死亡并消失于无物的欲望,这类似于弗洛伊德对"纯粹"死本能的描述,人们可能会认为我们在这些状态中处理的是完全解散态的死本能。然而,从分析的角度能观察到,这种状态是由自身的破坏性妒忌部分的活动引起的,这些部分从看上去已消失的力比多关怀的自身中严重地分裂出去并解散了。整个自身暂时与破坏性的自身相认同,破坏性的自身旨在通过破坏作为儿童所经历的依赖性力比多自身,来战胜由父母和分析师代表的生命和创造力。

病人常常认为已经永远地毁掉了其关心他人的自我、他的爱,而且任何人都无法改变这种情况。当这个问题在移情中得到解决,病人体验到一些力比多部分活跃起来,对代表着母亲的分析师的关心就会出现,这种关心减轻了破坏性冲动,减少了危险的解散。

有一些自恋的病人,在他们心中,解散了的破坏性冲动似乎一直在活动,并支配着他们的整个人格和客体关系。他们只是稍微掩饰自己持续的漠不关心、棘手的重复行为和有时公开的贬损,来贬低分析师的工作,他们以这些方式表达自己的感受。他们以这种方式浪费或破坏分析师的工作、理解和满足,来宣称他们面对代表生命和创造力的分析师所拥有的优越性。他们感到优越的是能够控制和扣留住自己想要依赖分析师的那些部分,因为分析师是一个会对自己有帮助的人。他们的行为就好像失去包括分析师在内的任何爱的客体都会将他们弃于寒冷中,甚至会刺激出一种胜利的感觉。这样的病人偶尔会经历羞愧和一些迫害性焦虑,但只有极少的内疚,因为他们的力比多自我几乎要灭绝。看上去,

## 第13章 精神分析中生死本能理论的一种临床方法：对自恋攻击性方面的研究

这些病人处理破坏性和力比多冲动之间的斗争，是通过杀死自己关爱而具有依赖性的自我，并几乎完全认同自身的破坏性自恋部分，来摆脱他们对客体的关注和爱，这为他们提供了优越感和自我崇拜的感觉。

有一名自恋的病人，他通过不断地扼杀自我中试图建立客体关系的任何部分，使他与外部客体和分析师的关系保持着死寂和空虚。他梦见一个处于昏迷状态的小男孩，因中了某种毒而垂死。小男孩躺在院子里的一张床上，正午的烈日开始照在他身上，生命受到了威胁。病人站在男孩附近，但没有做任何事情去移动他或保护他。他只想批评治疗孩子的医生，并感到优越感，因为他自己本应看到的是孩子被移到阴凉处。病人之前的行为和联想清楚地表明，这个垂死的男孩代表了他依赖的力比多自我，他通过阻止它从分析师那里获得帮助和营养而使它处于垂死状态。我向他指出，即使他那么切近地意识到自己精神状态的严重性，体验到濒临死亡的状态，他也没动一根手指来帮助自己，也没有帮助分析师做出拯救的行动，因为他要以杀死幼稚的依赖性自我来战胜分析师，证明分析师是一个失败者。这个梦清楚地说明，破坏性的自恋状态通过使婴儿化力比多自我持续处于死亡或濒临死亡的状态来维持权力。

偶尔，分析性诠释会穿透自恋的外壳，使病人感到更有活力。然后他承认希望有所改善，但很快他就感觉自己的思想飘离了咨询室，变得如此疏离和困倦，几乎无法保持清醒。有一股巨大的阻力，几乎就像一堵石墙，阻止了对情况的任何审视，但渐渐清晰的是，病人感到被拉开了，不能与分析师有任何更密切的接触，因为一旦他觉得得到了帮助，不仅有可能体验到更需要分析师，而且担心分析师会用讥讽和轻视的想法攻击他。与分析师的接触意味着病人自恋全能优越感的减弱，以及意识到心中有难以承受的妒忌感觉，而这种妒忌在过去是通过疏离来严格回避的。

这些病人的破坏性自恋通常看起来是高度组织化的，就好像人们面对着一个由一名领袖主宰的强大帮派，他控制着帮派的所有成员，确保他们相互支持，使犯罪的破坏性工作更加有效和有力。然而，自恋组织不仅增加了破坏性自恋的力量，而且它有一个防御性的目的，即保持自己的权力，从而维持现状。主要目的似乎是防止组织的削弱，控制团伙成员，使他们不会抛弃破坏性组织而加入自我的积极部分，或将团伙的秘密出卖给警察、保护性超我，站到能提供帮助的分析师一边，这人可是可以拯救病人的。经常有这样的病人在分析中取得进展，想要改变，他就会梦到被黑手党成员或青少年犯罪分子攻击，负性治疗反应就会出现。根据我的经验，这种自恋组织主要不是针对内疚和焦虑，而是似乎追求维持理想化和破坏性自恋的优势力量。改变和接受帮助意味着软弱，被为他提供优越感的破坏性自恋组织视为错误或失败。在这种情况下，对分析存在着一种极坚决的长期抵制，只有非常详细地暴露这个系统才可能使分析取得一些进展。

在这些病人中，许多人的破坏性冲动与倒错有关。在这种情况下，本能的表面融合并没有令破坏性本能的力量减弱；相反，通过攻击性本能的色情化，其力量和暴力大大增加。我觉得跟随弗洛伊德将倒错作为生死本能之间的融合来讨论是令人混乱的，因为在这些情况下，自我的破坏性部分已经控制了病人个性中所有力比多方面，因此得以滥用它们。这些情况实际上是病理融合的例子，类似于混乱状态，其中破坏性冲动压倒了力比多冲动。

在一些自恋的病人中，自我的破坏性自恋部分与一个精神病性的结构或组织相联系，这一组织与人格的其他部分相分离。这个精神病性结构就像一个妄想生成的世界或客体，自身的某些部分倾向于退缩到其中。它似乎由自身的一个全能或全知的极端无情的部分所支配，这一部分创造了这样一种概念，即在这个妄想的客体中，有完全的无痛感，而且拥有沉溺于任何施虐活动的自由。整个结构致力于自恋的自给自足，并严

## 第13章 精神分析中生死本能理论的一种临床方法：对自恋攻击性方面的研究

格针对任何客体的联结。这个妄想世界中的破坏性冲动有时会公开表现为过度残忍，用死亡来威胁自身的其他部分，以宣示自己的力量，但更多时候它们会伪装为全能的仁慈或拯救生命，承诺为病人提供快速、理想的解决方案，解决他的所有问题。这些虚假的承诺意图使病人的正常自我依赖或沉迷于他的全能自我，并引诱正常的理智部分进入这个妄想的结构，以便禁锢他们。当这种类型的自恋病人开始取得一些进展，并与分析师形成一些依赖关系时，严重的负性治疗反应就会出现，因为自我的自恋性精神病部分试图通过引诱依赖的自我进入精神病性的全能梦境状态，对生活和代表现实的分析师行使其权力和优越，导致病人失去现实感和思考能力。事实上，如果病人的依赖部分，也就是他人格中最理智的部分，被劝说远离外部世界，并将自己完全交给精神病性妄想结构去支配，有可能会出现急性精神病状态。这个过程与弗洛伊德描述的放弃客体投注和将力比多撤回到自身的过程有相似之处。我所描述的状态意味着自我从力比多客体投注中退缩，进入类似于原始自恋的自恋状态。病人似乎从世界中抽离出来，无法思考，经常感到被下了药一样。他可能对外部世界失去兴趣，想躺在床上，忘记以前治疗中讨论的内容。如果他设法来参加治疗，可能会抱怨他身上发生了一些不可理解的事情，他感觉被困住，有幽闭恐惧，无法摆脱这种状态。他经常意识到自己失去了一些重要的东西，但不确定那是什么。这种损失可能是具体的感觉，如丢失了钥匙或钱包，但有时他会意识到焦虑和损失感是指失去了自己的一个重要部分，即与思考能力有关的理智的依赖性自我。有时，病人会发展出对死亡的急性疑病恐惧，这种恐惧的程度是相当令人难以承受的。在这里，人们会产生这样的印象：能够观察到死本能最纯粹的形式，死本能作为一种力量通过虚假地承诺一种涅槃状态，成功地将整个自身从生活中拉到一个类似死亡的状态，这将意味着基本本能的完全解散。然而，对这一过程的详细调查表明，我们处理的不是一种解散状态，而是一种病理性融合，类似于我在倒错中描述的过程。在这种自恋性退缩状态中，病人的理智依赖部分进入妄想客体内部，发生了投射性认同，这时理智的自我失去了自己的身份，完全被无所不能的破坏性过程所支配；在病理融合持续期间，它没有力量反对或减轻后者；反而在这种情况下大大增强了破坏性过程的力量。

临床工作中，首要的是帮助病人发现并拯救自我的依赖性理智部分，帮助它脱离被困在精神病性自恋结构中的位置，因为正是这部分，是与分析师和世界产生积极客体关系的重要联结。其次，重要的是逐渐帮助病人完全意识到自身中分裂出去控制精神病性组织的破坏性全能部分，因为这部分只能在孤立中保持全能的力量。当这个过程被完全揭示出来时，就会发现它包含了自身的破坏性妒忌冲动，这些冲动已经被孤立出来，然后对整个自身有如此催眠作用的全能性就会被挫败一些，全能感中的婴儿化实质就会暴露出来。换句话说，病人逐渐意识到他被自己全能的婴儿部分所支配，这部分不仅把他拉向死亡，而且使他婴儿化，阻止他成长，让他远离可以帮助他实现成长和发展的客体。

我现在将简要地报告一名自恋型神经症病人的一些案例材料，以说明他身上如何存在一个分裂出来的、无所不能的、具有破坏性的部分，在分析过程中，这个部分更能被意识到，并且不再那么暴力。该病人是一名商人，37岁，未婚，已经接受了几年的治疗。他因为性格问题而来接受分析，并且有意识地坚定决心要进行分析并在分析中合作。然而，他对分析有长期的阻抗，阻抗非常难以捉摸、反复发生。病人偶尔要离开伦敦短期出差，他经常在星期一回来得太晚，因此错过一部分或整次会谈时间。他在这些旅行中经常遇到女人，并把与她们有关的许多问题带到分析中。当然，从一开始就很清楚，这是某种付诸行动，但只有当他经常报告说在这种周末之后的梦中出现了谋杀活动时，我们才发现，在付诸行动中隐藏着针对分析和分析师的暴力破坏性攻击。病人起

# 第13章 精神分析中生死本能理论的一种临床方法：对自恋攻击性方面的研究

初不愿意接受他周末的付诸行动是对分析的杀戮，也因而是在阻碍分析的进展，但他逐渐改变了自己的行为，分析变得更加有效，他报告说他的一些个人关系和生意活动都有了很大的改善。与此同时，他开始抱怨睡眠经常出问题，在夜里会被剧烈的心悸惊醒，使他几个小时都睡不着。在这些焦虑发作期间，他感到自己的双手不属于自己；它们似乎具有强烈的破坏性，就好像要把什么东西撕碎似的，而且力量大到他无法控制，所以不得不向它们屈服。然后他梦见一名非常强大的傲慢的男人，有约2.7米高，那人坚持绝对服从于他。他的联想清楚地表明，这个人代表了他自己的一部分，与他无法抗拒的双手上的强烈破坏性感受有关。我诠释道，他把自己的全能破坏性部分视为一个超人，身高2.7米，力量大得让他无法违抗。他拒绝接受这个全能的自己，这解释了他的双手在夜间发作中给他带来的陌生感。我进一步解释说，这个分裂的自身是一个婴儿般的全能部分，它声称自己不是一个婴儿，而是比所有成年人，特别是比他的母亲和父亲以及现在的分析师更强大和更有力量。他的成人自身完全被这种全能的断言所欺骗，也因此被它削弱，以至于他感到无力对抗夜间的破坏性冲动。病人对这个诠释的反应是惊讶和宽慰，并在几天后报告说，他在晚上感到更能控制自己的双手了。他逐渐意识到，夜间的破坏性冲动与分析有一定的联系，因为在取得任何可以归因于分析的成功之后，这些冲动都会增加。因此，他看到想要撕裂自己的愿望是与想要撕下并摧毁自己的一部分的愿望有关，那个部分是依赖于分析师并重视分析师的。同时，在分析过程中，被分裂出来的攻击性自恋冲动变得更加能被意识到，他冷笑着说："在这里，你只能整天坐着，浪费时间。"他觉得自己是重要的人，他应该可以自由地做任何想做的事，不管那对别人和自己有多残忍和伤感情。他对分析给他带来的洞察力和理解感到特别愤怒。他暗示，他愤怒是因为想责备我帮助了他，因为这干扰了他无所不能的付诸行动。然后他报告了一个梦，他在跑长跑竞赛，他非常努力。然而，有一个年轻女人不相信他在做的任何事。她很不道德，很讨厌，想方设法干扰和误导他。有人提到了这个女人的弟弟，叫作"蒙迪（Mundy）"。他比他的姐姐更有攻击性，他出现在了梦中，像野兽一样咆哮，甚至对她咆哮。梦中提到，在前一年，这个弟弟曾执行任务误导所有人。病人认为"蒙迪"这个名字是指他一年前经常缺席的星期一（Monday）的会议。他意识到那种不受控制的暴力攻击性与他自己有关，但他感到那个年轻女人也是他自己。在过去一年中，他在分析会谈中经常坚持说他感到自己是个女人，并且非常蔑视分析师，优于分析师。然而，最近他偶尔会梦见一个小女孩，她很容易接受并欣赏她的老师，我把这诠释为他的一部分想对分析师表现出更多的欣赏，却被他的全能所阻止，无法明说。在梦中，病人承认了自己的攻击性全能部分呈现为男性，在一年前一直支配着他的付诸行动，现在已经变得相当清醒。他对分析师的认同在梦中表现为决心在分析中努力工作。然而，这个梦也是一个警告，他将在分析中继续攻击性付诸行动，他以一种误导的方式断言，他可以把自己全能地表现为一名成年女性，而不允许自己带着源于更积极的婴儿部分的接受性感情来回应分析工作。事实上，病人在分析中正朝着加强他的积极依赖性方向发展，这使他能够不加掩饰地暴露出人格中攻击性自恋全能部分的对立面；换句话说，病人严重的本能解散正逐渐发展为正常融合。

## 总结

我在本文中尝试研究了攻击性冲动占主导地位的临床问题，并研究了它们与弗洛伊德关于生死本能的解散和融合的理论之间的关系。即使在最严重的本能解散状态下，类似于弗洛伊德对死本能原始形式所描述的那些临床状态中，我们也能在详细分析后发现，死本能的破坏性方面正在积极地令来自生本能的自身力比多部分瘫痪，或在精神上杀死这些力比多部分。因此，我认为，在临床情况下不可能观察到未融合的死本能。

其中一些破坏性的状态不能被描述为解散，因为它们实际上是病态融合，在这种融合中，由自身的破坏性部分支配的心理结构成功地禁锢和压制了力比多自身，后者完全无法抵制破坏性的过程。

似乎某些全能的、自恋的状态被最猛烈的破坏性过程所支配，因此，力比多自身几乎完全不存在或丧失了。因此，在临床上，必须要找到办法接近力比多依赖的自身，这可以减轻破坏性冲动。在分析自恋状态的全能结构时，一定要暴露出来该过程的婴儿本质，以便释放这些依赖性部分，这些部分可以形成良好的客体关系，带来力比多客体的内射，这是正常融合的基础。

# 参考文献

Abraham, K. (1919) 'A particular form of neurotic resistance against the psychoanalytic method' in *Selected Papers*, London: Hogarth Press (1942).

——(1924) 'A short study of the development of the libido viewed in the light of mental disorders' in *Selected Papers*, London: Hogarth Press (1942).

Freud, S. (1911) 'Formulations on the two principles of mental functioning', *SE* 12.

——(1914) 'On narcissism: an introduction', *SE* 14.

——(1915) 'Instincts and their vicissitudes', *SE* 14.

——(1916–17) 'Introductory lectures on psycho-analysis', *SE* 15–16.

——(1920) 'Beyond the pleasure principle', *SE* 18.

——(1923) 'The ego and the id', *SE* 19.

——(1924) 'The economic problem of masochism', *SE* 19.

——(1933) 'New introductory lectures on psycho-analysis', *SE* 22.

——(1937) 'Analysis terminable and interminable', *SE* 23.

Hartmann, H. (1953) 'Contribution to the metapsychology of schizophrenia', in *Essays on Ego Psychology*, London: Hogarth Press (1964).

——Kris, E. & Loewenstein, R.M. (1949) 'Notes on the theory of aggression', *Psychoanalytic Study of the Child*, 3–4.

Kernberg, O.F. (1970) 'Factors in the psychoanalytic treatment of narcissistic personalities', *Journal of the American Psychoanalytical Association*, 18, 51–85.

Klein, M. (1946) 'Notes on some schizoid mechanisms' in M.Klein, P.Heimann, S.Isaacs, and J.Riviere *Developments in Psycho-Analysis*, London: Hogarth Press (1952) 292–320 (also in *The Writings of Melanie Klein* vol. 3, 1–24).

——(1952) 'The origins of transference', *International Journal of Psycho-analysis*, 33, 433–8; also in *The Writings of Melanie Klein*, vol. 3, London: Hogarth Press (1975), 48–56; also paperback New York: Dell Publishing Co. (1977).

——(1957) *Envy and Gratitude in The Writings of Melanie Klein*.

——(1958) 'On the development of mental functioning', *International Journal of Psycho-Analysis*, 39, 84–90.

Reich, W. (1933) *Character-Analysis*, New York: Orgone Institute Press (1949).

Rosenfeld, H. (1964) 'On the psychopathology of narcissism', *International Journal of Psycho-Analysis*, 45, 332–7; also in *Psychotic States*, London: Hogarth Press (1965) 169–79.

——(1969) 'Notes on the negative therapeutic reaction' in P.Giovacchini (ed.) *Tactics and Techniques in Psychoanalytic Theory* vol. 2, New York: Jason Aronson (1975).

第 13 章　精神分析中生死本能理论的一种临床方法：对自恋攻击性方面的研究

——(1970) 'On projective identification', paper read to the British Psycho-Analytical Society, first published in 1971 in P.Doucet and C.Laurin (eds) *Problems of Psychosis*, The Hague: Excerpta Medica, 115–28 and reprinted here on pp. 117–37.

# 第14章

## 残忍与心灵皱缩

艾瑞克·布伦曼

这篇文章是基于1970年10月欧洲精神分析大会上宣读的关于《残忍与心灵皱缩》的论文发展而来；出于保密的原因，直到1985年这篇文章才发表于《国际精神分析杂志》(66: 273-281)。

在正常的发展过程中，爱会改变残忍；为了永久保持残忍，必须采取一些措施防止人类的爱发挥作用。我的观点是，为了维持残忍的操作，人的内心启动了一种有目的的心灵皱缩（narrowmindedness）过程。这个过程将人性从内心挤压出去，不让人性化理解改变残忍。这一过程的结果导致产生了"非人道"的残忍行为。

如果从神的视角来思考俄狄浦斯神话，我们可以看到这样一个过程：阿波罗神指定俄狄浦斯杀死他的父亲拉伊俄斯，娶他的母亲约卡斯塔。任何凡人，即人性的干预都不能对抗上帝的预言。在这里，我们看到了无所不能的心灵皱缩后的固执：没有什么可以阻挡无所不能的上帝的决心。

拉伊俄斯唯一的希望是杀死俄狄浦斯。在这里我们看到，用残忍对抗残忍似乎是唯一的解决办法。一个牧羊人奉命带走俄狄浦斯，并将他遗弃在山上。这时人性的同情心——残忍的解药介入了，因为牧羊人不忍心这么做，他把孩子托付给了科林斯牧羊人。但这一部分的人性并没有阻止悲剧的发生。

作为残酷命运的结果，俄狄浦斯在逃离弑父命运的旅途中杀死了他的父亲，再次强调了人性化理解的无能。在与约卡斯塔结婚后，俄狄浦斯认为必须铲除杀害他父亲的凶手，他坚持不懈地执着地追求这一目标，拒绝接受一切人性化的劝告。当悲剧的真相大白于天下时，他挖掉了自己的眼睛，放任自己接受残忍的流放。

除了那些被广泛接受的解释之外，这个神话还表明强大的全能之神决心战胜人类的同情心和理解，而这本身就引发了以残忍对抗残忍的操作。罪恶的揭露同样导致无情的残忍判决，无爱的流放，没有人性化的安慰；相当于超我的残忍。不过还好，他的女儿安提戈涅带来了一些人性化的安慰。

在我看来，这个神话显示了另一个有意思的特征：全能、残忍、无情的神实际上受到崇拜和尊敬，并被赋予比人性的爱更高的地位。我认为，正是因为无情的神事实上比人性更"受爱戴"（以及更被畏惧），才发生了这样的灾难。

当爱与恨发生冲突时，要么我们感到内疚并做出补偿，要么我们受到内疚的迫害。为了避免这两种后果，我们还可能歪曲事实，从一个好客体中汲取力量，并以善良的名义自由地实施残忍。就好像我们无所不能地绑架人类正义，以正义的名义实施残忍。

我们现在普遍接受了"无所不能"属于人的本性这一观点。历史为我们提供了许多这样的例子：希特勒政权、理想化全能的民族征服等。西班牙宗教裁判所也很好地说明了这一心理扭曲现象，他们倡导宽容、理解和兄弟般的爱的宗教伦理，却以宗教的名义残酷地折磨着人们。

希腊悲剧的歌队目睹着各种各样的悲剧，但只是绝望地目睹着悲剧英雄被锁定在命运的狭窄范围内。精神分析师们和歌队一样见证了这一过程，不同的是精神分析师希望通过理解的干预改变这一过程。在我的临床案例中，这些病人保持着残忍态度，他们持续以一种残忍的方式抱怨；通过投射，感到分析师的解释也同样具有残忍的品质。我还希望展示感知的缩小现象（心灵皱缩），这一现象促发了变得残忍和维持残忍的过程，也避免了发生精神病性灾难。

## 第一个临床案例

病人是一名 42 岁的犹太妇女，出生在东欧，她用充满敌意的方式抱怨自己所经历的痛苦。她曾两次尝试接受精神分析。她诉说自己的痛苦无法忍受。她精神极度痛苦，抑郁且深受折磨。她背痛难忍，对药物治疗无反应，还被头痛困扰，她感到眼睛刺痛，表现为无法集中注意力，看不清楚，眼睛无法长时间对焦。

我在治疗她的过程中了解到，她折磨自己的丈夫，羞辱和嘲笑他，长期离开他，在他知情的情况下外遇；她忽视自己的孩子，对熟人既残忍又恶毒。然而，她相信自己是残酷命运的受害者，她感到几乎每个人都在残忍地对待她。

她之前的分析持续了一年，她一直对分析师大喊大叫，指责分析师，抱怨自己受到不人道的待遇。

当她来我这里接受治疗时，她的丈夫已经和她离婚了。她在分析的第一阶段对我大喊大叫，抱怨不已。

在分析过程中，我感到自己陷入残忍的围攻，在她永不停止的委屈诉说中无法做出有意义的诠释。她就像古董收藏家一般兴致勃勃地收集记录着各种抱怨。

她指责我是一个冷酷无情的盎格鲁—撒克逊人，抱怨我强迫她屈服于我的分析理论，完全无视她的人性困境。

她一方面对我残酷攻击，一方面通过投射把残忍产生的内疚感算在我头上。这两方面的结合表明她特别需要一个这样的客体：既能容忍作为受害者被残忍对待，又能具有内疚感，为这些攻击承担罪责。

例如，她梦见自己将一辆卡车停在停车收费表旁。然而，这辆卡车太大，占用了太多车位。一名交通管理员走过来盘问。她立即将卡车撞向电话亭，将其撞碎。

她把交通管理员和一个小官员的内心狭隘联系在一起，后来把这归因于我。她的梦有许多其他含义，我们注意到的一点是，她的愤怒摧毁了一切形式的交流（电话亭），这是她对我这个内心狭隘、无所不能的"官僚"的反应；她对我的看法是，我只会说教，只能看到她做错了什么（一个严厉的超我）。她觉得我看不出她有必要停车；有必要找到一个休息的地方或者家。她觉得我不能同情她对更多空间、更多时间、更多会谈的需要，也不能同情她的困境。

因此，生活在如此残酷和心灵皱缩的谴责环境中，她所能做的就是粉碎我们的沟通方式——分析。

值得注意的是，她自己并没有意识到自己需要"停车"，也没意识到她需要我给她一个"家"。她认为我的行为像个徒有虚名的人，没有意识到她需要我。

我的诠释使她获得一些放松。我还向她展示了她自己的一些行为；诸如她对我的错误非常敏感，显示出专家一般的敏锐。她"关闭"自己的感知，不去体会我身上可能存在的任何善良和帮助的部分，以及她自己依赖的需要，也拒绝意识到她真的这样做了。

这名病人在14岁时被纳粹分子从家中"连根拔起"，她的父母被带到集中营，随后死亡。这一悲剧对她的成长产生了致命的打击。然而，在我看来，我作为一名交通管理员的形象与纳粹的残暴并不相符，而是与她投射的自己身上好管闲事的孩子形象相对应。

在随后的几次治疗中，我了解到她已经再次"连根拔起"，她离开了丈夫和孩子到国外追求艺术。她几乎不考虑他们的需要，或者说实际上也不考虑自己的需要。

## 第14章 残忍与心灵皱缩

渐渐的，我了解到她对我建立的印象，我被她描绘成自鸣得意、沾沾自喜的样子。她似乎决心要结束我内心的平静。她坚持认为，我从事精神分析完全是为了赚钱，是为了让我相信我了解生活的一切。她试图让我相信我对精神分析的全部信仰仅仅基于一个谎言，这个谎言的驱动力是我贪婪的全能感。最重要的是，她想知道我是否能面对我建立起来的这个虚假生活；面对幻觉和内疚，放弃它而没有任何依靠。她甚至妒忌我是一名医生这个事实，如果我意识到精神分析是一种错觉，我将一无所有。

对我的这些攻击是她试图摧毁我的善良和创造力，但最重要的是，我当时觉得她向我传达了一种煎熬感，她认为那是我没有勇气面对的感觉。我知道我会经历什么，而她必须自己面对这一点；她希望有人能同样体验这样的困境，给她力量在生活中面对这一点。她残酷的命运是意识到自己的生活建立在谎言之上，她一无所有。这个谎言对她来说非常具体。她是一位才华横溢的女性，曾创作过描绘人类深刻品质的艺术作品，但她的个人生活却缺乏这些品质。她感到孤独，不被爱，被一个批评性超我所迫害。

我在治疗中所做的是给她一些安全感，包括容纳她的投射，以及在面对她建造生活的方式时分担她的部分感受。她逐渐能够把这看作一个内部问题，每当她必须做出决定时，这个问题就会折磨她。例如，当她不得不买橱柜时，她觉得如果买了一个大的，就会被花钱太多的想法折磨；如果买了一个小的，她就会认为自己小气并且愚蠢，破坏了厨房的整体品质。两种想法都是残酷无情的，她感到筋疲力尽。

事实上，无论她做出什么决定，在现实中都算不上糟糕。然而，她的内在争论中的每一方都有这种残酷的性质。如果她多花了钱，她会被指责为正在让自己彻底破产而将后悔终生；她还将被逐出教会，被迫生活在罪恶之中。同样地，如果她小心用钱，她那小气的性格就会暴露出来，这很丢脸，同样会遭受嘲笑和责备，仿佛她破坏了整个房子。

所有这些行为都具有残忍的性质。她对我的行为，她描述的我对她的行为，以及她内部冲突的组成元素，都有着同样让人难以忍受的后果，那就是她将被驱逐、被孤立，没人喜欢她，反而指责她毁了一切，并且是无法挽回的，没有被宽恕的机会，也没有补偿的机会。在我看来，这种残忍还有另一个特点，那就是她的生命除此无他。整个生命都局限于这些元素，没有别的了。每一个问题都是生死攸关的，遵循狂热的某种教义模式，任何一种罪恶都会导致永远的诅咒。

逐渐地，分析师发展出一种好的理解，其中的一些元素缓解了残忍。但我想说明的是分析师给出这一理解之后发生了什么。

在一次治疗中，她感到被理解，她觉得我共情了她的困境；她从肉体上的痛苦中得到极大的解脱。到了下一节治疗（间隔一个周末），她忘记了那次体验很好的治疗。

尽管如此，她做了一个梦：她是基辅大学宿舍的一名学生，那里有一个特殊的区域供她休息和寻找避难所，她被一对夫妻抚养，他们理解她，尊重她是一个独立的个体。

她联想到，在那里找到安慰很奇怪，她认为那儿是对犹太人不友好的地方。她觉得把这样的好品质赋予这样的人是反常和奇怪的，这些人不配。她意识到两点。

（1）她毁掉了一段关于获得理解的治疗的美好记忆；这等同于爱。
（2）赋予了全能的种族主义者善良的人性品质，虽然他们实行残忍的行为，但他们的残忍被否认了；相反，他们被理想化为带来安慰的人。

在这里，她再现了自己的过往经历，当时她鄙视自己的父母，认同金发碧眼的雅利安人,并把自己比作他们,全然不顾他们傲慢地蔑视她的犹太人特点。

因此可以看出,她认同残忍的全能神,歪曲了她的父母和我的分析中好的部分。她把人性化理解和爱的属性赋予了那些折磨她的人,她身上无所不能的部分也认同了他们。

她意识到,她相信自己是最有人情味的人(这就是她施行残忍的方式),她从父母和我身上偷走了人性,她是残忍行为的实施者。正是她以正义的名义,以狂热的毅力,在自己的分析中实施审判,甚至故意为此受苦。

后来,她梦到去一个火车站,她的腹部装有定时炸弹。她联想到前夫登上火车时,她情绪大爆发,指控他不忠。她"定时"这样做是为了证明自己的愤怒是正当的,并从脑海中挤掉她自己也曾发生婚外情而离开他三个月的事情。通过将自己的想法变得狭窄,只想到前夫可能不忠的事,她掩盖了自己的错误,并可以为这一孤立事件制造爆炸。这些发生的时候恰逢我即将休假。

同一天晚上,她梦见一个亚马孙女人,这女人很邪恶,但不知道自己做了什么。这名妇女的头一次又一次地被残忍砸碎,旁观者认为这是正义的。旁观者中有一位正义女神,但这位正义女神并没有被蒙住双眼,而是眼中插着匕首。

她联想到她曾想画一幅描绘亚马孙生活的画。如果她描绘一幅他人残忍的画面,她就可以正义地用一种毫无顾忌的方式攻击它。但为了做到这一点,正义女神不是因为被蒙住眼睛而变得公正;而是在眼睛里充满了匕首。在这里,她既可以怒目而视,也可以让自己的感知受到匕首的攻击(这让人们想起俄狄浦斯的命运)。

她把正义女神眼中的匕首与她自己眼睛的刺痛感联系在一起,以及她无法集中注意力和开阔视野。对这一点的分析减轻了她眼睛的疼痛,但让她开始面对内疚感,她现在可以看到自己的攻击行为是不公正的,而她一直以来那么理所当然地秉持这种不公正的态度。

对内疚的分析当然是必要的;来自超我的狭隘无情的折磨使她难以体验内疚感。

她通过将自己的一生奉献给她认为是完全正义的事业——为以色列而战——以此来防御面对内疚感。

以自我为中心的无所不能的心灵皱缩带来的理性化,以及对罪恶感的防御,以求生存的名义持久存在着。所有问题都被认为是生与死的斗争,因此变得难以忍耐。就这样,她缩小了自己的认知范围,始终站在婴儿的立场上,而婴儿的眼里只有乳头,这样,她的生命聚焦于满足自己的需要上就显得正确和自然了,并且她要求我也将注意力集中在满足她的需要上。

她一生中最大的悲剧发生在 14 岁时,她为逃避纳粹的大屠杀不得不和兄弟姐妹一起离开祖国并活了下来,而她的父母被留在身后且被谋杀了。因此,她的生存会被感觉为是以牺牲父母的生命为代价的。她觉得自己应该与他们共命运。这种内疚从未离开她,她觉得无法弥补。不仅是内疚的负担阻碍了她享受生活,而且她开始意识到自己身上存在一个"杀死快乐"的部分(事实上,这是很多内疚的原因)。

她意识到自己有一部分行事特别残忍。如果我不能完全满足她,让她觉得自己很特别、很独特,她就会发动一场恶毒的毁灭,扼杀我的分析和我的作品。当我向她指出这一点时,她声称我迫使她感到内疚,指责她是不可爱的,在她余生中都借此折磨她。

事实上,我容忍了这些,涵容了这些,并继续试图理解和帮助她,但是这一事实并没有给她带来任何快乐。她看不到她在扼杀欢乐和安慰;只看到她遭受的痛苦。她感觉我给她带来了痛苦,她对着这些痛苦尖叫、大喊。

当她看到她在自我沉浸中摧毁了我身上的好父母部分时，她获得了戏剧性的解脱，最终能够感谢我并感到抱歉。到这时，在一个更有同情能力的超我陪伴下，她可以体验到内疚感了，并有更多的力量和希望来处理它。

这与她真实的过去形成了鲜明对比，我有理由相信那时她的母亲屈服于她的攻击，令病人内射了一位绝望的、被摧毁的、责备她的母亲。

## 分析的进展

在前面关于这个病人的描述中，我描述了她如何被关在空间狭小的残忍中，与"家"隔绝。渐渐地，我们在分析中建立了一些家的概念，这让人能够对抗残忍。在关于基辅的梦之后，我们看到她开始意识到需要一个家来照顾自己的婴儿部分，她认识到她从父母和我身上偷走了东西，并将我们的好品质赋予了她所认同的残忍的"理想化的雅利安人"。

我们还发现，她用自己的方式尝试为自己提供一个家。如果她处于一种模糊的精神状态，她就可以建立一个舒适的家，而不用区分她自己和客体。在激烈的肉体性欲结合中，她感觉到一种"归属感"。她在躁狂偏执发作时也有一种安全感，那时候所有的好品质都在她内部。但这些经历都不能滋养她，帮助她成长。所有这些过程摧毁了真正有帮助的独立的"乳房""妈妈"或"分析师"。

对这些问题的分析使她认识到，为自己的需求寻找一个家是极端重要的。她开始重视我给她的心理家园和朋友给她的家园；她开始仰慕那些给她提供家的人和那些承认自己需要家的人。

她生动地向我描述了她是如何遇到一位俄国犹太人的，他设法离开了俄国，正前往以色列。这个人牺牲了工作领域中一个重要的有声望的职位。对她来说，他扮演了英雄的角色，她渴望与这样一个男人结合，因为他可以在心中保持家的概念，冒着在他的国家坐牢的风险，最终在以色列安家落户。

她由衷地钦佩这位俄国犹太人放弃了自己的世俗成功，转而追求更多的人性抱负。然而，在遇见这个男人之后，她做了一个梦，梦中她在泰晤士河钓鱼。她的鱼线末端钓到了什么东西，但不管怎么努力都拉不上来。最后，她发现鱼线连接在一个嵌在岩石中的金属盒上。盒子上写着"X 银行"，里面写着"Y 咖啡馆"。（我用"X"和"Y"来掩饰可识别信息。）她将银行"X"与前夫的银行联系起来，在那个时候，钱似乎取之不尽用之不竭。她将"Y"咖啡馆与一家咖啡馆联系在一起，她过去常在那里见她的艺术圈朋友，他们在咖啡桌上以一种高级时尚的优越感"主宰世界"。泰晤士河让她联想到一些艺术书籍出版商，她希望他们能出版她的艺术作品。

她很快意识到，尽管一开始是为了一个"人性化家园"而牺牲世俗成功的梦想，但她对金钱和成功的渴望根深蒂固，像石头一样。这个梦确实包含了她寻找"全能的神"（咖啡馆"Y"）的元素，但在我看来，这本质上并不邪恶和残忍。总体情况是她对金钱和成功的追求，这有一定的现实基础。她并没有像梦见在基辅那样，在一个"残忍倒错的家庭"里被呵护。她在追求金钱和成功，而她自己的不同部分之间存在斗争。她与她的矛盾心理斗争，而不是退回到一个倒错的解决方案来消除矛盾。

但我认为最引人注目的进展，是她对梦中所做的事情的反应。她不必"挖出她的眼睛"，缩小她的认知，为自己辩护或感觉受到无情的责备。她可以看到自己的这一部分，给它一个家，并意识到与这些元素斗争是她的任务。我相信，她有这样的进展是因为我可以提供给她这些部分和情感需要一个家，以及随后她内射了我的"心理家园"。这使得分析能够以一种有建设性地运用洞察力的方式进行，而没有被视为来自道德超我的残酷谴责。

她自己反思说,她认识到了这些动力的力量,并思考了她对待儿子的方式。要是儿子不是很成功,她就会表现得很拒绝。她真切地感到内疚,似乎决心给他一个正常的家,无论他有没有取得成功。

进展最显著的一点是,她为关于母亲的记忆留下一个家。她对母亲的描述也许不准确,她记得母亲总是焦虑不安,总是抱怨父亲,以及只要她不是正好是母亲期待的样子就唠叨她,母亲对她的工作或娱乐活动一点也不感兴趣。她仿佛站在一个精神崩溃的母亲和一个要求很高的人之间。现在她可以看到她母亲抑郁、不快乐,但总是在努力。作为一个女人,母亲从为家庭创造良好的物质条件中获得满足,她总是提供好吃的和好穿的,并以"她自己的方式"尽其所能做着这一切。从很多角度看,这都是一幅悲伤的画面,但有一个特点留下了印记,那就是母亲在逆境和沮丧中挣扎和坚持。正是母亲的这种品质,支撑着她在14岁离开祖国,踏上穿越欧洲和土耳其的旅程。

她正是通过认识到我在给她一个"心理家园"时忍受了怎样的痛苦,才给了母亲的记忆一个家园,从中汲取力量,感觉可以自由地从新的爱的经历中获益,而不会感到她抛弃了母亲。她现在可以开始生活在一个更加慷慨的世界里,这个世界减少了她的仇恨,帮助她处理自己的攻击性,缓解了她之前残忍和狭窄世界的恶性循环。

## 第二个临床案例

在第一个案例中,我描述了病人为了生存下去,如何将自己的感知范围缩小到只有一个乳头的画面。在第二个临床案例中,阴茎取代了乳头,成为病人世界的焦点。

这位病人是一位 30 岁的同性恋男性。起初，他的认知狭窄到似乎局限于感官上的满足，但很快我们发现，很明显阴茎代表了更多意义。他的全部生活都围绕着阴茎崇拜。他每天多次冒险在公共厕所发生性行为，主要作为性交中的被动角色。他会赞美这些阴茎——它们笔直、挺拔、高贵等。事实上，这些阴茎的主人有时会抢劫他的钱或袭击他，但这并没有改变他的观点。他从我这里得到的任何力量都被否认，并归因于这些阴茎。

例如，在一次治疗中，他从痛苦中解脱出来，接着丢掉我给他的所有理解，转而向这些"宏伟"的阴茎寻求宽慰，结果再次陷入抑郁。这种模式一再重复。从本质上讲，鸡奸总是残酷的，被用来战胜在分析中与我的理解相联系的好客体。

在反移情方面，他在我心中制造了一种无助感，我完全无力对抗这种强大的、无所不能的阳具崇拜。他试图迫使我信仰他的系统，想让我承认我对他这些激动人心的风流韵事产生无能为力的妒忌。

当这个阳具世界的画面开始崩溃，他陷入抑郁时，他会歌颂抑郁的作家，并试图让我相信，只有那些看到人类生活徒劳的人才是人类心灵的真正巨人；而其他人，像我一样，都是可悲的懦夫。他的内心世界再一次发生了对生命本身持续的心胸狭窄的残忍攻击。逐渐现形的是无所不能的残忍特性，这种残忍令他的创造力和快乐与他的抑郁相比一文不值。

当他转向异性恋时，他无情地将注意力集中在他女朋友的所有缺点上，以她有缺点为由折磨她，傲慢地相信自己像神一样优越。他认为自己是理想的客体，并觉得有权因为她失败了而折磨这个现实中的女孩。

经过艰苦的分析后，他开始更接近于认识到自己的残忍，并开始产生一些内疚感。

他的王牌付诸行动是这样的，有一天，他到的比预约时间早，走进等候室的时候状态极为焦虑。不久后,他离开了我的房子,他知道我能听到他离开的声音;他在我房子外面徘徊,他知道我能从窗户看到他。他知道我不会叫他进来,所以当他来到治疗室门口时,错过了大约五分钟的治疗,他现在感觉可以正义地谴责我了。他,我的病人,极为焦虑;而我,分析师,极端残忍,我遵从分析技术并将其凌驾于人性和痛苦之上。我决不会偏离分析技术去帮助他,这样一来,现在他就可以证明残忍的是我。

贯穿他的整个残忍模式,他始终保持了一种自恋的先占观念,即他是对的,他知道真正的事实,他爱那些真正有价值的东西。最终,他独自与"人性"同行,而我什么也没有。

我毫不怀疑他对人性和创造力存在基本的妒忌,不过我想强调的是,他将自己的认知范围缩小到了"他的世界",并排除了任何更全面的理解。当然,他的分析并非一直都是这样,但我想强调的是这种认知缩小的特征,以及随之而来的动力的强度不可小觑。这种模式在每次危机中都重复出现。

我想,无论认知怎样变得倒错和狭窄地排他,人们最终还是无比渴望善良、人性和真理。这个案例还展示了,当他意识到自己所做的事情时所感受到的内疚之痛;他不得不构陷我犯下这一罪行,并准备好让自己痛苦以证明自己的清白。

## 理论思考

弗洛伊德在《哀悼与忧郁》(*Mourning and melancholia*, 1917)中描述了忧郁的病人如何折磨自己的客体并紧紧抓住它,拒绝建立新的客体关系。亚伯拉罕(1924)观察到,在残酷的忧郁中,这些病人对待客体就像对待所有物一样。弗洛伊德和亚伯拉罕都强调退行到自恋的现象，自己和客体不再有区别。

正如我所理解的梅兰妮·克莱因关于抑郁位的概念（1934），在抑郁位，婴儿的发展是开始意识到自己与客体的分离。在我看来，婴儿因此不得不面对自卑感和对母亲的妒忌；面对一个现实，那就是人类的母亲并不理想，母亲也不是他的所有物；因此，必须面对失去母亲的沮丧、内疚和焦虑。

为了保持自恋的状态，人们会对这种意识进行攻击，包括对内在客体的攻击。这些攻击能摧毁人类母亲的意识，因此病人沦落在一个残忍、无爱的世界。

换言之：随着病人的认知发展，从乳头到乳房，再到身体、面部，最终到母亲的思想和爱，形成了一幅"妈妈"的画面。这个妈妈可以被内射，在婴儿的心中得到一个"家"，喂养婴儿爱的能力。正是因为抹杀了整个人类母亲的概念，才将世界的图景缩小成了一个残忍无爱的地方。

此外，因为真实的母亲不是"理想乳房"而发起的攻击（通过自恋认同满足拥有理想和成为理想的要求）导致了超我的介入，这一超我要求婴儿在其余生中必须满足它。因此，他生活在一个残酷、苛刻、心胸狭窄的世界里，这助长了他的恐惧和仇恨，他被迫崇拜这个制度，屈从于这个制度，认同它，一部分是出于恐惧，另一部分是因为它包含着他自己充满复仇心的全能感。超我的理想支配着他的生活。弗洛伊德和亚伯拉罕描述病人紧紧贴着他的客体，把客体当作自己的所有物来对待，在这里变成病人通过内射而被残忍的超我控制，那个超我不会让他自由。

因此，他被限制在自己狭隘的无爱的自恋需求中，由狭隘的无爱的自恋之神统治。除此之外，婴儿把真正的人类母亲驱逐、弃于残酷的流放中，并内射了一个同样残忍而令他无家可归的母亲。此外，自恋的部分人格还放逐了他自身中需要照顾的真实婴儿部分。因此，内心的家园只留给神和自我中神一样的自恋部分，导致"虚假的自我"和生活在谎言中。

这个问题有可能更加复杂，因为婴儿可能已经率先被剥夺了内心好的家园。可能他的母亲拒绝了他的婴儿部分，无法忍受他的焦虑，从这个意义上说，未能为这个婴儿提供一个家。他焦虑而贫乏的自我可能在心理上被放逐了，被弃于残酷的流放。可能他的母亲只能容忍一个"理想的婴儿"，拒绝接受真正的婴儿，或者可能他的母亲过度纵容他，满足了他无所不能的渴望。无论哪种情况，他都强烈渴望复仇和再次创造"理想世界"。

因此，当病人来接受分析时，带给我一个复杂的问题。但在我看来，临床任务是使病人能够利用一个更完整的、理解他的和爱的世界，这是唯一能够拯救他的体验。

我试图在这篇论文中展示这样的过程，这些病人如何试图将分析师的理解局限于证明他们那些在道德正义幌子下的抱怨是正当的，并排挤或阻止任何较为完整的爱来改变这种情况。在这样做的过程中，他们将自己放逐了，陷入爱的匮乏，任由原始超我摆布。

这种自恋组织整体上造成病人无法找到一个可以获得成长、享受生活和经历人类共有经验的好的精神家园。

如果有好的家园，残忍这个问题可以通过与父母的互动变得人性化。我不禁猜测："如果俄狄浦斯是在家里长大的，他还会是那样吗？"他的悲剧在于，他的生命始于流亡，终于流亡。

残酷恶性循环的反面是相互之间共同感受到的关心；母亲在她心中给孩子一个家，而婴儿在他心中给真正的母亲一个家。

# 结论

将母亲视为一个感受痛苦和快乐、能创造性给予的独立的人通常需要一个过程。在某些残忍的情况下，这一过程被恶意排挤出感知范围，造成感知狭窄（心灵皱缩）。

感知范围的缩小将整个客体的形象限制为病人拥有的乳头的作用，从而让病人意识不到爱和内疚感。

病人要求这个客体是理想的，要求客体认为病人是理想的，或者要客体受到报复性惩罚。

善良被劫持，被扭曲到残忍的一边，从而获得力量，避免灾难。这种倒错被神圣化为一种宗教，精神分析师被要求必须皈依这种崇拜，"如果你不这样做，上帝会帮你这样做"。这个过程的内射导致了一个残酷的超我，并建立起一个无望的恶性循环，即无尽的残酷和对一个残忍、倒错、道德化的上帝的无尽的奴性奉献。真正的母亲被驱逐抛弃，真正需要照顾的"婴儿部分"也同样被放逐。

不利的早期环境和分析环境可能：支持全能妄想；触发以残忍对抗残忍；提供自己无所不能的残忍模式作为认同的榜样；崩溃或死亡。所有这些都可能带来糟糕的后果。

分析师的角色是，在病人试图保持分析师和病人的思维处于狭窄状态而激烈攻击时，拓宽病人的感知，以对抗这种攻击，并通过细心分析提供适合的环境。分析师更充分的理解必须有针对性地匹配于病人的认知狭窄，因为这种更充分的理解是改变残忍的手段，允许善良和力量来处理仇恨，让宽恕介入。

通过这种方式，一个"家"被赋予新的良好体验；这使得"家"最初的美好方面能够在病人的头脑中得到重新安置。被放逐的母亲回到家中，成为善良的工作盟友，支持和分担了缓解残忍的任务。

## 总结

本文的论点是，人类的理解改变了残忍，以及为了使残忍保持不变，运行着各种心理机制。最重要的过程包括对全能感的崇拜，这种崇拜被认为比人类的爱和宽恕更为优越，保持全能感是对抑郁的防御，以及将委屈和复仇神圣化。为了避免意识到负罪感，心灵的感知范围被缩小，为残酷行为赋予肤浅的正当性，并消除客体可修复特征。

本文探讨了这些过程如何运作，如何通过投射令分析师的解释感觉起来是残忍的，以及病人如何被锁定在这种恶性循环中。我们探讨了应对这些动力的技术问题，同时也探讨了如何激活足以改变残忍的人类关心。

## 参考文献

Abraham, K. (1924) 'A short study of the development of the libido, viewed in the light of mental disorders' in *Selected Papers on Psychoanalysis*, London: Hogarth Press (1942), 418–501.

Freud, S. (1917) 'Mourning and melancholia', *SE* 14.

Klein, M. (1934) 'A contribution to the psychogenesis of manic-depressive states', in *The Writings of Melanie Klein*, London: Hogarth Press (1975).

# 第15章

# 自恋组织、投射性认同以及认同行动的形成

*莱斯利·索恩*

这篇文章首次发表于1985年的《国际精神分析杂志》(66: 201-213)。

《精神人格的剖析》(*The dissection of the psychical personality*)这篇论文作为第31讲(Lecture XXXI)发表于1933年,弗洛伊德文集标准版的编辑们提示我们,这篇演讲内容大部分来源于《自我与本我》中至少4章内容。尽管如此,弗洛伊德预测观众对讲座内容的回应可能更加保守和谨慎。弗洛伊德在1932年夏天写的序言中说,这是一次仅凭想象技艺的讲座,他在其中批判性地修改了以前的阐述,但在演讲中,他几乎带着一种欢快的音乐感阐述:

"我们希望将自我作为探索的议题,我们自己的自我。但是这可能吗?毕竟自我本质上是一个主体。怎么可能把它变成一个客体呢?嗯,毫无疑问,这是可能的。自我可以把它自己当作一个对象,可以像对待其他客体一样对待自己,可以观察自己,批评自己,天知道还能对自己做哪些事情。在这种情况下,一部分自我将自己与其他部分对立起来。所以自我可以分裂;它在执行许多功能时都分裂自身,至少暂时可以。它的各个部分可以在以后重新组合在一起。这并不是什么新鲜事,尽管这样讲像在特别强调这一众所周知的事情。另一方面,我们都熟悉这样一种观念,即从病理学角度看,通过将事物放大和粗略化,可以让我们注意到通常会逃过我们眼睛的一些正常情况。发生断裂和撕裂的地方,通常呈现出一个断裂面。如果我们把水晶扔

到地板上，它就会碎；但不是碎成随意的碎片。它是沿着裂缝线分裂成碎片，这些碎片的边界虽然看不见，却是由晶体结构预先决定的。精神病人也具有这种分裂和破碎的结构。即便是我们，也无法扣留过去的人们对疯子怀有的那种敬畏之情。他们已经远离外部现实，但正是因为这个原因，他们更了解内部的、躯体的现实，能够向我们揭示许多我们无法接触到的东西（pp. 58-59）。"

我的论文试图通过观察临床案例的表现，来考察不同病人群体自我结构裂开的边界，人格碎片，有时候则是恢复过程，以及在此变化基础上产生的认同。由此，通过考察这些病人在生活和精神分析中各种各样的认同过程，试图对自恋病人及其病理的精神分析工作的大量思想和实践做进一步研究。因此，论文必须清楚地表明移情的存在，因为弗洛伊德本人认为这些病人要么没有移情的能力，要么最多有明显减弱的移情能力。

"原始自恋"一词意味着一种无客体的状态，但在许多分析师关于这一主题的著作中，不断出现诸如自体与客体的混淆、将攻击性投射到客体中、对客体提出不同强度要求等术语。

那么，问题出现了，在一个传统上一直意味着无客体状态的情境中，大量明显以临床可观察的条件为基础的工作是怎么产生的呢？这些条件类似于弗洛伊德描述的原始自恋状态，但在罗森菲尔德的术语（1964）中被称为"原始客体关系"。

让我们看一下两篇论文的简短摘录，这两篇论文多年来一直作为精神分析师关于一般认同过程的观点的典范。我们可以对比与自恋病人一起工作的分析师们的表述，以及他们对此类病人的经验。弗洛伊德在《群体心理学与自我的分析》（Group psychology and the analysis of the ego, 1921）之《认同》（Identification）一文中指出：

"在精神分析学中,认同被认为是个体与他人情感联系的最早表达,它在俄狄浦斯情结的早期历史中发挥作用。一个小男孩会对他的父亲表现出特别的兴趣;他想像他那样成长,长得像他,在各处取代他的位置……在认同父亲的同时,根据依恋(依附,anaclitic)类型,男孩已经开始对母亲形成一种真实的客体投注(object-cathexis)。因此,他在心理上表现出两种清晰的联结:一种是对母亲直接的性欲客体投注,另一种是对父亲作为榜样的认同。这两个状态在没有任何相互影响或干涉的情况下共存了一段时间。由于人的精神成长不可抗拒地朝着一体化方向前进,这两种状态终于相遇了;正常的俄狄浦斯情结就起源于它们的汇合(p. 105)。"

梅兰妮·克莱因在她的论文《论认同》(On identification, 1955)中写道:

"在正常的发展过程中,婴儿在出生第一年的四到六个月时,随着自我整合能力和综合客体的能力增强,迫害性焦虑会减少,而抑郁性焦虑会突显。这意味着个体会感到悲伤,会对他(在无所不能的幻想中)伤害过的客体感到内疚,此时个体对客体的感觉是既爱又恨的;这种焦虑和对它们的防御代表了抑郁位……内化对于投射过程非常重要,特别是内化的好乳房作为自我的一个核心,良好的感觉才可以从这里投射到外部客体上。它增强了自我,抵消分裂和分散的过程,增强了整合与综合的能力。因此,良好的内化客体是整合的、稳定的自我及良好的客体关系的先决条件之一(p. 312)。"

她觉得:"整合意味着活着、爱着,以及被内在和外在的好客体所爱;也就是说,整合与客体关系之间存在密切的联系。"随后她在同一论文中继续说："一个牢固确立的好客体，意味着对它的爱也是牢固确立的，这带给自我一种丰裕和充实的感觉，允许力比多向外迸发，将自身的好部分投射到外部世界，而不会产生枯竭感"。在这篇论文的脚注中，克莱因提到了弗洛伊德的《群体心理学与自我的分析》，她说，在重读时，她觉得弗洛伊德意识到了通过投射进行认同的过程，尽管他主要关注的是内射（p. 313）。当然，在这种情况下，她指的是给出去和接收进来之间的平衡，内射与投射之间的平衡。

罗森菲尔德在论文《自恋的精神病理学》（1964）中，向我们介绍了基于自恋病人研究的相当多的且在不断增长的观点。他指出："在自恋的客体关系中，全能起着非常重要的作用。客体，通常是部分客体，即乳房，可能被全能地并入自我，这意味着它被视为婴儿的所有物；或者，母亲或乳房被用作容器，用来全能地容纳那些投射出来的自身部分，这些部分被感觉为不受欢迎是因为它们会引起疼痛或焦虑"（pp. 332-333）。他继续说：

"认同是自恋客体关系中的一个重要因素。它可以通过内射发生，也可以通过投射发生。当客体被全能地并入时，自身会与并入的客体强烈认同，以至于自身与客体之间的所有独立身份，以及任何边界都被否认。在投射性认同中，自身的一部分全能地进入客体，例如母亲，拿走某些自己渴望的品质，因此声称自己就是这个客体或部分客体。"

罗森菲尔德感觉通过内射和投射进行的认同通常同时发生（我们稍后会回到这一点）。

罗森菲尔德继续说："在自恋的客体关系中，针对自身和客体之间分离的那些防御起着主导作用。意识到分离会导致对某客体的依赖感受，

## 第15章 自恋组织、投射性认同以及认同行动的形成

从而感到焦虑。"他讨论了依赖的含义、它激发妒忌及对妒忌的意识。全能的自恋客体关系消除了挫折和妒忌感受引起的攻击性情绪，因此，全能地拥有乳房及其功能不会让他沮丧，也不会引起他的妒忌。

然而，这样的阐述带来了一个问题。如果在自恋组织中要保持罗森菲尔德描述的这种平衡，就必须重新思考之前表达过的客体或部分客体作为容器的想法；因为一个成功的，甚至部分成功的自恋，都一定在用自己定义的条款"审视"一个特定的客体，如果一次疏散全能地进入了一个容纳的客体，它必须立即或全能地否认疏散这件事，或拒绝意识到客体的潜在容纳能力，因为这也会促发对客体的妒忌。如果发生了或感觉发生了内射过程，这些也会产生类似的困难。正因为如此，我觉得存在一个最低程度的内射性认同过程，我们在本文中应该更多地关注投射机制；因为内射过程的程度越高，我们就越无须关心这种发展，因此越无须关心这类疾病。

我们倾向于认为，年轻人中严重的、通常不可逆转的精神病与内射过程的这种严重干扰有关。这些病人在别人眼里往往都是好孩子，学习能力强，大有希望。这就好像当疾病显现时，无论出于何种原因，一直展现的虚假外表突然被移除，而暴露出来的可能是完全营养不良的自我，此前一直被投射过程虚假地维持着，现在被要求解释自身，最后崩溃了。这种病人迅速恶化的过程我们并不陌生。

罗森菲尔德谈到不带任何关心地投射进入一个客体，他觉得这是因为客体被贬低了。我的感觉是，这种投射本身就是造成贬低和维持贬低体验的原因之一，特别是如果投射与最高程度的妒忌、否认及其后果联系在一起，就更是如此。

我们已经有两种看法用来说明在对此类病人进行精神分析时遇到的困难，一个是"容纳"此类病人的极端困难，在根本上，治疗师要作为病人从未承认或经历过的容器；另一个困难是，精神分析的天然演化允

许、邀请或者保证了这种残酷投射必然会在分析中发生，以及其必然结果，即被贬低，也是如此。梅兰妮·克莱因曾表示，这些病人需要持续的分析，这样他们便能够向自己证明他们不需要分析（出处不明）。

罗森菲尔德谈到，客体关系如何在分析师眼中以及在病人的体验中是理想的和被渴望的。与马桶式母亲的关系被认为是理想的，因为在一次会谈中，当所有不愉快的事情都可以排放到分析师身上时，病人感到放松下来。病人赞美那些在感觉完美或理想的情境下令人满意的诠释，因为这增加了会谈当中他（病人）是好的或重要的感觉。所有这些病人看上去都有一种共同的感觉，那就是他们拥有着所有的美好，而这些感觉本来应该是在与某个客体的关系中体验的。

一名急性精神病期间住院的年轻女性病人生动地证明了这一点。病房里的护士给了她一些杂志看。她觉得杂志没意思，就把它们撕成碎片；在上面撒尿，并津津有味地吃起来。只有在那时她才享受这些东西，她向自己证明了，她的排泄物（尿）比任何人的生产能力都要好得多，比护士的关心和慷慨要好得多。

我们可以从刚才的论述中预期，这类病人会持续表现为明显的精神病性症状。如果我们一直讨论的是，在病人的发展过程中存在从现实中退缩回来、基于系统性否认的回避现实检验、各种程度的全能感、对妒忌的否认进而对羡慕的否认，那么我们就只能预期听到精神病性案例。我希望讨论的自恋病人是，自恋少一些的，或者说人格结构更多是客体导向的。我相信在对自恋问题的研究中，存在一个完整的进程谱系。在弗洛伊德对自恋最初的概念描述中，病人都是完全退缩的；但这个自恋的连续谱会从精神病性的病人，移动到罗森菲尔德在两篇论文中所讨论的病人；再到那些显然维持着正常生活，但以单独的或以成组的现象表现出上文描述的模式，而形成一种特定性格结构的病人；或者还有一些病人，他们的自恋组织持续地或者暂时地作为防御出现在他们的生活和分析中。

为什么有这样的差异？我认为问题的答案在于妒忌的程度，妒忌的程度是否使得前面讨论的各种防御都被调动起来。这些病人的表现以及他们的性格结构因此而存在很大差异。

在精神病性个案中，很典型地，有明显的早期正常成长史，但在分析中从未得到证实，在移情中也肯定不是这样。教育失败有一个逐渐发展的过程；换句话说，当我们面对内射过程的检测时，失败就出现了，最常见的是这种类型的重症病人。精神病性病人会发生症状的突然加重——退缩、痛苦的情绪反应，以及精神状态的迅速恶化。渐离连续谱的这一端时，我们可以看到恍惚、缺乏依恋、没有目标的人，他们总是有很多未实现的承诺，以及奇特、不费力且无意义的适应能力；再往后会看到一些人有些退缩，带着或多或少的不满，屈尊俯就，带着优越感，通常对自己潜在的妒忌或羡慕或两者兼有的情绪状态毫无察觉。

罗森菲尔德在后来的论文《对自恋攻击性方面的研究》（*An investigation into the aggressive aspects of narcissism*, 1971）中提到，"自身理想化的核心作用，或自身全能破坏性部分的理想化，被用于对抗任何积极的力比多客体关系，以及自身中任何体验对客体的需要和想要依赖客体的力比多部分。自身的破坏性全能部分经常被伪装起来，也可能保持沉默或者被分裂出去，因此掩盖了它们的存在，给人一种它们与外部世界没有关系的印象。事实上，它们发挥着强大的作用，防止依赖性的客体关系，令外部客体永远是贬值的，这造成了自恋个体对外部客体和世界的明显漠不关心"（p. 173）。

上述过程在对此类病人的分析中得到了强力印证；当这类病人在分析中感觉得到帮助时，一定是依赖性的、力比多的部分感觉得到了帮助。（我用"得到帮助"这个词指一种分析干预，它使病人的依赖方面得到强化。）也可以清楚地看到，当这个过程发生时，新情境会受到无情的攻击，出现付诸行动，并且再次出现支配和征服的原始情境。这很容易让我们理解罗森菲尔德对分裂本质中囚禁性特征的观点，不是分裂机制，而是自我内部的分裂。

在这样一种精神分析的发展过程中，病人感觉人格的这些方面早已被分裂和投射出去。但只有当他感觉分析正在开始有具体意义时，他才确信他从前拥有的特别力量被抢走了，并且是由分析师在分析过程中实施的抢劫。因此，我们关注的问题似乎在于自我内部分裂的性质，以及随之而来的分裂过程。

在自恋组织中，我们假设发生了一种全能性认同，但我们根本没解释过为什么这个过程是自恋组织发展的基础，以及为什么尽管这个过程本身被认为是如此普遍，但它并不总是导致在这样的人格结构中有着这样的组织发展。因此，我们必须假设，在某些情况下，特别是在精神病性病例中，存在一种永久性的过程，它与较常见的投射性接管过程不同，更常见的过程是可变的、不断变化的，可以被正在发生的精神生活的变迁所激发和修正。

在我看来，在自恋组织中，发生了一种由投射性认同实现的认同；这种认同的过程开启了自恋组织：也就是说，通过成为客体，随后客体就被感觉为在自身的占有范围内。

正是这一点产生了我们称之为全能的感觉，或者说它增强了我们所有人内在的全能感，并解释了这些病人强烈的无动于衷的傲慢，他们可以思考、做事、成为那个原始客体并施加原始客体的所有影响。这种状态拥有作为一个新客体的变色龙般的全部满足感，并希望保持这种状态。然而，它是以破坏性方式发生的，永远不可能被建设性地使用——因为破坏是对自我状态的破坏，也破坏了因此而被贬低的客体。这就解释了这种过程的空洞性，它与正常的认同非常不同。

因此，我们所讨论的自恋组织与弗洛伊德和梅兰妮·克莱因所讨论的是如此不同，我们讨论的自恋组织处于一种不平衡状态，内射被保持在最低限度，自我保持分裂并随后被清除；正是由于这种巨大的差异，我不喜欢在这种语境下使用名词术语"认同（identification）"，我更喜欢用动词术语"认同行动（identificate）"。

发生了这样一个过程，受到妒忌支配，然后是全能否认，在这个过程中，自我的一部分似乎被具象化地分化出来，其行动是不自然的，其中这个部分的自我的新角色和功能是确保全能控制，通过增强针对自我内部发生分裂所产生的自我残余的全能控制来实现。所谓"具象"，我的意思是这种认同行动相信自身就是整个自我。

我觉得，在某些情况下，这种分裂是永久性的；妒忌的程度越强，分裂的持久性就越大，在投射中获得新角色的部分也越占主导地位。正是这种无所不能的支配力，解释了罗森菲尔德所描述的禁锢品质；禁锢针对的是自我剩余的依赖性和力比多方面。我想用认同行动这个词表达的，正是这个所谓的具象化的、分裂出来的部分所"成为"和所"是"的东西。认同行为不单纯是成为神、拿破仑等，它确实可以，但它更具有我前面提到的那种不自然的品质。它被剥夺了任何的充实与关爱，它是隐藏而隐秘的，模仿着各种各样表面上积极的表现。

在分析中最常见的版本是，它突然在分析工作中与分析师共谋建立了虚假工作联盟，一起批评人格中那些令人厌恶的依赖方面，那些被感觉为病态的方面；一起探查疾病，就好像审问一种犯罪，但对"病态部分"的命运有着完全幼稚虚伪的漠不关心。

在与病人修通各种问题时，治疗师总是意识到一股暗流。虽然分析中似乎得出了有见地的结论，但工作中总有一个隐秘的破坏过程，它扰乱和打断进展。这就好像"穿花衣的吹笛手（Pied-Piper）"的故事就在眼前，人格的依赖部分不断地被带走、消失，留下的人格就像故事中幸存下来的瘸腿男孩。与此同时，同样的跛足也被带来阻抗分析工作。

最近的一个相关例子出现在，一次与一名有严重过度害羞问题并伴有病理性吝啬的男子的分析会谈中。这个例子似乎可以清楚地表明，上述过程在该病人的内部和分析工作中都在运作。他看似在认真地投入合作，他与学生的工作似乎也印证了这一点。他提出了一个想法。他一直对那些"协助警方调查"的人印象深刻。他总是感觉他们善良且乐于助人，却没有意识到他们所处状况与犯罪或警察有关，又或者这些乐于助人的人可能就是被告——而这来自一名大学教师，尽管他是倾向于科学立场的！

自恋组织以一种特殊的方式出现。根据被抓住的是怎样的客体或部分客体，或者抓住的客体或部分客体的功能不同，认同可以由多种方式中的任何一种被激发出来。如果认同对象是父母结合体，或者更常见的是关于这种结合体的幻想版本，那么结果就是这个过程最危险、精神上最具诱惑力和破坏性的版本，常仅见于临床谱系中的精神病端。其潜在破坏性在于，尽管这种认同在发展等级中出现得相对较晚，但所产生的结果就仿佛在病人的精神生活中，在这一事件之前什么都不曾有过。这一过程的伴生物通常是全知。我发现，当这种认同行动发生在明显的非精神病性病例中时，这种情况具有更暂时的特征，主要的临床模式通常就是全知。病人有一种不加质疑、也无可置疑的状态——通常被用来对抗任何可能带来威胁的内疚感和想探索的感觉，这些可能带来痛苦的妒忌感受，还可能带来关切忧虑。

我要讨论多个临床案例，从年轻的精神分裂症病人，到有全职工作、性格障碍相对轻微的人。上述问题的本质意味着在分析过程中会经历旷日持久的挣扎，无论病人的诊断怎样，他们的分析都会经历持续干扰，产生负性治疗反应。

通过回顾文献，我们发现治疗师相当重视使用这些病人的梦境材料。通常情况下，这个问题在梦中的表现方式与这些病人一般的表现方式完

## 第15章 自恋组织、投射性认同以及认同行动的形成

全不同。在他们的梦中,有一种罕见的、我有时觉得是挑衅性质的诚实。这些病人给我们的太少了,我们利用他们的梦,试图获得一些治疗反应也无可指摘。当与这些病人交谈时,治疗师不得不将自己的诠释性言语指向一个永远存在的篡位者,或一种无处不在的篡位情境,这种篡位关系取代了在分析情境中创造的任何新的联盟关系。

认同行动相信自身是并且可以实际上是病人的主导自我;因此,在这种情况下的反移情,不仅是弗洛伊德描述的一个人所面对的石墙,而且有另一种性质。分析师会对自己的诠释工作感到不信任,这种不信任可以从很多方面来看:可以是对自己的感知和觉察的攻击,可以是之前描述过的病人的不自然和不真诚感觉带来的自然结果,但我常常感到这是病人对需求的依赖部分的投射,即被病人的认同行动感觉成那么不值得信任和软弱。我已经学会了信任这种不可信任感,不去信任或怀疑工作中的信任感,直到这种感觉可以在移情中得到检查,再被检验。

最近我被一名非常受困和令人烦恼的病人指责为不值得信任,他说他对我失去了信心。这一周我认为我们的工作是令人满意的,有洞察力的反应一直维持着,指责就发生在这样一周的一个巅峰时刻,直到此时我觉得有必要指示护士特别警惕:他是一名冲动的妄想病人,曾定期逃跑,并造成相当大的损害。

在这次会谈中,我感到有些不安,因为他报告说,他在早上注意到自己的尿液呈深色,并提到在暑假里他想摆脱母亲的关注。在我看来,在这次会谈中,他似乎在强调对某种与他无关的商业问题的兴趣,而对他自己的问题、他自己的心理健康和身体健康并不关心。除此之外,几乎没有别的事可谈;气氛友好且"保密"。我的不安就是这种不信任的性质,尽管气氛友好,但我觉得我被问了太多我应该知道答案但我并不知道的问题。两天后,我们以一种爆炸般的但奇怪地具启发性的方式意识到,这整个一周的平静是基于一种虚假的承诺关系,在这种关系中,我

会对各种疯狂行为给予疯狂的许可。事实上，这不是正在承诺，而是已经承诺和安排妥当的——我们是共谋的伙伴关系，在这个伙伴关系中，我对他疯狂部分的正常敌对情绪都被稀释成了大量无足轻重的尿液。他成功地接管了我的工作，仿佛再一次摆脱了好母亲的照料。

现在，我以自己的方式变得不值得信任，也没有激发他的信心，这个事实成为对他的一种称赞。

## 临床资料

我想报告的第一个案例是一名26岁的男性，他受雇于一家大型机构，担任专业工作。他发现自己的工作非常困难，尽管他很聪明，而且他经常想为自己争取更高的职称，这也是他所在部门的直接上司建议的。但是他几乎没有朝这个方向有任何行动。

在这段分析之前的暑假里，他经历了严重的焦虑发作，在我看来，这段时期他相当自我膨胀，期间，与他交谈的人都非常钦佩他。他还有几段长时间的禁食，因为"这对他有好处"。当他回到分析中时，他没有明显的精神病性崩溃迹象，但我们时常注意到他的经历对治疗很重要；我们注意到其经历有充实又令人恐惧的性质——他将此与他的一个信念联系起来，那就是后来他总觉得我有不好闻的气味，就仿佛要确认是否成功排空了一切不好的东西。换句话说，在这个例子中，对他来说任何排空后都有一个可供辨识的结果。

他遇到的一个问题是，必须在工作中表达自己的观点，这造成了极大的困难和令他感觉瘫痪的焦虑。就在我前述内容发生之前，他没能争取到预期的加薪。部门负责人耐心地解释说，这是由于他在部门内的行为，以及他未能达到工作标准；我的病人对这种生硬的拒绝感到非常愤

## 第 15 章　自恋组织、投射性认同以及认同行动的形成

怒。他必须在工作中安排一次会议并担任主持，就因为他的上司不在——他还得介绍一名来自机构海外部门的人员，那人要来介绍一些新的和原创性的工作程序系统。他现在非常相信自己有能力把这一切安排得很好——他在会议前两周这样宣称道。然而就在这一特别经历的当天早上，他在分析会谈中满心忧虑，认为整个过程都可能失败，失败迫在眉睫了，因此，我也无可避免地失败了，精神分析也失败了，没办法帮助他。他很担心这位客座演讲者，因为他确信那人从未被分析过，他要将这位演讲者的原创工作告知所有人（尽管其工作在他的部门里几乎是必读的）。

他报告了一个梦。他驾驶一辆"X7"型汽车，这是某个特定车型的最大号，而他拥有的车是其中的最小号（事实层面上）。那是一辆新车。（梦中那辆车的名字是虚构的，一部分是他上司的名字，另一部分名字暗示侵略和竞争的意味。）这辆车开起来堪称优美，对他的每一个"口头指令"都有反应。他看到一个女孩，他曾经考虑过和她发生外遇。他与她说话，并安排了后面的见面，是含蓄的性约会。他第一次让我注意到这个女孩是犹太人，并提醒我他的父母是多么反犹；他们会多么厌恶她，她的犹太血统和她的深色皮肤。他还提醒我，他们是多么恨他哥哥的妻子，尽管她不是犹太人。我记得那时候他们曾如何表达对她的仇恨，他们一次又一次地说着"我们恨她"。很明显，在这个梦中，他认同自己是父母的结合体，也是他们仇恨能力的结合体，他恨我，恨他第二天要约会的女孩。

在过去的几天里，他也憎恨自己意识到的任何需要，任何需要帮助的线索，在那里他保持着流畅的全知感（就像在梦中，汽车对他的口头指令有完美回应）。他接管了上司的角色，就像在分析中他通过拥有汽车接管了我的角色一样。很明显，这种新的身份认同，产生了虚假的流畅感，这呼应了他仇恨自己依赖的和需要帮助的部分，因为他所需的帮助很难在现有的时间内获得。然而，梦中最重要的事情似乎是能力的剥

夺，与带有恨意的父母之间的联系所产生的剥夺，他的父母憎恨外来者和陌生人。在分析的中间阶段被感知为一个外人或客人，也是非常奇怪的体验。

在第二天，他大发雷霆，说我是一头猪，身上散发着难闻的气味。他在这节会谈中报告，他问过"他自己"是否应该换掉分析师。他还报告了一个梦。这一次，他驾驶的是一辆 AB（他自己的车）系列车型中较小号的车。汽车持续减速，就好像电池有问题，需要恢复活力。他又开始抱怨我的行为，因为我没能理解他的问题。一段沉默之后，他突然宣布："我们恨你。"

就好像他在问"他自己"的一个特殊部分是否应该换一个分析师，这不仅仅是指换成"另一个分析师，一个更好的分析师"，而且指在我发现了那个讨厌的跛行的小小的自己之后，我是否应该被变成别的什么。（这辆车有一个奇怪的名字——意思是现实中的渺小和顽皮。）这些都是他自己的不能依赖的部分，它需要被激活。然后"帮助"又是来自"我们恨你"的父母组合，通过同样的过程使他恢复到没有需要的、全能感的位置。

我在前一天的会谈中所起的作用似乎使他发生了一些变化，因为我能够理解一些困难，从而向他展示了他具有需要的部分。我的作用似乎激起了这种妒忌的攻击，这种攻击在疯狂的、成功的"我们恨你"体验中被否认得很厉害，这种恨的体验恢复了支配的全知感。重新达到全能位置所采用的程序似乎是融合，经由"我问我自己"安排，形成的结果由"我们恨你"宣布。为了维持和强化这一点，他通过投射蹒跚的小车的感觉给我，把我视为一个黑暗的被讨厌的嫂子、黑暗的女孩、犹太人，而我现在需要被恢复活力，需要除臭。在这个缓慢且辛苦的分析过程中，类似的困难经常发生，伴随着"冷战石墙"式的战胜和容易被连根拔除的进展。

## 第 15 章　自恋组织、投射性认同以及认同行动的形成

下一个例子是一名同样是做专业工作的雇员。他和我治疗过的其他一些病人一样，是一个和善的人，他们组成了自恋问题谱系"正常"一端的群体。在这些病人中，已经发生过相对正常的内射过程，这让抑郁性焦虑和修复过程得以发生，这减轻了自恋组织的严重性和持久性。这名病人有一种自我贬低的表现，但一旦开始处理这种疾病中的抑郁部分，问题就出现了。他感觉好多了，他选定了一门研究生课程，而分析中则加入了一种新元素。

他会在我说完话的瞬间忘记我说的一切。他确信，任何不得不听我说话的人都会像他一样，发现我的话很难理解。然而，困难在于他意识到这种问题以前从未存在过。他逐渐意识到，我一开口，他就把我说的一切都疏散了。这种直接体验与另一种体验交替出现，那就是在他离开会谈房间那一刻，或者当他走到我房间外的楼梯时，刚才的会谈就被弄丢了。

我们了解了他在大学里的学习情况。如果可以，他从来不直接去听讲座或参加研讨会，而是从书本上找出要讨论的主题，在房间里阅读。虽然他天性勤奋，但当面对实际考试时，他会感到自己完全是空的。然后，就得由他的母亲向他保证他是有能力的。他对这些场景的表述很有趣。他的母亲尽管是一名教师，但对他的课程一无所知，不过她显然很能帮助他缓解焦虑。虽然如此，但他并没有感觉母亲对他很有帮助，而是觉得她明显了解他所关心的事情，因此当她说他能通过考试，他就感到安心。（这一过程涉及自恋组织与倒错的关系，在这里暂不讨论。）到目前为止，我们对这个人的描述足以让我们看到前面所谈论的许多因素。

他报告了一个梦。梦中的假期里，他在国外，他透过一个贫民窟房子的窗户，看到一个女人向他招手。他意识到她是一个被他吸引的娼妇（他用了娼妇一词）；他去了她的公寓，她转向他，他看清那是他的妻子。在梦中，他只是轻微感到惊讶。他背转身，发现自己身处一家大画

廊,那里正在展出他的画作。他认识这家画廊,环境中的一切似乎都生动得多。有一种这个地区通常没有的活泼和活力。他补充道,在假期里,他回家时有一次奇怪的经历。他参加了一次会议,听到一名男性在发言,他的流畅表达和演讲风格令他钦佩,而且讲得很有道理;令他吃惊的是,他意识到演讲者是他的父亲。他还听说,虽然他早就知道了,他父亲在结婚的最初几年里极为滥交。由于害怕我的不赞成,病人犹豫着告诉我,他最近也有一些毫无意义的外遇,他一直瞒着我。这些事发生在他妻子生病住院期间。他的妻子最近开始画画,他觉得这也是他很想做的活动。

因此,在我看来,我的分析工作与他妻子的绘画,以及与他妈妈的母性和为他提供的实际帮助背后,有着某种联系;他妒忌地攻击这三个功能,歪曲他母亲真实的意图,夸大且显摆地贬低和接管他妻子的才能,疏散我那些"根本不理解他的话"。在我看来,在分析中,他带着妒忌面对如同乳房一般的分析工作,随着他在分析中退缩和自给自足,就像他在学习中一样,认同行动的过程发生了。

与本案例相关的问题是:为什么不能将其视为妒忌攻击附属于某特定客体或部分客体的特定功能,在这里妒忌通过侵入该功能而使其无法被理解,从而剥夺了该功能的意义,就像本案例发生的这样。

答案在于两个方面。"普通的"妒忌攻击的情况是,病人或材料中总有一些对报复感到害怕的迹象——而在本案例过程中,明显不存在这个情况。这里出现一种功能完全被接管的情况,退缩以战胜的方式跟着发生,病人不仅不会感到妒忌(在其他情况下无论如何会感到妒忌),而且会有一种特殊的满足感,就仿佛受到这种认同行动的保护。这在反移情中有一种后果。诚然对我而言,在分析过程中有一种突出的不害怕的特点。在分析过程中,分析师心中会产生各种各样的情绪,但没有恐惧——不管这些病人的行为有多爆炸性,都不会带来恐惧感。这一过程几乎达到了外科手术的精确度。我还没有想明白为什么会发生这种情况,但它确实

第 15 章　自恋组织、投射性认同以及认同行动的形成

有别于更常见的分析过程。我确信我们正在处理的是自恋问题的另一个原因，已经展现在梦的结构中。罗森菲尔德在一次私人通信中向我指出，在这些病人的梦中都有一个特征。认同行动的影响就仿佛都来自远方。在这个梦中，他从贫民窟的房子和它的场景中转过身，发现自己在几千米之外的展览中，活力和兴趣正是从那里散发出来的，想必是在那个被拒绝的女人身上激起的妒忌的反应。

同一周晚些时候的另一个梦也证明了这一观点。他梦见自己和妻子躺在床上——他的阴茎勃起，他和妻子做爱，他发现她的阴道已经变了。就好像阴道已经完全模制成了他的阴茎的形状，而阴茎已经占有了阴道的完整结构。

我想再谈谈精神病性病人身上的这些问题。在这些病人中，由于疾病本身的原因，过程自然要复杂得多。妄想的移情（在这个阶段可以被认为是认同行动的同义词）是基于投射性认同的，病人感觉自己或自己的一部分在一个客体内，接管客体被投射区域所拥有的功能。这可能会与婴儿式移情相混淆，婴儿式移情是基于对客体的实际体验关系，或者更常见的是基于对部分客体的实际体验关系，也可能被感觉为在精神分析师的部分人格中，或者投射到精神分析师的人格之中，这种真实关系对这些病人来讲太困难了。这些病人在任何时候都讨厌提及移情——他们讨厌移情存在的事实，他们花了太多时间中和移情的影响，尤其是对他们自己；与此同时，分析师的头脑中清楚地存在一种悖论，即自恋组织及其全能感基于一个好客体的持续在场，自恋及其信念由此得以维系。

在这些病人身上，我们面对着一种特殊的自命不凡，他们不仅相信自己成功的接管，而且相信自恋组织的正确性，他们被赋予了一种强化的全能感。他们的信念是，我们觉得非常糟糕的事情，在他们自己看来是非常好的。我们被暴露在反复的宣传下，宣扬着这种正确与成功的结合；在最糟糕的情况下，我们面临着对这一过程的强烈仇恨，因为这一

过程执意要彻底抵消我们通常的治疗方法。

一个简短的例子：XY 先生，一名 43 岁的男子，患有一种病程过长的精神病性疾病，具有明显的偏执妄想特征。经过几个月的分析后，他从候诊室走出来时，没有右转向咨询室走来，而是转向左边，就好像要去衣帽间和厕所一样。当他走到衣帽间门口时，他纠正了自己。我们在分析工作里关注他的妄想记忆已有一段时间，这些妄想关于监禁，抓捕他人残忍和具有欺骗性，这些人可能是他的雇主，也可能是他雇主的敌人，他起初本来应该为他们工作的。这些材料显然显示，他有辨别能力的清醒部分被性格中疯狂残忍的部分残酷征服了。同时，有一种持续不断的要求，即绝对相信所有记忆的真实性，不理睬我们意识到了它们是精神灾难的组成部分。相反，他希望将任何这种灾难性结果都投射到我的心灵中，希望获得的反馈是被完全征服的信任。

我的病人没有提到他拐错了弯。我不知道转向厕所是否是一种疏散行为，这是针对他的一种困惑或信念，即美好的部分存在我的肛门中，或在我心灵的肛门区域中，那是一部分的他可能享用或者接管的，或既享用又接管。这里有一段沉默。想到病人的心灵转向厕所，我感到无端愤怒，同时我希望自己没有注意到这一点。我认为后面这一点与我的愤怒无关。我仿佛是在回应一个邀请，不去注意我应该思考的。这个想法让我更加愤怒，我想抽烟；这是我在与精神病性病人工作时从未试过的活动。这让我意识到，我的思维受到了多大的干扰，我在多大程度上扮演着病人的附属部分但也是清醒部分的角色。

然后，病人报告了一个梦。他在一辆敞篷路虎车里站着。车子移动了，尽管没人驾驶。在梦中，他忽略了这个部分。他更关心的是车子后面拖着一辆拖车，那里面全是野生动物，好像已经死了。他一直在看，因为这些动物皮很值钱。他醒来时对此很反感，因为他是一个环保主义者，希望不要为了牟利而杀害野生动物。（在几年前这次会谈发生时，我

## 第15章 自恋组织、投射性认同以及认同行动的形成

有一辆路虎车,他在来咨询室的路上一定会经过这辆路虎车。)虽然梦里包含了说明问题的所有元素,但我不想深入讨论这些材料。我用它来说明已描述过的一些移情和反移情的情境——移情中的残酷如何险些引发了分析师的反向残酷,而梦的呈现如何引导我们澄清和理解。

主要临床材料涉及 J,他 23 岁,是家中 7 个孩子中的第 5 个。他的父母分居,随后离婚,已经 14 年了。他的母亲 8 年前再婚。他的童年被描述为平淡无奇,他持续幻想未来要成为什么样的人,而这常常毁掉了所有的童年乐趣。他会是这样或那样、伟大或著名的人物,拥有这个或那个美妙的东西。学校教育平淡无奇,直到最后几年,他突然改变了专业,这样他可以用自己的新研究"帮助"父亲。在大学第一年,他患上了一种带有妄想信念的精神紊乱。

从那以后,他经历了四五次精神病发作。在发病期,他四处游荡,满心只想着安排想象中的商业交易,挥霍无度,感觉受到迫害,他的家和祖国也受到被入侵的威胁。他父亲的家庭和生意似乎特别吸引某种"贪婪"。J 在伦敦住了院。有过几段混乱时期,他离家出走,然后又回来,偶尔还会造成相当大的混乱。尽管他完全不愿意接受分析,但一直坚持打来电话要求增加会谈,并不断要求多种的满足,大多时候,通常经过我思考的过滤,他的计划系统总是产出具象化的结果。这一切无一例外地意味着我要彻底改造我的思想,改变我持有的每一种观点,去顺从他的心愿。这个病人有一种过度的心智简单状态,愚蠢作为症状在他身上呈现到一种疯狂的程度。第一个诠释彻底震惊了他,那是一个移情诠释。他所期待的答案是能解决地理上的两难问题,或为他可能从事的新职业提供线索。几个月后,他逐渐习惯了分析。他可以突然睡着,通过这样他可以在一瞬间从意识中退缩,我们后来看到,这种退缩可以使他保持在任何想要的位置,同时保持一种特定的不变的观点。睡着现象已经停止了,但我相信即使在没有丧失意识的情况下,精神退缩仍然

存在。

他一直把自己的梦收集在一本书中，但从来没有真正在咨询中谈过。在分析的早期，他对一个梦感到惊讶，这个梦有两个部分。在梦中，他正在与家里一个熟人老太太交谈。他们正在讨论他成为（a）钢琴家和（b）管弦乐指挥家的各种美妙的可能性——这种可能"成为"什么人的对话经常出现在他的梦中。但只有在这个梦中，他突然看到我的脸出现了，我对这种"傻乎乎的谈话"表示不赞成。梦的下一个阶段是他和一位教授谈话，教授建议他在 X 城进行分析，而我把他拉回来，让他去咨询室。

我们确定了工作中的位置。我们理解了或认为已经理解了一个问题，这个问题有关于出国游荡，这种游荡总是伪装成有目的的商业活动。从历史角度上看，这与他在祖国经历的野外旅行有关，并与离开分析的突然冲动有关，离开的原因往往是好的商业目的。这通常会以长时间的沉默作为开场白，在这种沉默中，他会全神贯注于自己的想法，他无法与我分享这些想法，或者不愿与我分享，又或者他的想法从分析中任何被他感觉到可能存在的主题上游荡走了。很明显，他四处游荡是对从事巨额商业交易的、到处移动的父亲的认同，但在这背后（因为无论是在过去的现实事件中，还是在幻想中，故事总是结束在两个特定的家庭农舍中的一个），我们可以弄清楚在认同行动中发生的是什么组合。有时认同的是滑雪的父母，一对分离前的父母的理想化版本，这是一个特别令人不安的认同行动。它有一种妄想的性质，导致他对再婚的母亲产生相当大的仇恨，再婚代表新的现实。或者可以不这样，比如认同航海的形式，代表的是父母其中的一方或另一方。航海中的父亲代表对真相的攻击，因为在某一个童年事件中，他发现父亲撒谎，等等。

在这个阶段，他讲述了一个梦。他梦到外面有看不到的魔鬼或邪恶灵魂。他们是野蛮的，他们恨罗莎和她的纯洁。（罗莎是一名女佣，在病人父母分居时，罗莎把他照顾得很好。）他们把她绑在铁轨上，如果她不

## 第15章 自恋组织、投射性认同以及认同行动的形成

放弃贞操,她就会被一列迎面而来的火车撞死,他可以听到火车在远方越来越近。他非常担心罗莎的安全,他非常爱她。他说服她与他性交,这可以拯救她的生命,因为邪恶灵魂就会离开。她不情愿地同意了。他们性交了,他听到火车开走了。他觉得这是一个奇怪的梦。他从未希望和罗莎发生性关系;不管怎样,她对他很好,对他照顾得很好。这个梦清楚地暗示,分析和分析工作的真实性和纯洁性带给他的感受危及了分析和分析工作本身。只要精神分析代表着真实,或者代表说实话,那么就会受到他邪恶感觉的威胁,就像在梦里他对用人罗莎的邪恶感情。这也表明,分析师应该是他妒忌的用人,而不是教唆者。这与他的依赖及他对它魔鬼般的仇恨,有着明显的联系。在这个示例中,妒忌成功地攻击了真理,取而代之的是他自己疯狂虚伪的真理版本,给了他一个特殊救世主的身份认同。对这种梦来说,很具特征性的是,最后的残酷是从远处传来的声音,而这个虚伪的救世主的起源的真正本质在当时还没有被认识到。后来的工作表明,这是某些父性功能和活动的半倒错版本,这与梦中和生活中道貌岸然的鬼扯有紧密关系——在当时任何事情、所有事情都得到承诺。

B的家庭特别受人敬佩,B的父亲是一位出庭律师,病人一直偷偷敬佩B的父亲,因为他害怕引起自己父亲的妒忌和羡慕。开始精神分析之后,病人更加公开地钦佩B先生,最近还尝试开始法律方面的学习。他做了一个梦,他记得那是寒假的一天,他们都在。他想象自己在某一个斜坡上,那里没有机械式滑雪缆车,人只能通过铁链子把自己拉上斜坡。他正通过铁链向他们顶层的房子移动过去,期待能到他们家和他们在一起。他们是一个非常友好的、其乐融融的家庭团体。突然间,他发现自己开始沉浸在为自己的(并不存在的)新报纸起名字的想法中。他觉得他的国家极其需要一份独立报纸。他们,即B家庭,与和平和帮助联系在一起,因此与之前场景中提到的真相有着明确的联系,这种联系现在

显然正在受到攻击,并被他自己妄想的出版机构取代,该机构将以自己的方式独立地告诉他新闻,他具体地感觉到它的存在,只等一个名字了。这个机构接管并取代了我的独立分析性诠释新闻系统——它有自己的方式来看待他的新闻系统。

这种对联结的攻击很快就与努力工作的概念,以及对努力工作的厌恶相联系,尤其被他感到是分析需要的工作。在同一周的晚些时候,任何能意识到的、可能存在于对这个梦境材料中的理解都被推翻了。在下一个梦中,他娶了B家的女儿。他祖国的所有女孩都仰慕他,但他告诉她们,为时已晚。现在他是这家报纸的所有者,并给它起了名字。(我不能说出这个名字,但它很明显是父母两部分的结合,结合了父亲的行业职能之一。)这个梦的重要部分是,他联姻的这个理想化家庭,将他置于这个令人仰慕的新地位的家庭,在现实中知道他患有精神疾病,这个家庭跟他的关系就是为他的父母双方提供法律服务而已。事实上,他讨厌这位律师,因为他已经向病人表明,任何关于联姻的想法都不可能;所以在梦中,他全能地把不可能的和分离的结合在一起,如此无所不能地抹去任何关于他疾病的认知。他仍然与这个梦保持着两种妄想性联系——他感觉自己随时都可以和B家女儿结婚,但同时感到他对这个女孩具有的"已承诺的"依恋危险地困住了自己。

在后来的一次会谈中,他显然很羞愧。我不知道他感到羞愧,但我知道咨询室里的这位病人极为疯狂。他谩骂、轻蔑,我一度以为他会打我,但他没有。他不关心我的诠释。会谈结束了。那天晚上,有人敲门,是这名病人来了,他告诉我他想要增加一次会谈——于是我让他进来。他说他是来告诉我他很抱歉的,因为我是对的,他接着说了很多他为什么觉得我是对的。在我看来,正在发生的是一个非常有意义的过程,他将自己描述的情境与分析中曾发生的各种情境联系起来。

然后他对我说:"啊,我想起X"——就是他多年前认识的那个女孩。他抛弃了她，因为据说她是个卖弄风情的女人。他说："在我抛弃她的那晚，我应该做的是面对两个问题。要么我应该勇敢一点，弄清楚她是不是一个卖弄风情的女人；要么我应该把她带到田野里，与其发生关系。"所以当时发生的事情是，当这次额外增加的会谈接近结束时，整个情况突然发生了变化。他的疯狂部分指责他卖弄风情，因为他跑到我这里，因为他认为我是对的、分析有一定的意义，而且，他用语言侵犯了我，我成了那个女人。我们又回到了他确认分析和被分析是正确的、正当的事情之前的处境。

显然，他发现自己依赖于我的正确性和责任感，这使他处于一种无法忍受的境地。这种威胁产生了我所描述的相当大的摆荡。这个分析以困难的方式继续进行着。

以上呈现的材料的本质是，第一，说明如何"成功"地防御，避免任何妒忌的感觉或意识，虽然可能促发了妒忌的成功攻击；第二，消除任何依赖的意识，进而有可能消除对需要和疾病的意识；第三，通过产生一个成功的认同行动来维持自恋的组织。

## 总结

为了说明不同强度和持久性的自恋组织的发展，本文给出了一些临床案例，从看似自给自足的正常人到明显的精神病病人。

也就是说，在病人内部发生了一种通过投射性认同产生的认同，它增强了内在的全能感，允许这个被称为认同行动的部分相信它已经成为欲望客体——因此，在这个虚假地组织起来的自我结构中，存在着被接管的客体或部分客体的特点和功能。本文说明了各种形式的认同过程。首先，这些"成功防御"策略的功能是消除任何妒忌的感觉，尽管它们在自己内部是明显的妒忌攻击；其次，这些防御消除一切依赖的意识，也消除对需要和疾病的意识；最后，它们通过产生成功的认同行动来维持自恋的组织。

## 参考文献

Freud, S. (1921) 'Identification', in 'Group psychology and the analysis of the ego', *SE* 18.

——(1933) 'The dissection of the psychical personality', *SE* 22.

Klein, M. (1955) 'On identification', in *New Directions in Psychoanalysis*, London: Tavistock, 309–45.

Rosenfeld, H. (1964) 'On the psychopathology of narcissism: a clinical approach', *International Journal of Psycho-Analysis*, 45, 332–7.

——(1971) 'A clinical approach to the psychoanalytical theory of the life and death instincts: an investigation into the aggressive aspects of narcissism', *International Journal of Psycho-Analysis*, 52, 169–78 (also reprinted in this volume, pp. 239–55).

# 第 16 章

# 对防御组织的一例临床研究

埃德娜·奥肖内西

本文是 1979 年 11 月在英国精神分析协会宣读的一篇论文的修订版,首次发表于 1981 年的《国际精神分析杂志》(62: 359-369)。

有些病人来寻求分析的时候,并不希望扩大与自己或客体的接触,相反,他们迫切需要一个避难所来逃离自己或客体。一旦他们进入分析阶段,他们的首要目标是建立、实际上是重建一个防御性组织,以抵御他们的内在和外在客体,这些客体正在引发他们几乎无法承受的焦虑。

我所思考的这些病人,他们目前的生活中弥漫着婴儿性质的焦虑,而这种焦虑并没有得到多少修正。他们是具有弱小自我的病人,由于婴儿期经历了超出正常情况的迫害,他们在当时虽然到达了克莱因(1935)所定义的抑郁位的边界,随后却无法顺利通过,而是形成了一个防御组织。然而,这种防御组织被证明是不稳定的,因为脆弱的自我和不断汹涌袭来的焦虑结合,使他们不可能顺利通过抑郁位,也使他们不可能维持住一个防御组织。他们的生活在一段段暴露和一段段限制之间摇摆不定;当防御组织失败时,他们暴露于由于其客体而产生的强烈焦虑,而当防御组织再次建立时,他们遭受尽管可以忍受却是限制性的客体关系的折磨。

本文旨在说明,在分析提供的条件下建立和维持的防御组织如何能够加强自我并减少焦虑的区域。这样一来,暴露和限制之间的摇摆停止,取而代之的是,病人能够以他所能采用的特定方式继续发展。本文还旨在研究这种防御组织的性质。

对 M 先生长达 12 年的分析，使我有机会研究其防御组织演变中几个连续的阶段——总共四个。在第一阶段，我可以看到，当防御组织失败时他所面对的绝望处境。然后，在下一个阶段，当 M 先生能重建防御组织时，我得以研究他的防御组织所基于的限制性客体关系，以及它带给他宽慰和好处的性质。后来，在第三阶段，我可以观察到他如何利用防御组织来满足他的残忍和自恋。最终，在分析的第四阶段，当 M 先生现在有了一些可信赖的客体后，他又能在自身发展中前进了。我可以观察到，他的自我虽然得到了很大的加强，但由于长期使用防御组织，他的自我也以一种特有的方式分裂。

为了减少大宗临床材料，我只选择了开始和接近结束时各一次完整的会谈报告——开始阶段的材料是为了充分展示 M 先生最初的困境，以便于理解他对困境的防御组织，接近结束的材料是为了对比开始时的 M 先生和在分析最后阶段的 M 先生。在这两段的中间，为了简洁，我将借助 M 先生梦中的意象进行描述，只简要说明分析师和病人所做的修通工作。对 M 先生分析的四个阶段——呈现困境、建立防御组织、利用防御组织和向前推进——的描述清楚地表明了它们的区别，这种区别是非常明显的；我省略了其他阶段的预兆和向其他阶段的退回，每个阶段中当然都存在这些成分。

## 初来访时的困境

M 先生是独生子，经历漫长的分娩过程后通过剖宫产出生。母亲告诉他，她没有更多的孩子是因为她不能再忍受分娩的经历。她还告诉他，她用母乳喂养了他 6 个月，同时感到非常抑郁。M 先生觉得他的母亲沉重烦人，但有爱心。他的父亲怀有善意，但冷淡孤高，他对于在职业上

## 第16章 对防御组织的一例临床研究

缺乏认可感到冤屈。M 先生感到他的父亲对他进行了"心理学化"。

M 先生回忆说,他的童年是不快乐而孤独的,有时甚至可怕。夜里,他需要自己的卧室里有一盏灯,还坚持要在通往父母卧室的通道上放一盏灯。他睡得很不安稳,而且尿床。7 岁时,他变得非常紧张,做噩梦。这应该就是他的防御组织失效的时期了。他的父母带他去见一位分析师,这位分析师为他治疗了 2 年;他们认为,这种童年分析对他有帮助,即便它并未消除他的问题。在这个观点上,我认为 M 先生的父母是对的;他的第一次分析似乎帮他重建了他急需的防御组织,不过这并没有改变他的基本困境。M 先生继续上学,他讨厌上学,害怕其他孩子。孤立和不快乐的他开始上大学。他的父亲力劝他再做一次分析,但 M 先生不愿意。两年后,他的父亲突然去世。起初,M 先生无法消化他父亲去世的事实。后来,M 先生与母亲单独在家,他变得抑郁,感到越来越不健康和受惊吓。他来向我寻求帮助的时候是 22 岁。

在初步访谈中,我看到的是一个虚弱和极度焦虑的年轻人。M 先生谈到了他对死亡和残缺的恐惧,他对于性幻想和过度手淫的困扰,他说所有这些都让他"精虫上脑"。他还告诉我,他曾试着联络大学里的一两个女孩,却阳痿了。

在他的第一次治疗中,他笑着进来,以掩饰恐怖。他倾泻出关于"口欲阉割""同性性欲""阳痿""女同性恋"的乱七八糟的材料,说话时像一个头脑混乱的精神分析师,就好像他的头脑受到了难以忍受的压力。他几乎听不进我对于他头脑中的压力和混乱以及他对我所感到的恐惧所做的几个诠释。不过有一次,我说,因为他对我感到恐惧,所以他在给我"分析性"的话,也许他还有别的东西可以说。在这句诠释后,他忙碌的说话声停止了。"做白日梦很困难。我试了,但不行。人们让我分心。但在一个白日梦中,我把自己的思想丢给自己——然后除了思想之外什么都没有。"他说话时带着强烈的渴望。这是他最初的表达,后来经常重复，他渴望与我建立一种和平而不受打扰的关系，在这种关系里他可以做这里说的"白日梦"。作为移情中的心理学化父亲，我已经打扰他了；我让他感到害怕，他把自己投射到我身上以获得对我的控制，然后又和我混淆了。他的渴望是远离这种让人受打扰的人，但不是独自一人，"除了思想，什么都没有"。M先生后来在分析中建立的防御组织正是实现了这一点。它让他远离了"打扰他的人"，并给了他所渴望的与我之间不受打扰的关系。

但是，M先生在分析的第一阶段非常不安。他父亲的死亡持续影响了他几个月，打破了他不稳定的防御组织，使他面临混乱和几乎无法承受的焦虑。我想更详细地描述一下M先生的困境，它在分析中很早就出现了，那是一次在星期五的会谈。在会谈开始时，M先生似乎很怕进入房间。当他进来，他在走向沙发时停了下来，他弯下腰，盯着我的椅子（我还没有坐下来）。他非常焦虑，呼吸不规律。他坐在沙发上开始说："你又换了一套衣服。它有条纹。当我来这里时，我一直感到很焦虑。"他的焦虑已经很严重了，而且在加重。我跟他说，他想让我知道他非常害怕。M先生回答说："是我的呼吸，它不正常。节奏不正常。我无法恢复到正常的呼吸。实际上，我昨晚做了一个梦。"他突然用钦佩自己的语调说："这梦啊！"

他立即重新陷入焦虑，说话时的样子仿佛在看着他所讲述的梦。"我在看一部老电影或电视上放的电影，那个应该是明星的女人让我感到恶心。她太老了。我觉得她来演这个角色很恶心。她应该更年轻。有两个男人一直和她在一起。我看到她在床上袒胸露乳，这两个男人在她的两边。他们准备做爱或什么的。但突然间，那个男人用一种乖戾的轻浮语气说了一句话。我对此很惊讶。然后那个男人抽出一把很大的刀子，开始在那女人的两个乳房之间切割。太可怕了。然后我没有再看，但我已经和梦中的男人混在一起，正在刺那个女人。我就像被他吸进去了，他用刀在她的肉体上写下他的名字。她在尖叫。"他停了下来。

我还没来得及说什么，他就愤怒地喊起来："你什么都不说。这不值得。跟你说这些就是白费。"我说，他气的是我没有更快地说。他感到我不重视他的梦，即他为我制造的明星产品，（M先生傻笑了一下），但更重要的是，他担心他的梦已经成了现实，性交真的在会谈中发生，他被拉到我的椅子上去看，性交以图片形式进入他的头脑，也进入他的呼吸。M先生很专心地听着。我继续说，他开始的时候就害怕我真的变成了他梦中那个尖叫的母亲——也许对他来说，我的条纹就是尖叫声。M先生如释重负地轻笑了一下，他的呼吸也安静了下来。

然后，下一刻他又略微自夸但很绝望地说："那个梦非常逼真。通常我都记不住我的梦。它们是不连贯的。我努力想记住那个梦。它非常逼真。"他重复道，不顾一切地想让我进一步谈论他的"性"梦，正如我所说的那样。我保持沉默。突然，M先生用一种完全疲惫和死气沉沉的声音说："其实我做了另一个梦。我正试图搭车。有很多车过来。然后我看到两个老人。他们也需要搭车。但是，一旦我想要为他们搭车时，车流就干涸了。然后我和一条大的阿尔萨斯狗在一起。我想：有那条狗在身边，我永远也搭不到车了。"

后来我知道，M先生关于"老人"的梦是一个反复出现的梦。这一天，它是由周末引起的，当时的车流，也就是（一周）会谈之流，正在停止。我的诠释是，M先生感到有一个婴儿在做一个搭车的手势，移动他的拇指，需要被抱起来。但他的梦，以及他突然针对我的疲惫心境，表明他感到被弃留给了那些不能帮助他的老人，相反他们让他感到疲惫和死亡，他必须载起他们或让他们活跃起来。我提醒他，就在会谈的早些时间，他一直都想让我们谈谈他的"性"梦，以便让他和我都活跃起来。

会谈快要结束了。M先生倾倒出一个无序的序列："杂乱无章……这是你的桌子。我的睾丸可能会被压碎。我正在拍照。太远了……"他很激动。他把自己的想法割裂开，说话是为了让自己摆脱"危险"，也是为了让我远离他，他害怕我是"老人"，既不能照顾他，也不能管好自己，不比他的寡妇母亲强，他要和她一起过周末了。

在这次治疗中，M先生几乎被焦虑和困惑所淹没。一开始，房间、分析躺椅和分析师都让他感到害怕：他们似乎都变了。对他来说，他们几乎真成了其"性"梦中的世界。在他的身体内部，他的异常呼吸同样让他感到惊慌：这是内在性交中的分析师—父母的具体躯体表达。虽然他很困惑，并倾向于以一种混乱和具体的方式运作，但他并没有完全失去对现实的掌握或思考的能力，不过他很害怕他可能会失去。同样值得注意的是，他几乎没有喘息的机会。他刚刚获得一点缓解，但就像他对房间和呼吸的恐惧得到理解和诠释时一样，另一种焦虑立即就出现了。当他的客体停止性交时，他们就成了一动不动、抑郁的"老人"，他们需要从他那里得到生命——当他自身都感到在周末被抛弃并将死去时，那是不可能满足的要求。被抑郁而垂死的客体激起的迫害性焦虑和抑郁性焦虑的混合物，在M先生心中唤起巨大和不可遏制的激动，在会谈结束时，他试图通过破碎和疏散来保护自己。

这种防御几乎立刻就失败了，就像他的自我在会谈中尝试的其他防御一样，例如他单薄的炫耀（"这梦啊！"），或者他通过把它看作一部电影来疏远他那具体得可怕而侵入性的"性"梦，或者他利用"性"梦来进行色情化，全都失败，只留M先生再次暴露在多种焦虑中。他脆弱的自我自始至终都无法维持其防御。

M先生的自我也太弱了，无法抵抗客体的牵引力。例如，在他的"性"梦中，他被卷入谋杀性的性交中，就像在会谈里，他被无助地拉到我的椅子上。正是因为自我缺乏凝聚力，M先生使用的另一个重要防御手段——投射性认同——才会失效。这在第一次会谈中已经很明显了，当时他到达了投射性认同于一个心理学化的父亲—分析师的状态，但他很困惑，感到过度兴奋，而且很害怕。父性移情是非常重要的。M先生经常担心我是一个冷酷、嘲笑、暴躁的父亲，这个父亲在许多梦中被描绘成一个怪物。

上面这次会谈还对M先生的一个方面进行了有趣的预告，这在分析很后期才出现。这就是在他的"老人"梦的最后出现的那条阿尔萨斯狗。它代表了他的背叛性、破坏性和占有欲的一面。它出现时，他感到绝望，"有那条狗在身边，我永远也搭不到车"，他在梦中说，后来当它完全浮现时，他和我都有了绝望的理由。

但在目前的第一阶段，困扰M先生的不是他的冲动，而是自我的虚弱和混乱状态以及令他惊慌的客体，这些都给他带来了几乎无法承受的焦虑，以至于他感到受到精神病的威胁。M先生不相信他的客体有能力涵容他们的感情或他的感情，而他也无法保持任何一种心境超过一两分钟。最重要的是，M先生感到需要静止和不变，需要真正恢复针对其边缘状态的防御组织。他不断用这样的语言表达他对失去的庇护所的渴望："我想哭。我想把自己放在一边，这样我就不受困扰了"。"我必须恢复以前的平静。""如果我不平静下来，我可能就再也不能工作了。"在一次会谈中，他要求道："给我宁静。"

尽管M先生怀疑诠释，担心它们要刺激或嘲弄他，或者它们是我对痛苦、死亡或焦虑的倾诉，但他希望我对他进行诠释。这是他信念的移情表现，他相信他的客体，尽管他们的负担很可怕，但他们想要关心他，就像他，尽管他死气沉沉，也希望能够让他们活跃起来。特别是有的诠释认识到了他的焦虑、无序与混乱感受之极端程度，如果可以在M先生变换到更进一步的焦虑之前把它们归纳出来——虽然这绝不是一件容易的事——就能让他感到轻松。然后他感觉到与一个强到能抱持他的分析师有了联系，在认同中他的自我得到加强，M先生的焦虑水平虽然仍然很高，但开始渐渐下降。在这个持续了18个月的第一阶段结束时，M先生与我的关系的整体性质发生了变化。

## 建立防御组织

与以前不同的是，M先生现在准时来到，用力按响门铃。另外的不同是，以前他倾诉对自己或分析师不断变化的焦虑，现在他则对这些焦虑视而不见。他也不屑于让我活跃起来；不再有色情的"刺激性"材料。相反，他说得很冷淡，很沉闷，就像他的头被睡眠镇压了一样，以一种死气沉沉的方式把话说出来，控制着我，令我怔住。M先生把他充满焦虑的部分分裂出去，在幻想中，他把自己投射到父亲冰冷的阴茎上，用它来发表冰冷而死气沉沉的讲话，这种讲话消灭了房间、躺椅和我的干扰，所有这些都代表着母亲的身体。通过这种方式，他为自己在作为母亲－分析师的我身上创造了一个被掏空的、不变的位置。他现在有了更强大的自我，能够维持他对我的控制，留在他的投射性认同状态中而不致变得混乱，也防止不想要的分裂部分返回和重新侵入自己。

M先生曾说过："我想把自己放在一边，这样就不会被麻烦了。"他现在已经做到了——几乎是这样。M先生感到他在会谈中把我塑造成了一个客体，他可以把自己放在里面，免于"麻烦"。在M先生和我之间，现在出现了一种受限制的、受控制的关系，取代了先前那种摇摆不定、激动不安的移情处境。他处于一种白日梦状态，只有躺椅的感觉和我的声音对他产生影响。他几乎没有任何焦虑；在这种最低限度的方式下，他有一种拥有了自己所需之物的感觉。M先生感到很平静。他的平静是一种巨大的解脱；他感到自己已被从即将发生的精神病状况中拯救出来。

M先生把我塑造成一个他可以容忍的且不会干扰他的地方，同时他将他不想要的心理状态分裂出去并投射到我身上。他不变的、冷酷的、重复的行为向我投射了与一个无情的客体相处的感受，无助、被扼杀、被折磨到疯狂以及不得不一次又一次地忍受我不喜欢的东西。M先生把他曾是的那个痛苦婴儿投射到我身上，同时通过让我忍受他所感到的东西来表达他的仇恨和怨恨。任何他认为是我把感情强行归还给他的诠释，或者在他看来是证明了我的焦虑或好奇心的诠释（他的精神状态和几乎所有关于其存在的信息缺失引起了我的这两种反应），他都不能接受。这是一种干扰的归还。随即，他把诠释变得平淡和死气沉沉，以保障新的平静状态。

从广义上看，M先生现在已经培养起了一个防御组织，可以通过交错使用几种防御手段、全能控制和否认，以及梅兰妮·克莱因（1955）所描述的几种分裂和投射性认同的形式，来组织自己内部以及自己与客体之间的关系。在临床上，他形成了控制性和静态的移情，这是防御组织在分析中运作的特点。他向我施加了强烈的压力，把我塑造成他所需要的客体，将我限制为这个客体，以便保持平静。五年来，他在这种防御组织强行建立的广义框架内接受分析工作。

有一个术语的问题。尽管我要提议的与分析性的用法不同，但是我认为由威利·霍弗（Willi Hoffer, 1954）提出的"防御组织"这一术语应保留给M先生建立的那种防御系统。[1]防御是零碎的，多少是暂时的，会反复出现，它们是发展的正常部分，而防御组织与防御不同，它是一种固着，是发展引起不可解决的、几乎无法承受的焦虑时的一种病理形成。用克莱因的术语来表达，防御是经历偏执–分裂位和抑郁位的正常部分；而防御组织是处于一种或另一种心位上或两者之间的边界上的一种病理性固着形成。西格尔（1972）描述了另一名比M先生更受困扰的病人的这种防御组织。

再来看看M先生的防御组织。在他的材料中，口腔和生殖器的想法被肛欲概念所渗透，而肛欲词汇和过程本身也非常突出。M 先生说话时发出排大便的声音；对他来说，大多数想法和感受都有他希望排出的不受欢迎的粪便的含义；受他高度控制的客体在感受上已经变成了粪便。M 先生的功能以及他与客体的关系，现在对他来说主要是肛欲的意义，在这个意义上，他的防御组织也是一个肛欲组织。

　　M 先生下面的梦描绘了他为了获得平静而需要的那种客体。他梦见自己遇到一个朋友，这位朋友过着勉强糊口（hand to mouth）的生活，睡在一个破旧仓库的公寓（flat）里，这个仓库已经废弃了，但他的朋友说这里很安全。梦有关于 M 先生"勉强糊口"的生活——他经常把手放到嘴里（hand to mouth）——睡在他平淡（flat）的会谈里，在一个破旧的分析师—母亲里面，她几乎不能动，而且由于 M 先生控制了父亲的阴茎，所以不可能有性交，也没有婴儿，因此分析师—母亲也是"废弃"的。我既是 M 先生存放自己的仓库—母亲，也是他的"意识"仓库，是他自己不想要的意识的容器。

　　但是，尽管他拥有了不受干扰的平静，但他并不拥有与自愿接受他的客体自由相处的宁静。将自己存放在一个破旧的仓库—母亲里，虽然这与在子宫中或者平静地躺在母亲的怀抱中的感受相似——M 先生感觉到了这一点——但对他来说，这只是一个最好的替代而已。M 先生得到了极大的宽慰，但仍然感到不安全、不舒服，也很"糟糕"。他必须始终对任何预示着干扰的事物保持警觉；正如他曾经说过的，他就像一条必须竖起耳朵的狗。他的觉知分裂让他昏昏欲睡，他侵入的客体现在侵入了他的大脑，使他的头感到奇怪和沉重。为了得到平静，M 先生不得不组织客体来给予自己平静：他必须闯入它，消灭它的干扰属性，控制它，使它符合自己的需要，以至于他几乎把它转化为粪便或摧毁了它，他为焦虑所困，觉得自己"坏了"。

　　几个月后，他开始反复思虑报纸上报道的一个怪物，"可憎的雪人"，一个撞进房子的怪物。这表达了 M 先生对于自己每天特别准时地用力按动门铃来闯入我的感受。M 先生反复问："'可憎的雪人'是真的怪物吗？"他知道自己的行为是可憎的，是冷酷的控制，但他如此畸形是否出于恐惧，否则这个客体就会像以前一样给他带来无法忍受的感受，还是他自己真的是个怪物？他无法决定，而且有一些小怪物的迹象，这些迹象表明他的防御组织在未来的演变中会不断升级恶化。M 先生发现，他从我被控制的迷惑状态以及让我忍受他的仇恨投射中得到了一种施虐的快感。有时，我发现 M 先生平淡的语调中隐藏着一丝笑意，但通常，如果我指出来，就会有一段长时间的沉默使笑意和诠释都消失。偶尔，他能够让自己接近于意识，意识到他不仅是在为自己辩护，而且是在满足自己。有一次他做了一个梦，梦见一种奇怪的、被损毁了的动物，它有一半是哺乳动物，但它的下巴上演化出了一个长长的鼻子。在梦中，M 先生觉得自己对这种动物负有责任，非常难过。他把这些动物与喜欢把鼻子放在土里的小猪联系起来。这个梦是 M 先生把自己想象成一个受损的婴儿，他需要通过演化出一个长鼻子来保护自己，但这个婴儿也从用鼻子来控制我并把我缩变为泥土中获得了残酷的乐趣。在这个时期，不同寻常的是，对这个梦的分析使得很多焦虑情绪在会谈中爆发出来。第二天，由于 M 先生需要把他对小猪—自己的不满情绪分裂掉，我几乎被他投射到我身上的焦虑和抑郁的程度所淹没。但总体来说，M 先生成功地组织了他和他的客体，他得以让会谈几乎是平淡无奇和死气沉沉的，而他自己虽然警觉，却几乎平静而没有烦恼。

对 M 先生来说，重要的是我能理解他需要在日常和细节性表现中保持平静，也需要消除源自他自己或我的潜在干扰。有时我诠释，他以控制和死寂的方式将我们联系在一起，是因为他害怕更自由的接触。这些诠释使他能够短暂地带来更有活力的材料。他只能接受那些他不会将之感受为是把不想要的感觉强加给他或批评他是个怪物的诠释。那些他可以接受的诠释给了他不同于平静状态的体验。他报告说，这些诠释"使他头脑清醒"，使他"感觉不同"。它们是我们之间发生了更有活力的关系的一种体验。

到分析的第五年，M 先生的生活在几个方面获得了改善。他完成了大学课程并得到了一份工作。在一次失败的尝试之后，他成功离家，不再与母亲住在一起（当然，在分析中则是他离开我），并找到一处公寓安置自己。他找到了一两个朋友。对我来说，尽管会谈的总体特征没有变化，但他的自我确实得到了加强，我对他远没那么可怕了，这一点也是显而易见的。但他并没有像我所期望的那样，利用这种改善开始容忍更大的自我或客体的整合。恰恰相反，他把他的进步用于一个完全相反的方向。

## 对防御组织的利用

迄今为止，M 先生的分析有一个结果，他对于被来自客体的干扰淹没的恐惧有所减轻。他以他需要的固定形式使用我，他把不想要的感受投射到我身上，他相信我不会以令他不能承受的方式移动或投射回他身上。客体可以被如此使用，也可能被滥用虐待——M 先生开始利用这一关系。这里成了一个场所，在这里他觉得他的自恋和残忍可以出现并更全能地运作，不受客体抱怨或他自己干涉的限制。

开始时，M 先生的防御组织的主要功能是防御。但现在不是这样了。现在，他的防御组织同等重要地成了自恋和残忍获取全能满足的工具，有时甚至主要是为了这种功能。他的客体关系现在构成了罗森菲尔德（1971）所研究的那种自恋型组织。在这种新的形式下，他的防御组织仍然发挥着防御功能。利用并且现在更是滥用防御组织，让 M 先生不必感受到自己的渺小和迟钝，不必恐惧他可能永远无法真正改变或好起来，免于所有新的焦虑和内疚，这些焦虑和内疚是由他的控制、他的分离和他对他客体的扼杀引起的，现在又更由他对客体的征服和残忍抢劫引起。

在会谈中，他经常公开表现得很残忍，拒绝给我材料，并制造出他想到的任何杂乱无章的东西，有时我知道，如果他在意，他可以更好地交流。M先生兴奋于自己的残忍以及我对其混乱材料的不解。他现在不再反思自己是一个"可憎的雪人"。相反，他全能地分裂了他的超我。他战胜了我，他倒错地使用自己的改善，这令人沮丧和失望，他的战胜在逐步升级。

M先生越来越着迷于这么做。他利用分裂机制不仅分裂掉他的超我，而且如上所述，还分裂掉了干扰他自恋的现实。在他不断膨胀的幻想中，他觉得自己体内不仅有他父亲无所不能的阴茎，还有他母亲的所有属性——她的乳房、她令人兴奋的美貌等。他感到，他几乎确信，他就是我所欲望的阴茎或乳房，他可以完成他积极和消极的俄狄浦斯情结，他可以永远留在分析中。分析将是最近一位写作者所称的"黄金幻想"的实现（Smith，1977）。他在目前的生活中，只经历了一两次失败，之后，M先生性能力十足，还发现此时有几个女孩准备追他，正在确认他的力量感和吸引力。现在他觉得不需要我的工作了。他蔑视诠释，斥为"平庸乏味（pedestrian）"，他对自己的觉知和较现实的部分也有相似的蔑视，他觉得这也是"平庸乏味"——这是他此时最喜欢的词。

他的兴奋状态在一个梦里描绘得很生动。在梦中，M先生看到一个浑身粘满梳子的家伙，他想："这个家伙应该被拆除。"那里交通灯的秩序是错误的——红色、黄色、红色——那个家伙也看错了方向。讲完这个梦后，M先生不再注意它。他迅速转向新的话题，顺序混乱，我无能为力。我设法告诉他，他正在成为梦中的那个人，我提出那人是个老顽固

（coxcomb[1]）——到处都是梳子（comb），即他洋溢的炫耀性兴奋。我提出，在会谈里他正活在他的梦中，在为把材料按错误的顺序交给我而感到兴奋，就像那个红绿灯，而且他在往错误的方向看，也就是远离了他的梦，而他的梦在告诉他那个老顽固的自我，他知道那是应该被拆掉的。M先生不愿意看这些诠释。我坚持着，他非常恼火，会谈结束时他轻蔑地说"你烦死我了"，然后大步离开。这只嬉皮笑脸的小猪已经长成为一个公然轻蔑和无所不能的老顽固。

在这个阶段，M先生越来越不想要那个能意识到自己在做什么的部分自己，那部分自己知道自己正在变得危险的兴奋，它应该被拆除。他想摆脱它。M先生想从现实、理智、焦虑和内疚的所有"麻烦"中"解脱"。在被他理想化的残忍自恋部分，与能够意识、感受、思考和判断，但他想与之断绝关系的那部分自己之间，他制造了越来越强烈的分裂。M先生的自我分裂是弗洛伊德在论文《防御过程中的自我分裂》（*Splitting of the ego in the process of defence*, 1940）中描述的那种分裂。在弗洛伊德看来，这种分裂是"自我的断裂，永远不会愈合"。M先生的自我分裂一直存在，不过，两部分之间断裂的性质发生了变化。

在这个阶段，M先生的全能部分占主导，并不断试图增加它与他的理智意识部分的分离，这个过程在第六年年底的一次付诸行动中达到了高潮，当时M先生暂时变得容易被骗。他辞去了工作，告诉我他要退出分析，假期后不再回来。他制订了不切实际的长期旅行计划。在这段时间的最后几周，他被兴奋和无所不能的感觉所隔绝，以至于我几乎无法与他接触。我继续分析他的计划，指出这活现了他无所不能的幻想，而不是表达了离开分析的意图。在这一刻，他把他所有的判断力和理智都寄存在我身上。假期过后，M先生回来了。他说他的旅行是一场灾难，

---

[1] coxcomb，戴鸡冠形弄臣帽的人，意指傻瓜。——译者注

他的公司不会再接受他,他还没有找到另一份工作。他在假期中的经历使他的全能和兴奋化为乌有,他感到非常害怕。他较有意识的部分挤回到了他的心智中,他现在感到自己太"疯狂"了。

然而,他忍受不了长时间地了解这些。自己无所不能的感受是疯狂的,但他将这一认识分裂掉,对于回归到分析中,他给了一个修改过的扭曲版本:这是他在满足我的欲望。很快,他就和过去一样,以整体防御性的和高度病态的模式与我建立关系。

我对这种重复的、广义来说没有变化的移情情境进行着工作。有几次,M先生让我接近绝望。我的绝望源于我对分析中缺乏进展的担忧:我想知道我们是否应该继续下去。但这也是M先生的绝望,它被投射到我身上,我分析道,他将坚持住并占有分析——不再谈离开——他将不诚实地利用分析来膨胀他的全能和自恋,但永远不会让分析前进、活起来,因此他永远不会感到活着。这一时期,一个早期的梦,即前文所报告的"老人梦"中,已经预告了很久的东西完全出现并得到了分析。你们可能记得,在那个梦的结尾出现了一条阿尔萨斯狗,在梦中M先生说:"有那条狗在我身边,我永远搭不到车。"我没有放弃他,坚持和他一起工作,我想这是在向M先生证明,他的客体可以承受他身上的阿尔萨斯狗,即他无情和不诚实的占有欲,而不会被它摧毁。

## 前进的进程

渐渐地,在分析的第八年里,有明显的迹象表明我们之间的接触更加活跃、不那么受限制,因为M先生的防御组织开始松懈了。M先生开始较为短暂地使用防御,并允许令他不安的感知和情绪接触他,而不是完全和永久地组织他的内部和外部关系,以排除所有的干扰。其他相关变化也发生了。他的言语不同了。他现在想说话。在分析的范围内有一个更广泛的领域：他当下的生活现在出现在他在会谈中的想法里。他看到自己开始重新处理那些位于抑郁位边缘的问题，而他的防御组织曾一直是他从抑郁位后撤时非常需要的避难所。M 先生现在并没有被这些回归的焦虑压垮：他有了更好的装备。他的自我较强大了，较有凝聚力，更能够忍受焦虑，而且焦虑的领域也减少了——与旧的、垂死的、冷的和过度阻碍的客体一起，现在他与更温暖、更强大、更包容、更有活力的客体有了新的关系。

M 先生带着一种典型配置，开始面对自己的发展问题。这种配置是他长期使用本文意义上的防御组织的结果，即当发展引起几乎让人无法承受和不可解决的焦虑时，需要一种病态的、静态的形式。M 先生的自我中存在着分裂：一部分是有能力觉察和感受的，即使焦虑迫在眉睫，也在试图取得进展；而他的另一个全能部分更愿意停留在对其客体的投射性认同状态中，并阻碍和蔑视"平庸乏味"的发展努力。但与以前不同的是，M 先生的意识部分现在常常是主导部分，它已经开始审视他的全能部分，这全能部分作为防御组织的沉积物，仍然像防御组织一样为 M 先生提供着防御。我认为，防御组织的典型后遗症是，自我内部存在分裂和深刻的对立，以及继续使用全能部分进行防御。

在结束之前，我将报告第九年的一次会谈，它显示了这一特征性配置的运作。这次会谈与本文开始时报告的那次会谈放在一起，也能显示出 M 先生的变化，同时将我们带回他对宁静的渴望，并对其产生新的理解。

那是一次星期五的会谈。一开始，M 先生用讥讽、敌视的语气说他很无聊。然后他用另一种嗓音说他很累（他看起来就很累），现在听起来也很累。他又变回了冷笑和敌意，说他必须敬礼，在经过出口大门时，他必须向旁边点头（事实上，在来咨询室的路上，他曾向街边的门点过

## 第 16 章 对防御组织的一例临床研究

头)。我评论了他截然相反的感受：他在恨我，感到我强迫他承认今天是离开日，也就是星期五，而且他感觉很累。

M 先生直截了当谈到了他周末的性计划，谈到了与 X 再次发生性关系——X 是与他有婚外情的一位已婚妇女，然后谈到了 Y——他回应了这个女孩的杂志广告，他也会在周末见她并发生性关系，以及他与她们两人的纠葛；然后他谈到了 Z，一名年轻的犹太女孩，她对他感兴趣、很友好，他邀请她星期六晚上出去。他担心自己会对她失去兴趣。他听起来很担心。我首先认可他担心自己与 X 和 Y 的活动可能会破坏他对这个友好且有趣的年轻犹太女孩的兴趣，随后我把她与我自己的一个方面联系起来，那就是我对他感兴趣，也注意他的感受。我指出，在与我的所有性谈话中，他已经在疲惫和抑郁中失去了兴趣，他的疲惫和抑郁在离开日也就是星期五已经悄悄笼罩了他。诠释似乎触及了 M 先生，他沉默了一下。

当他接下来说话时，他的声音更轻，显得更有活力。他说他现在感觉比刚来时好多了；当时他感觉不舒服，但现在他觉得松了一口气，好像有什么重物被卸下来了。又是一阵长时间的沉默。然后 M 先生说，他在想自己的公寓里是多么冷。他买了一些挡风板，把它们放在门边，但是缝隙太大，东西被扭曲了，被压弯了。我向他提出，他正在向我解释他的挡风板，他为周末安排的性活动，以及他在会谈上关于这些的谈话。这些都是他去除周末出现在他身上的平淡和疲惫的方法，他在告诉我，这些方法并没有真正挡住缝隙，反而让他变得扭曲和弯曲。M 先生沉思地说道："嗯，是的。一种倒错行为。我知道。"

过了一会儿，他说："有意思，想到我有两个家，一个在这里，一个在 A。我喜欢 A。"（最近他在 A 继承了一处房产）。他继续说："我想到了 A 市的犹太公墓照片。我经常路过那里。有时上面画有万字饰。有一条宽阔的人行道（pedestrian）"——听到"人行道"这个词，他友好地笑着说:"我知道你会怎么想"——旁边有条小路,我有时会沿着它走。我把他关于有两个家的想法诠释为,他在表达对我的两种感觉。他刚来的时候,他觉得很有敌意,恨我在周末强迫他离开的方式,他把我描绘为一个纳粹,他更喜欢令他兴奋的周末女孩,而不是无聊的"老人"分析。而现在,在会谈当中,他觉得和我在一起就像在家里一样,他喜欢我,觉得可以交流。我还说,"人行道"很重要。今天他没有经过犹太公墓;他走的是他经常想念的行人之路,即注意到事情是怎样的。我提出,通过从我身上拿走生命和性,就像他在会谈开始时所做的,他感到他把我变成了一个墓地,随后这墓地进入了他的内心世界,使他感到疲倦和抑郁。

这时已接近尾声。由于被抑郁和离开吓到,M先生分裂了他的意识部分。突然间,他在躺椅上就像换了一个人。他谈到了他的女人,X和Y,并兴奋地描述了一部关于同性恋的电影。他冷笑着结束了会谈,说这部电影得到了很好的评价,他将在周末带她们中的一个去看。

在这次会谈中,M先生开始面对一些令人不安的问题,或者至少是朝这个方向点了头:离开日、被逼离开的迫害、他的倒错和破坏性防御以及疲惫和抑郁,真正的死气沉沉,这些都源于他所恐惧的,他在内心世界所建的墓地。我们还可以看到M先生两个部分的互动。两个部分都来了,在开始的时候,它们交替出现。随着会谈进行,他的意识部分开始支配,对他扭曲的防御进行沟通和思考,承认他有一个自己喜欢的家,并认识到自己身上存在着纳粹、死的客体和抑郁。但是当结束来临的时候,M先生在这个阶段仍然过于焦虑。他需要分裂掉他的意识部分,而他的防御和扭曲的无所不能部分完全接管了他,就像在周末某种程度上将会发生的那样。

在分析结束时的第四阶段的很多次会谈中,这次会谈的气氛都属于非常典型。M先生能够感受并表现出他的敌意。他也能够感受到爱意。

他的话语和想法的功能与分析初期非常不同，那时它们容易变得具体而无序。M 先生现在可以慢慢来。他不像开始时那样疯狂，也不像最初形成防御组织时那样死气沉沉，更不像后来利用组织时那样经常危险地兴奋。我认为 M 先生自己表达了这种变化，他说："想到我有两个家，这很有趣。"正是他拥有一个家的感觉，即一个他相信会接受他的客体——事实上他感到他有两个家，他的每一部分都有一个家，这开始让 M 先生有了真正的平静感。这种平静不同于通过组织和限制自己和客体以保持不被扰动而得到的宁静。正如这次会谈所显示的，这种平静是与困扰相兼容的：事实上，它是基于拥有一个在受到干扰时可以回去的家。

在 M 先生最后几年的分析里，我们看到其意识自我和全能自我之间错综复杂的冲突，以及有些时候的结盟。他渐渐面对了一些之前关于客体关系的"不可接受的证据"（用他常用的措辞），包括隐藏在全能之下对分离感到的恐怖和拒绝，并且他能够以自己的方式修通抑郁位的一些感受和焦虑。破旧的、废弃的仓库，M 先生对收容他的母亲的印象，在一个重要的梦中出现了，它是一座美丽的历史豪宅，不应该被毁坏，国家信托基金应该修复它。M 先生渐长的信任部分地做到了这一点。

在他长达 12 年的分析结束时，尽管他的全能部分很可能突然闯入并破坏他的关系，而且当他感到被迫害或过度内疚时，他很可能突然对他的客体失去兴趣，变得全能和倒错，但这些精神状态都是暂时的。它们并没有严重干扰他的稳定关系，其中最重要的关系是给他带来相当多满足感的婚姻。

## 总结

本文关注的那些病人，其生活摆动在两个时期之间，在一个时期，其基于防御组织的客体关系被过度限制；在另一个时期，当防御组织失败时，个体暴露于来自客体的几乎无法承受的焦虑。本文报告了对这样一名病人长达12年的分析，他是一个防御组织已经崩溃的年轻人。临床材料显示，在分析设法提供的条件下，即诠释性理解、情绪容纳和分析性的坚持不懈，病人首先重新建立了防御组织，然后维持足够长的时间，以停止暴露和限制之间的摇摆，而恢复了他的向前发展。

在这一临床研究过程中，防御组织的性质本身也得到了研究。我建议在防御和防御组织之间做出区分。防御允许修通焦虑，这是向前发展的一个正常部分。防御组织是一种全面的病理形成，是在不可能取得进展时客体关系的一种固着；它的益处在于消除客体关系中的焦虑，而且正如临床材料所示，这种客体关系天然就提供了被利用的可能性。

至于技术，本文表明必须认识到病人需要在其防御组织的框架内得到长期分析。这使病人的自我有机会加强，而焦虑区域得以缩小——往往在多年后，这种变化才能使他恢复向前发展。

# 注释

[1] 事实上，1971年利希滕伯格（Lichtenberg）和斯莱普（Slap）提出了另一个不同的建议，将霍弗的术语从蒙昧中拯救出来。

# 参考文献

Freud, S. (1940) 'Splitting of the ego in the process of defence', *SE* 23.

Hoffer, W. (1954) 'Defensive process and defensive organization: their place in psycho-analytic technique', *International Journal of Psycho-Analysis*, 35,

194–8.

Klein, M. (1935) 'A contribution to the psychogenesis of manic-depressive states', in *The Writings of Melanie Klein*, vol. 1, London: Hogarth Press (1975), 262–89.

——(1946) 'Notes on some schizoid mechanisms', in M.Klein, P.Heimann, S.Isaacs, and J.Riviere *Developments in Psycho-Analysis* London: Hogarth Press (1975) 292–320 (also in *The Writings of Melanie Klein*, vol. 3, 1–24).

——(1955) 'On identification', in *The Writings of Melanie Klein*, vol. 3, 141–75.

Lichtenberg, J.D. & Slap, J.W. (1971) 'On the defensive organization', *International Journal of Psycho-Analysis*, 52, 451–7.

Rosenfeld, H. (1971) 'A clinical approach to the psychoanalytic theory of the life and death instincts: an investigation into the aggressive aspects of narcissism', *International Journal of Psycho-Analysis*, 52, 169–78 and reprinted here, pp. 239–55.

Segal, H. (1972) 'A delusional system as a defence against the re-emergence of catastrophic situation', *International Journal of Psycho-Analysis*, 53, 393–401.

Smith, S. (1972) 'The golden phantasy. A regressive reaction to separation anxiety', *International Journal of Psycho-Analysis*, 58, 311–24.

# 第 17 章

## 濒死成瘾

贝蒂·约瑟夫

这篇文章最初是在 1981 年 5 月 20 日英国精神分析协会的一次科学会议上发表的论文，1982 年首次发表在《国际精神分析杂志》（63: 449-456）。

我们在一小部分病人身上看到一种非常致命的自我毁灭类型，我认为它具有成瘾的性质——对濒死的成瘾，它主宰了这些病人的生活。在很长一段时间内，它主宰了病人们把素材带到分析中的方式，也主宰了他们与分析师建立关系的类型；它主宰了病人们的内在关系，所谓的思考，以及他们与自己沟通的方式。我们必须鲜明地做出区分：濒死成瘾并非一种驱力，它既不使病人走向涅槃式的和平，也不缓解他们存在的问题。

在病人所呈现的画面中，我相信一些场景大家很熟悉——病人的外在生活表现为越来越沉浸在绝望之中，参与到似乎注定摧毁他们身心的活动之中。例如超负荷工作，几乎不睡觉，为了减肥而避免正常进食或悄悄暴饮暴食，越来越多的饮酒行为，有可能断绝人际关系等。在其他病人中，这种类型的成瘾可能在他们的实际生活中不那么引人注目，但在他们与分析师和分析的关系中相当重要。事实上，在所有这类病人中，指向濒死的引力最为明显的地方是在移情中。正如我想在本文中说明的那样，这些病人以一种非常特殊的方式把素材带到分析中，例如，他们在分析中的说话方式，似乎会向自己和分析师适当地传达或制造绝望感和无望感，尽管他们表面上似乎想要理解自己。这不仅仅是病人取得了进展又忘记它、失去它，或者对进展不负责任。他们确实以频繁沉默的方式表现出强烈的负性治疗反应，但这种负性的治疗反应只是更广泛和更隐蔽的画面的一部分。正如我所说，这类病人走向绝望和死亡的引力并非对和平和免于努力的渴望；事实上，正如我与一名这类病人一起弄清楚的，仅就死亡而言，虽然有吸引力，但没有好处。他们感到需要知道和拥有看着自己被摧毁的满足感。

所以我在这里强调，一个强大的受虐狂在起作用，这些病人会试图在分析师身上制造绝望感，然后让他与绝望共谋，或者让分析师通过对病人的苛刻、批评或以某种语言施虐的方式主动地参与其中。如果病人成功地让自己受伤或产生绝望感，他们就胜利了，因为分析师已经失去了他的分析平衡或者失去了理解并帮助病人的能力，然后病人和分析师都陷入了失败。同时，分析师会感觉到被真正的痛苦和焦虑感围绕，我们必须将这种感受了解清楚，与施虐地利用痛苦相区分。

作为整体组成的一部分，我要讨论的另一个领域是病人的内在关系和他们与自己交流的特殊类型——因为我相信在所有这样的病人中，人们会发现一种精神活动，包括反复讨论发生的事情或者讨论关于指责或自我指责类型的预期，病人会完全沉浸其中。

我在这篇导言中描述了死本能的引力，朝向濒临死亡的引力是一个重要方面。这是一种身心方面的边缘策略，在其中我们看到自我处于这种两难境地，无法得到帮助。然而，重要的是也要考虑对生命和理智的引力在哪里。我相信，病人的这一部分位于分析师身上，这在一定程度上说明了病人明显的极端被动和对进展的漠不关心。这一点我将在后面谈论。

我们会看到，我在这篇导言中所概述的许多内容在分析文献中已经有所描述。例如，弗洛伊德（1924）讨论了死本能以受虐的方式工作，并将负性治疗反应中的内心冲突的性质与道德受虐中的冲突区分开来。他在论文的结尾补充说："在没有性欲满足的情况下，甚至主体对自我的

## 第17章 濒死成瘾

毁灭也无法发生。"在我所描述的病人中，自我的近乎毁灭是在相当大的性欲满足下发生的，不管随之而来的是怎样的痛苦。然而，我想探讨的主要附加方面是：一种方式，这种方式使得这些问题在移情中、在病人的内在关系中和在病人的思维中被感受到；这种受虐组合类型的深度成瘾本质，以及它所拥有的迷惑性和持续性。稍后我想补充说明关于这些病人婴儿期历史的一些可能方面。我将首先通过一个梦来进入问题的中心。

这个梦来自病人A，他是这个群体的典型情况。他多年前开始接受分析，当时他很冷漠，相当残酷，没有爱心，能力很强，很聪明，能说会道，工作很成功，但基本上很不快乐。在治疗期间，他变得更加温暖，正在努力建立真正的关系，并与一位有天赋但可能也深受困扰的年轻女性产生了深刻但矛盾的情感。这对他来说是一段非常重要的经历。他现在对分析也有很深的感情，尽管他不谈论它、不承认它，经常迟到，而且似乎不曾注意到或意识到关于我这个人的几乎任何事情。他经常突然对我产生极大的憎恨感。我将带来他在星期三做的一个梦。在星期一，他巩固了我们在特定类型的挑衅方面所做的工作，而残忍在默默地生成。会谈结束时，他似乎松了一口气，而且能很好地接触。但在星期二，他在会谈结束时打电话来，说他刚醒来。他听起来非常痛苦，却只说他晚上几乎没有睡觉，隔天会来的。星期三他到达时，谈到了星期一的情况，他在治疗中感觉好转，但是星期一晚上居然感觉很糟糕，他的身体很紧张，胃和各方面都很紧张，对此他很吃惊。他对女朋友K的感觉变得更为温暖了，他很想见到她，但她晚上出门了。她说回来后会给他打电话，但她没有，所以他一定是躺在床上清醒地进入了一个糟糕的状态。他知道自己也非常想去分析，他表达了一种强烈的积极感觉，自上次会谈以来，他感到这种感觉正在出现。他发现我们在星期一的会谈上所做的工作非常有说服力，是上一阶段的分析工作的真正高潮。他听起来异常感激,并对完全的崩溃感、失眠和缺席星期二会谈感到困惑。

当他描述星期一晚上的疼痛和悲惨时,他说他想起了星期一会谈开始时表达的感受,感到他也许已经陷入了这种可怕的状态,无法得到我的帮助,也无法自己走出来。同时,在会谈过程中和结束后,他有了洞察力和更多的希望。

然后他讲述了一个梦:他在一个长长的洞穴里,几乎是一个山洞。里面很黑,烟雾缭绕,他和其他人好像被强盗抓住了。那里有一种混乱的感觉,仿佛他们喝了酒。这些俘房沿着墙壁一字排开,他坐在一个年轻人旁边。他后来描述,这个人看起来很温和,25岁左右,留着小胡子。这名男子突然转向他,抓着他和他的生殖器,就好像他是同性恋者一样,他准备对我的病人动刀子,他完全吓坏了。我的病人知道,如果他试图反抗,这个人就会对他动刀子,而且会有巨大的疼痛。

讲完这个梦后,他继续描述过去两天发生的一些事情。他首先谈到了K,然后谈到他参加的一个会议,其中一个业务上的熟人说,他的一个同事告诉他,他(这个同事)非常害怕病人A,因此在给A打电话的时候他都在发抖。我的病人很惊讶,但他联系起我在星期一向他展示的一些内容,我当时评论说,当我询问另一个梦的某一点时,他对待我的方式非常冷漠、残酷。这种联想与关于梦中的男人看起来很温和但行为却暴力的想法有关,因此他觉得这个男人一定与他自己有某种联系,但那个小胡子是怎么回事?然后他突然有了 D.H. 劳伦斯的概念——他一直在阅读劳伦斯的一本新传记,并想起他在青春期时深受吸引,感到认同于劳伦斯。劳伦斯有点同性恋,而且显然是一个奇怪且暴力的人。

我和他一起发现,因此,这个长长的、黑暗的洞穴似乎代表了他觉得自己已经陷得太深,身处一个无法被自己或我拉出来的地方;好像这是他的思想,但也可能是他身体的一部分。但"太深"似乎与他完全被俘房和被迷惑的概念有关,可能是被强盗们俘房。但强盗们显然是与他自己联系在一起的,这个小男人与劳伦斯联系在一起,劳伦斯被体验为自己的一部分。我们还可以看到,对这个强盗的屈服绝对是恐怖的,这完全是一场噩梦,但又是性的刺激。这个人抓住了他的生殖器。

在这里我需要插一句话——我对这个人和其他一两个有类似困难的病人身上的绝望和自我毁灭的引力印象深刻,并受到驱使得出这样的结论,在现实的绝望感中或者在会谈对绝望感的描述中,包含真正的受虐兴奋,这被体验得很具体。我们可以从这些病人反复谈论他们的不愉快、失败以及他们认为应该感到内疚的事情的方式中看到这一点。他们的谈话就像他们试图不自觉地把分析师拉到与痛苦或描述相一致的地方,或者他们不自觉地试图让分析师给出批评的或令人难受的诠释。这成为他们说话方式中一个非常重要的模式。我们对此很熟悉,而且在文献中也有清晰描述(Meltzer, 1973; Rosenfeld, 1971; Steiner, 1982),这样的病人感到被自我的一部分控制和禁锢,无法逃脱,即使他们看到生活在外面招手呼唤,就像病人的梦所表达的那样,生活在洞穴的外面。我想在这里补充的一点是,病人在这种痛苦和被支配中获得性满足的体验,是走向死亡的驱力对他的掌控的主要原因之一。这些病人实际上是被它"迷住了"。例如,在病人 A 身上,没有任何普通的快感——包括生殖器、性或其他方面的快感——能像这种可怕的、令人兴奋的自我湮灭所提供的那种快乐,这种自我湮灭也消灭了客体,并或多或少成为他重要关系的基础。

因此,我认为这个梦显然是一个反应,不仅仅针对星期一晚上女朋友 K 出去了,A 躺在床上感到越来越不安并意识到了这一点,而且更是针对这样一个事实的反应:他已经感觉好些了,知道自己的感受,但不可以让自己走出痛苦和自我毁灭——那个漫长的洞穴——也不可以让我帮助他走出困境。他是被自己的一部分强迫回来的,本质上是施受虐,这也是一种负性治疗反应,它使用对女朋友的苦恼作为燃料。我还在这里强调,并将再次强调,当我们的工作和最后几周的希望被打倒、他和我都被打倒时，便是他对我的战胜。

因此，我在这里讨论的是，他不仅被自己的攻击性部分所支配，这个部分试图控制和破坏我的工作，而且这个部分对自我的另一部分积极施虐，这另一个部分则被受虐地卷入这个过程，这已是一种成瘾。我相信，这个过程总是有一个内部的对应物，在真正致力于自我毁灭的病人中，这种内部情况对他们的思维和安静的时刻、他们仔细思考问题的能力或缺乏这种能力有非常强的控制力。人们看到的事情就是这样。这些病人非常轻易就捡起在他们头脑中或在外部关系中发生的一些事情，并开始在一些循环型的心理活动中反复使用，他们完全陷入其中，因此他们以几乎没有变化的方式反复处理相同的实际或预期问题。这种心理活动，我认为最好用"嘟囔（chuntering）"这个词来描述，它是非常重要的。《牛津英语词典》将"嘟囔"描述为"嘀咕、咕哝、埋怨、找碴、抱怨"。举个例子，有一段时间我试图在A身上探索这种对受虐的献身，有一天A描述了他前一天晚上如何不高兴，因为K和别人出去了。他意识到，在前一天晚上，他在脑海中一直在排练他可能要对K说的话。例如，他说他不能和她这样下去，她同时在和另一个男人约会；说他必须放弃整个关系；他不能这样下去；等等。当他继续说他打算对K说的话时，我感觉到，不仅从想法，而且从他的整个语气，他不只是在想他可能会对K说什么，而是陷入了与她的某种积极的残酷对话中。然后他慢慢地澄清了他的想法，以及他是如何在脑海中反复思考的。在这种情况下，实际上在其他情况下也是，他意识到他会说一些残忍的话，例如，在幻想中，K会回答、哭泣、恳求或黏住他，她会变得挑衅，他将残忍地回击，等等。换句话说，他当时所谓的"思考自己会说什么"，实际上是主动在脑海中陷入一个挑衅的施受虐幻想，在这个幻想中，他既伤害人又被伤害，言语重复，并被羞辱，直至这个幻想活动对他有了那么大的控制力，以至于它几乎有了自己的生命，内容反而变得次要。在这种情况下，除非我能开始意识到病人陷入这些幻想的问题，并开始让病人注意这些幻想，否则这些幻想就不会进入分析，尽管在某种程度上它们是有意识地进行的。虽然陷入这些活动中的病人只是在"嘟囔"，但他们往往认为自己当时是在思考，当然，他们是在实现经验，经验成了思维的完全对立面。

在与另一名病人的工作中，当我们最终设法很清楚地呈现出了这种反复在他头脑中产生的巨大重要性和施虐式控制时，他告诉我，他觉得他可能把三分之二的空闲时间都花在了这种活动上；然后在他试图放弃这些活动的时候，他觉得他手上几乎有太多的空闲时间，当他开始不进行这些活动时，有一种模糊的失望或幻灭的感觉；这种失望的感觉来自放弃由这种内在对话产生的令人兴奋的痛苦。

我认为，循环的心理活动是思维的对立面，我的这一观点在分析情境中当然很重要。我强调的是，内部对话，即"嘟囔"，在分析对话中以及在这些病人的生活中都有所体现。这些病人使用了大量的分析时间，表面上是带来了分析和理解的材料，但实际上是无意识地用于其他目的。我们都熟悉以这种方式说话的病人，他们无意识中希望激起分析者的不安、感觉单调重复、想要责备或真的挑剔。这就可以被病人身上默默观望着的受虐部分用来打击自己，一种来自外部的"困难"可以在分析中建立起来，并在会谈期间在内部延续，病人沉默不语，显然是受到伤害了；或者在外部进行内部对话。然后我们可以看到，病人想要的并不是"理解"，尽管话语被表述得好像是想要理解。这些自我毁灭的病人在他们的生活中往往显得很被动，就像在某个层面上的 A 一样，当他们能够通过投射性认同看到自己是多么主动，比如通过我正在描述的那种挑衅，或者在他们的思维和幻想中看到这些，那么他们就迈出了非常重要的一步。但在分析中还有其他表达这种类型的自我毁灭方式。例如，有些病人呈现出"真实"情况，但是使用的方式却是默默地、极其令人信服地使分析师感到相当无望和绝望。病人似乎也有同样的感觉。我认为我们在这里有一种投射性认同,在这种认同中,绝望被有效地加载到分析师身上,以至于他似乎被绝望压垮了,看不到出路。然后分析师以这种形式再被病人内化,病人陷入了这种内部的粉碎和被粉碎的情况中,瘫痪和深深的满足感随之而来。

从这一切中产生了两个问题。第一,这种类型的病人通常很难看到和承认以这种方式获得的可怕快感;第二,我认为,在技术上极为重要的是要弄清楚病人的目的究竟是什么,他想告诉并传达真正的绝望、抑郁、恐惧与迫害并希望被理解和得到帮助,还是想用这样一种方式来创造一种受虐的情境,好让他陷入其中。如果在分析中没能明确区分不同的时刻,人们就不可能充分分析潜在的深层焦虑,因为受虐整体地叠加上来并正在对其进行利用。此外,我认为人们需要非常清楚地区分我所讨论的对焦虑的受虐式利用和戏剧化。我在这里描述的是比戏剧化更恶毒、对人格更绝望的东西。

我现在想举一个例子,来进一步说明实际的焦虑和利用焦虑来达到受虐目的之间的这种联系,以及真正的受迫害感和为了受虐目的而建立一种假性偏执之间的联系。我将介绍的是病人 A 的材料,当时他正处于非常痛苦的时期。有人向他表示,他有可能被所在公司提升到一个非常高级别的职位上,但他与一个负责人——本身可能也是一个难相处和折磨人的人——关系不好。在大约两年的时间里事情悄然恶化,直到一次重大重组时,他被降职了。他特别难受,几乎决定必须要离开,而不是被放在一个较低的职位上。然而应该记住,在他的位置上,要找到其他高级别和较好经济报酬的工作可能没有什么困难。

我带来了这段时间里某个星期一的会谈。那天,病人进来时非常痛苦,然后想起他没有带支票,但他说会在第二天带来;他描述了周末发生的事情,以及上星期五他与负责人的谈话,还有他对自己的工作感到多么担心。他的女朋友 K 一直在帮助他，对他很好，但他觉得自己在性方面已经死了，就仿佛她想从他那里得到性爱，这件事变得相当可怕。然后他怀疑道，"我是想残忍地对她吗？"这个问题已经有点可疑了，就仿佛我应该同意他是想残忍地对她，并陷入对他的某种责备，因而这个问题本身成了受虐而不是体贴。然后他带来一个梦。在梦中，他在一家老式商店的柜台前，但他个子很小，与柜台的高度差不多。柜台后面有一个人，一个店员。她在一本账簿旁边，却握着他的手。他问她："你是女巫吗？"就仿佛他想得到一个回答，他坚持不懈地问，就像是想听她说她是个女巫。他感到她受够了他，即将收回她的手。梦中某处有几排人，他隐约感觉自己因做过的事情而受到指责。在商店里，一匹马的马掌正在被钉上马蹄钉，但用的是一块白色的塑料材料，其形状和大小与人们用在男鞋鞋跟上的材料差不多。

在联想中，他谈到了他对于此刻与 K 的关系以及他的性行为感到焦虑。他在梦中是一个孩子的身高。他在夜晚有巨大的惊恐和焦虑的感觉。他会怎么做？他真的会耗尽钱财吗？他的整体处境会有什么变化？我们又谈了一下现实的问题。

他小时候见过很多马被钉上马蹄钉，他清楚地记得铁钉进入马蹄的味道。他谈到他对自己在工作中促成的局面感到内疚，并意识到他实际上一定对负责人表现得非常傲慢，这可能真的导致自己的职场天花板下降。

我把账簿与遗忘的支票和他对财务的焦虑联系起来。他担心自己目前缺乏性兴趣，但是他似乎希望我对支票的事感到讨厌，而 K 对他缺乏性欲感到讨厌。在梦中，他想让那个女人承认她是个女巫，这种态度似乎是一个老故事，因为他是一个孩子的身高。我相信，这种负罪感不仅仅事关他对工作情况的错误处理、他的傲慢和苛刻的态度，这确实导致了严重的工作问题，而且在他的头脑中和移情中都被积极地运用，试图吸引我去同意他的绝望，批评他在与 K 的关系中的傲慢，粉碎他，在我们两个人中产生彻底的绝望和无用感。这是在他的思维和会谈中对焦虑的受虐式利用。然后，通过看到有关给马钉上马蹄钉的联想，我们可以看到一些东西涉及了他在这种态度中得到的性兴奋，而且是非常残酷的那种。有一幅图画是，一块烧红的铁正被钉进马蹄中，作为孩子，他对这种做法感到着迷和惊恐，他觉得它一定会受伤，尽管事实上大家后来知道它不会受伤。因此，我可以向他展示，对于巨大受虐态度的沉溺明显地出现在了梦中，也出现在当前的治疗中，因为痛苦、绝望和假性偏执正在建立起来。在这个梦中几乎有一个洞察力的片段，就在他要求那个女人告诉他她是否是一个女巫时，而且他隐约知道自己希望她承认她是女巫。当我们回顾这个问题时，他又开始非常清楚地看到，他的整个态度变得更加慎思和安静，而不是绝望和无望。他慢慢地补充说，当然还有一个问题，这种性的刺激和恐怖似乎是如此之大，以至于对他来说没有别的东西可以如此重要和刺激。现在，当他说这句话时，起初明显感觉有一种洞察力和真理，但后来，在会谈中逐渐有一种不同的感觉，就好像他真的认为人们对此无能为力。甚至洞察力也开始包含不同的信息。所以我向他说明，这里面不仅有洞察力，不仅有对于自己陷入这种手淫兴奋的焦虑和绝望，而且有一种胜利和对我的施虐式嘲弄，就好像他将一块烧红的铁钉进我的心里，让我觉得我们所取得的一切都不值得，什么也做不了。他又一次看到了这一点，因此有可能把绝望的性受虐兴奋与胜利地干掉内部客体和外部客体联系起来。

　　我已尽量在这个例子中说明，这种受虐的兴奋是如何掩盖当时他的工作情境所激起的深层焦虑的，且与被拒绝、不受欢迎、失败和内疚的感觉有关。但是，只有首先处理好受虐式的使用、剥削，才有可能打通它们之间的联系。如果不这样做，就会在这些病人身上出现很常见的一种情况：诠释可能貌似被听取了，但病人人格的某些部分会用蔑视、讥讽和嘲笑来对待分析师，即便这种嘲笑和蔑视是无声的。

但我们仍然有一个重大问题，那就是为什么这种受虐式的自我毁灭能如此自我延续；为什么它对这种类型的病人有如此大的控制力。其中一个原因是我在本文中讨论过的：不可否认，严峻的受虐带来了纯粹的、无与伦比的性快感，但通常在很长一段时间内，这类病人都很难看出他们正在遭受成瘾，他们已经"迷上"这种自我毁灭的行为。对 A 来说，当我们触及关于洞穴中的性侵犯的梦境时，我们已经解决了很多问题，他有意识地感觉到他被一种成瘾所控制，他相信自己是希望能从中解脱出来的。但他觉得，他希望得到解脱的那个部分并不像他的成瘾那么强大，可能得到的结果也不像成瘾那样对他有那么大吸引力。而这一点他无法理解。

这个问题需要从病人的被动性这一角度来考虑，我在文章的开头提到过，对生命和理智的牵引似乎被分裂出来，投射到分析师身上。我们可以在移情中看到这一点，在严重的情况下有时会持续数年，大致上是这样。病人来了、说话了、做梦了等，但人们的印象是，他对改变、改善、记忆、在治疗中取得任何进展都没有真正的兴趣。慢慢地，全景就建立起来了。分析师似乎是房间里唯一一个积极关注改变、关注进步、关注发展的人，仿佛病人所有积极的部分都被投射到分析师身上。如果分析师没有意识到这一点，因而没有把他的诠释集中在这个过程上，就会出现一种共谋，分析师小心翼翼地、也许是委婉地推动，试图引起病人的兴趣或试图提醒他。病人短暂地回应，安静地再次退出，并把下一步行动留给分析师，一个重要的精神病理学片段在移情中被付诸行动。病人不断地被拉回到隐藏的那种致命的瘫痪和近乎完全的被动中。当病人活泼的部分一直不断地被分割开时，这意味着他真正的完整客体关系所需的东西，他的整个欲望能力以及感激、思念、对失去感到不安等都被投射了出来，而病人留在他的成瘾中，没有对抗它的心理手段。因此，对我来说，在技术上，对这些病人而言，最重要的是理解这种明显的被动性质。此外，这意味着随着生命和本能的分裂以及爱的分裂，矛盾心理和内疚感在很大程度上被回避。随着病人情况的改善，他们开始变得更加融合，他们的关系变得更加真实，他们开始感觉到急性疼痛，有时体验到几乎是身体上的疼痛——没有区别但极其强烈。

我认为，往往是在分析的这些时期，当关切和近于内疚的痛苦开始被体验到时，人们可以看到病人快速退行到早期的受虐式方法来避免痛苦，这些方法基本上都与婴儿和儿童行为相关。举一个非常简单的例子——A 在一次很好的分析体验后做了一个梦，他梦见母亲死了或是快死了，她躺在一个石板或沙发上，而令他惊恐的是，他从她一侧的脸上扯下了被晒伤的皮肤碎片并吃掉。我认为，他既没意识到自己破坏了美好的经历，也没有为此感到内疚，而是向她展示他是如何通过吃掉它而再一次认同于其受损客体的，而且重要的是，看到这种痛苦的、刺激的身体恐怖与他早先咬指甲和撕皮肤之间的联系，后者是我们很熟悉的。

当然，弗洛伊德在《哀悼与忧郁》（1917）中描述了这种认同过程，他还补充说："忧郁症中的自我折磨……无疑是愉快的……"尽管有某些重要的相似之处，但我所描述的病人并不是"忧郁症"——他们的内疚和自我责备被逃避得太厉害，或根本被其受虐性给吞噬了。

我的印象是，在婴儿时期，这些病人由于他们的病理，不仅从挫折或妒忌或羡慕中离开转而进入了退缩状态，也没能够对他们的客体暴怒和大吼。我认为他们退入的是一个秘密的暴力世界，在那里，自我的一部分被用来对付另一部分，身体的一部分被认作令他们不适的客体的一部分，而且这种暴力已经高度性欲化，具有自慰的性质，常常用身体来表达。例如，在撞击头部、将指甲刺进手掌、拉扯自己的头发、缠绕和扯断头发直至疼痛的这些行动中，人们都能看到这一点，这也正是我们在不断进行的"嘟囔"中仍然看到的。当进入这个领域时，这些病人能够认识到——通常一开始是非常困难和反感的——他们从这些明显的自我攻击中得到了兴奋和快乐,因而他们通常都可以向我们展示自己特殊的个人癖好。我的一名年轻男性病人是这个群体中的一员,他在分析时仍在拉扯和撕断他的头发。还有一名年纪更大的男人,他谈到自己耗费了大量的时间"嘟囔",在非常不安的时候,他常常躺在地板上喝酒,尽可能大声地播放他的收音机,就像陷入一场有节奏的身体体验的狂欢。在我看来,作为婴儿的他们没有向前迈进,没有利用真正的关系与人或身体的接触,而是明显地退回到自己体内,以这种性欲化的方式,在幻想中或者在暴力的身体活动所表现出的幻想中实现他们的关系。那么,这种深层的受虐状态就对病人有一种牵制,这种牵制比人类关系的吸引力要强得多。有时,这应被视为真正倒错的一个方面,在其他情况下,则是性格倒错的一部分。

可以看出,在本文中,我并没有试图讨论成瘾的防御价值,但在结束之前,我想提及这个问题的一个方面。它与折磨和生存有关。在我心目中,尤其是属于这个成瘾群体的病人中,没有一个真的有非常严重的、糟糕的童年历史,尽管在心理意义上他们几乎肯定有——例如,缺乏温暖的接触和真正的理解,有时还有非常暴力的父母。然而,正如我所指出的,在移情过程中,人们会有一种被驱赶到事物边缘的感觉,病人和分析师都感到受折磨。我的印象来自病人在等待和意识到缺陷的体验中所遇到的困难,然后我意识到,甚至最简单的内疚,一种潜在的抑郁体验在他们的婴儿时期就被感受为可怕的痛苦进而被感受为折磨,他们试图通过接管折磨来消除它,把精神痛苦强加于自己身上,把它变成一个倒错兴奋的世界,这必然阻碍任何真正走向抑郁状态的进展。

我们的病人很难放弃这种可怕的乐趣,而去享受现实关系中不确定的快乐。

## 总结

本文描述了在一小群病人中看到的一种非常恶性的自我破坏。它活跃在他们管理生活的方式中,并以一种致命的方式出现在移情中。我认为,这种自我毁灭的性质是一种特殊的施受虐成瘾,病人感到无法抗拒。它就像一种不断走向绝望和濒死的引力,因此病人对整个过程着迷并无意识地感到兴奋。我举了一些例子来说明这种成瘾是如何支配病人与分析师沟通,以及在内部与自己沟通的方式,从而影响他的思维过程。对于这样的病人来说,要走向更真实的、与客体相关的享受显然极为困难,这意味着要放弃纯粹消耗性的成瘾满足。

## 参考文献

Freud, S. (1917) 'Mourning and melancholia', *SE* 14.

——(1924) 'The economic problem of masochism', *SE* 19.

Meltzer, D. (1973) *Sexual States of Mind*, Perthshire: Clunie Press.

*Oxford English Dictionary, Compact Edition* (1979) London: Oxford University Press.

Rosenfeld, H. (1971) 'A clinical approach to the psychoanalytic theory of the life and death instincts: an investigation into the aggressive aspects of narcissism', *International Journal of Psycho-Analysis*, 52, 169–78.

Steiner, J. (1982) 'Perverse relationships between parts of the self: a clinical illustration', *International Journal of Psycho-Analysis*, 63, 241–52.

# 第18章

# 病理组织与偏执－分裂位和抑郁位之间的相互作用

约翰·斯坦纳

本文原为1985年2月20日在英国精神分析协会的一次科学会议上宣读的论文,1987年首次发表于《国际精神分析杂志》(68: 69-80)。

在本文中,我将讨论防御可能被组合成病理组织的一些方式,这些病理组织对人格有深刻影响,并可能导致心智状态变得固定,以至于病人在分析中表现出缺乏洞察力和抗拒改变的特点。我会强调这些组织的临床重要性,并试着说明它们是如何在偏执－分裂位和抑郁位下以平衡状态存在的。我将只简单描述这些心位的特点,因为它们现在已经为人熟知,但我将强调其中容易被忽视的过渡点,我认为这些过渡点是病人特别容易受到病理组织影响的地方。

梅兰妮·克莱因对焦虑和防御的两个主要分组,即偏执－分裂和抑郁的区分,已被证明是一种重要的概念工具,它使我们更容易研究心理结构在不同发展水平上的组织方式(Klein, 1952; Segal, 1964)。这是一项重要的技术辅助,因为它帮助我们在临床材料中找到自己的位置,使我们能够评估病人所处的功能水平。我们可以学会评估他的焦虑、心理机制和客体关系是以抑郁为主还是以偏执－分裂为主,这将决定我们做诠释的方式。

在两种心位之间发生着持续的移动,因此,任何一种心位都不可能以任何程度的完整性或持久性占主导地位。事实上,我们在临床上设法跟踪的正是这些波动,因为我们观察到整合期间带来的抑郁位的运作,或者失整合和分裂导致的偏执－分裂状态。随着分析的发展,这种波动可能发生在数月或数年之间，但也可能在一次会谈这样短的时间内就看到一个时刻到另一时刻的变化。如果病人取得了有意义的进展，就会在他身上观察到逐渐转向抑郁位（D）的功能，而如果他的情况恶化，我们就会看到重新回到偏执-分裂位（P/S）的功能，比如在负性治疗反应中发生的情况。这些观察结果令比昂（1963）提出，两种位置是相互平衡的，因此用一个双向箭头示意性地连接起来，即 P/S ↔ D。这种说法强调了动态性质，并将注意力集中在导致方向转变的因素上。

简而言之：在偏执-分裂位上，原始性质的焦虑威胁着不成熟的自我，导致原始防御被调动起来。分裂、理想化和投射性认同的运作，创造了由理想化的好客体组成的早期结构，并且将它们与迫害性的坏客体远远分开。个人自己的冲动也同样被分裂，他把所有的爱都指向好客体，把所有的恨都指向坏客体。作为投射的结果，主要焦虑是偏执焦虑，关注的是自己的生存。投射性认同的后果之一是自我和客体的混淆，由于这种混淆，思考都是具象的（Segal, 1957）。

抑郁位代表了一个重要的发展性进展，在抑郁位上，整体客体开始被认出来，矛盾的冲动开始指向原始客体。这些变化是由于整合经验的能力增强了，对自己能否存活的原始关注转向了对个人所依赖的客体的关心。破坏性冲动导致丧失和内疚的感受，这些感受现在可以得到更充分的体验，从而哀悼也得以发生。其后果包括象征功能的发展和补偿能力的出现，当思维不再必须保持具象时，就有机会发展出了这些能力。

两种心位之间有着令人印象深刻的明确区别，但有时确实让我们忘记了，在这些心位中，存在着性质非常不同的心理状态。在偏执-分裂位中，上述的分裂类型被认为是正常的，它与由解体性分裂导致的破碎状态不同。那种暴烈的投射性认同可能会导致客体和自我的投射部分都被粉碎成微小的碎片，形成迫害性状态，通常带有人格解体和极端焦虑。当敌意占主导地位时，特别是如果妒忌激发了对好客体的攻击，就会产生这种状态。当这种情况发生时，好与坏之间的正常分裂很可能被打破，导致混乱状态（Rosenfeld, 1950; Klein, 1957），这些混乱状态似乎特别难以承受，可能导致解体性分裂。正如我将在后面试着说明的那样，正常分裂的瓦解可能使病人容易受到病理组织的影响，而病理组织提供了一种伪结构，以帮助处理混乱的心灵状态（Meltzer, 1968）。

另一个重要的区别存在于抑郁位中，我们很容易忘记分裂在这个心位中仍然发挥着重要作用。克莱因（1935）强调，当好客体被内化为一个完整客体时，对它的矛盾冲动导致了抑郁状态，在抑郁状态下，客体被感觉为损坏的、垂死的或已经死亡的，并且"在自我上投下了阴影"，在这样的时刻，分裂是如何被启用的。试图占有和保存好客体是抑郁状态的一部分，并导致重新分裂，这次为了防止好客体的丧失，保护它不受攻击。抑郁位这一阶段的目的是通过具体地内化它、拥有它和认同它来否认丧失客体的现实。这也是丧亲者在哀悼早期阶段的情况，看上去它是一个正常的阶段，需要通过这个阶段之后，才能出现承认丧失的体验。

当必须面对放弃控制客体的任务时，抑郁位中的一个关键点就出现了。如果要修通抑郁位，允许客体独立，就必须扭转先前旨在占有客体和否认现实的趋势。在无意识幻想中，这意味着个人必须面对自己无力保护客体的问题。他的心理现实包括意识到自己的施虐所造成的内部灾难，以及意识到自己的爱和补偿愿望不足以保护客体，必须放手让客体死亡，并承受随之而来的孤寂、绝望和内疚。这些过程涉及激烈的冲突，我们将这样的冲突与哀悼工作联系起来，似乎也是导致了焦虑和精神痛苦的原因。我的论文的一个中心主题将是，这是病人的另一个关键点，如果不能面对这些经历，可能会再次调用病理组织来应对这种冲突。

因此，在偏执－分裂位和抑郁位两种心位的过渡期，个体似乎最容易受到病理组织的影响。

## 病理组织的特点

许多不同的作者对这些病理组织进行了描述,他们强调不同的方面。里维埃(1936)、西格尔(1972)、里森伯格—马尔科姆(1981)和奥肖内西(1981)给出了临床描述,说明了病理组织的防御性和其表达形式的多样性,而罗森菲尔德(1964,1971)、梅尔泽(1968)和索恩(1985)强调了客体关系及类似帮派或黑手党一类的组织的自恋本质,以及相关关系的倒错性质。

在不同的病人中,被组织成病理组织的防御的性质各不相同,例如,可能主要是强迫性的、躁狂的、倒错的,甚至是精神病的。然而,形式的多样性掩盖了反映防御的潜在组织的共同因素。在所有这些精神状况下,这种组织基本上都是自恋的,反映了投射性认同的优势地位,这种投射性认同创造的客体是由投射到它们身上的部分自我控制的。分裂倾向于创造出多个客体,然后将其组合成一个极为有序的结构。在这种共同的结构中,临床表现会有很大的不同。例如,这种组织可能由控制至上的强迫性机制维持;也可能是情欲化发挥了作用,给人一种癔症的味道;再或者躁狂机制可能来自对强大人物、有时是团伙领导人的认同,从而导致战胜和兴奋的结果。

在精神病状态下,人格可能被一个强行植入妄想秩序的精神病性结构所接管。这些不同情况的共同点是稳定性和对变化的抵抗,这源于共同的基本结构。其主要特点是:首先,客体被控制,并通过投射性认同来被认同;其次,客体被分裂并投射到一个团体上,这个团体通过复杂的、往往是倒错的方式被组合成一个有序结构。特别是当防御被组织成如此复杂的系统时,它们似乎会产生持久的病理状态,这对发展有极大损害,而且可能非常抗拒改变。

# 第18章 病理组织与偏执－分裂位和抑郁位之间的相互作用

## 偏执－分裂位和抑郁位的相互作用

为了考虑到这些状态并促进对这些病理组织的认识，我发现从概念上讲，可以将它们视为具有不同于偏执－分裂和抑郁位的特征，并与这两种心位之间存在着一种平衡状态。我们可以构建一个三角形的平衡图如下。

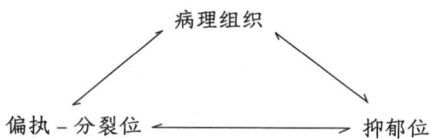

我相信这可以帮助我们更准确地在病人的材料中找到方向。然后，我们可以尝试评估病人是在偏执－分裂水平还是抑郁水平上运转其功能，或者我们是否处于病理组织当中；我们还可以尝试跟踪病理组织和另两种心位之间的转变。

当这样做的时候，我们就会发现病理组织是作为一种防御而运转的，不仅是对破裂和混乱的防御，也是针对抑郁位的精神痛苦和焦虑的防御。它是其他两种心位之间的一个边缘区域，如果病人认为偏执或抑郁的焦虑变得难以忍受，他可以撤退到那里。常常可以观察到，病人会接触一下抑郁位的体验，然后再次退回到偏执－分裂位，好像他不能忍受他所遇到的精神痛苦（Joseph, 1981; Steiner, 1979）。然后，他遇到了偏执－分裂位的解体、破裂、混乱和迫害性焦虑，如果这些也变得难以忍受，那么病人就没有地方让他感到安全，除非他能找到或构建出一种针对两个心位的防御。

为了做到这一点，全能幻想和原始的心理机制被发挥出来，而这些通常被认为是偏执－分裂位的活动。我所建议的是，当这些活动采取复杂的防御组织形式时，它们具有一些特殊属性，这使得将它们作为一种病理组织单独考虑是有帮助的。它们在自恋型结构的支配下提供了一种假性整合,可以伪装成抑郁位的真正整合,并且可以为病人提供或者给人一种假象,仿佛提供了一定程度的结构和稳定性,以及相对来说摆脱了焦虑和痛苦。

病理组织和另外两个心位之间的平衡,在不同病人身上,或者在同一病人的不同时间里,都会有所不同。然而,似乎所有病人都会在有的时候受到病理组织的支配,特别是在分析陷入困境和病人似乎从接触中撤退了的时期。即使是那些在其他环境中能以相对成熟的水平运作的病人也是如此。在另一些病人中,病理组织则似乎主导了整个分析,并对进展造成巨大的阻碍。然而,即使在这些病人中,往往也可以追踪到在组织和另外两个心位之间的移动。这可能使分析师能够识别那些向抑郁位的微小转变,这在临床上非常重要。

## 临床材料

我将试着通过思考一位我常觉得难以理解的病人的一些材料来检验这种方法的价值,她呈现的技术问题似乎与我难以通过正确评估其水平来从她的材料中找到方向有关。

她是一名有吸引力的、刚结婚不久的女人,20多岁,从大学辍了学,容易出现退缩状态,那时她会躺在床上,除了无休止地阅读小说外什么也不做。当她还是个婴儿时,她的家人由于遭受政治迫害而出国逃亡。他们偶尔能回来探望她的祖母,而这些探望之旅以及由此所需的过境经历对她来说都是特别焦虑的事。

她之所以寻求治疗,是因为发作了令她丧失能力的焦虑,起初这些发作与重大决定有关,例如她是否应该留在英国,或者她是否应该让未

## 第 18 章 病理组织与偏执 – 分裂位和抑郁位之间的相互作用

来的丈夫搬进她的公寓,而当时他并不打算与她结婚。当她参与关于存在主题的长时间讨论中时,也会出现这种情况,当她意识到自己看不到生活的意义时,就会感到恐慌。她发现自己在颤抖,感觉到周围的环境在后退、变得遥远,并发现自己无法与人接触,因为他们之间存在着一种弥漫性的障碍。当她当时的未婚夫同意与她结婚时,这种焦虑就会减轻,但会定期重新出现,例如有一次她丢失了一个内装一小撮丈夫头发的项链坠。此外,她还特别害怕被罐头食品毒死,她确信罐头食品是有污染的。即使在焦虑症发作的间隙,她也被对污染和中毒的关注牵绊,并做过可怕的梦,例如,在梦中,放射性的物质催生了一类活死人,人们变成了自动装置。对死亡和干旱的迷恋与她对撒哈拉沙漠的关注有关,她曾经去过撒哈拉沙漠,并计划在治疗结束后返回那里考察。

分析的一个核心特点是她是一名沉默的病人,其实,她经常在会谈的大部分时间里保持沉默,连续数月。她会以长时间的沉默或一句话开始,如"什么都没发生"或"这将是又一次沉默的会谈"。偶尔她会做出解释,例如说,"我把事情分为我能说的和不能说的,我能说的事情不值得说"。很多时候有一种嘲弄、戏弄的性质,通常伴随着一种生闷气的小女孩的声音。"我觉得昨天我完全被误解了,今天我不打算说什么,所以就这样!"或者,她可能承认她会自言自语,"除非你已经想好了,让他找不到错处,否则不要给他看任何东西",或"除非你确信你能赢得争论,否则不要对他说任何话"。沉默可能会变成一种游戏,她会在自己开始会谈或由我开始之间交替选择,或者她可能会赌在我说话之前她要等多久。在沉默期间,她经常想到自己是在荒岛上晒太阳,她承认她很享受这些游戏和伴随的幻想。最突出的情绪是一种微笑着的冷漠,一种不冷不热,一种游戏般的不关心,在这种状态下,分析的困难和实际上在她周围发生的生活现实都是我的问题。这有时让我感到被剥削和被摆布,仿佛我与我应该更关心她的分析的观念相勾结了起来。在另一些时候,我好像是被激怒了，以批评的方式诠释她的不关心，就好像我是因为不愿意承担这个责任而试图说服她变得更关心。

同时，她的分析有着死一般的严肃性，而且她很少迟到，几乎从未错过任何一次会谈。有一次，当我让她的沉默持续得比平时更长时，她开始无声地哭泣，当我问她在想什么时，她告诉我一个悲惨的故事：一个女孩服用了过量的药物，由于迟迟没有人来救治，她只能任由自己死亡。

当这名病人躺在沙发上时，她会不安地、不停地移动她的手。她会以一种生硬而恼人的方式抠她的指甲，或者从绷带上或衣服上拉出线头，或者玩弄她的袖子或纽扣。有一段时间，她发现很难抵制对沙发旁边的墙纸的挑剔，那里边缘上有一小块凸起，她渴望把它扯下来。她最常玩的是她的长发，把一束头发捋下来，仿佛是在挤奶一样，把个别的头发挑出来，卷成图案，缠绕它们，再把它们捋直。我想起了弗洛伊德在朵拉案中的说法：“没有一个凡人能够保守秘密。如果他的嘴唇不说话，他就用他的指尖喋喋不休……”（1905, p. 78），但在大多数情况下，我无法理解她沉默背后的因素或手部动作的含义。

她说她有大量的想法，但她无法将这些想法串联起来，这表明她的想法是支离破碎的，就像在偏执-分裂位上看到的那样。然而，很明显，有一些更活跃的、挑逗性的和愉悦的东西正在发生，这导致了长期的死气沉沉和枯燥，期间无法察觉到任何发展。这种状态似乎可以保护她免于焦虑，包括由她的惊恐发作所代表的偏执-分裂焦虑以及抑郁焦虑，如果她无意中允许自己承认她有能力关心自己和治疗，就会出现焦虑。她的游戏为她提供了明显的满足感，这提示存在倒错的元素。

在开始分析两年后，她这样开始了一次会谈：她在包里找支票，最终把它交给了我。我注意到她的支票没有完全填好。在短暂的沉默之后，她告诉我一个梦。在梦中，她邀请一对年轻夫妇吃饭，然后发现某种东

## 第18章 病理组织与偏执－分裂位和抑郁位之间的相互作用

西用完了,可能是红酒或食物。她的丈夫和两位朋友出去买东西,而她在家里等着。当他们回来时,他们用担架把那个女孩带了回来,并解释说她被拦腰切断,没有下半身。女孩似乎并不难过,而是微笑着,后来她拄着拐杖离开了。病人要求丈夫带自己去看看事情发生的地方。他照做了,并解释了一辆汽车是如何从后面撞上那个女孩并将她切成两半的。

是梦而不是沉默,这令人宽慰;我诠释说,这个梦本身可能代表了分析所需的给养,就好像她意识到我们已经没有材料可以用了。梦中的女孩在出去买给养时遭到了暴力袭击,我认为她可能是害怕如果她带来了分析用的材料,类似的事情会发生在她身上。我补充说,也许她现在不那么害怕被攻击了,因为她可以表达了解这些恐惧的愿望,在梦中她要求了解事故是如何发生的。

她听得很专心,点了点头,仿佛明白了我的意思,这让我稍后尝试将这个梦与她在治疗开始时寻找支票的经历联系起来。我提出她可能对于付钱给我有不同的感受,她带来了支票,然后在她的手提包里找不到,而且填写得不完整。

病人的情绪急剧变化,她变得轻描淡写地说,如果是这样,她可以立即纠正,因为她带了一支笔,她不希望我有任何可以用来针对她的证据。我感觉好像与她的联系被突然切断了。她现在似乎觉得我抓住了她的把柄,正在大惊小怪,利用她在支票上的错误给她施加压力,让她承认自己的矛盾心理,去谈她的感受。她没有注意到的一个小错让她感到可怕的失控,她不得不攻击合作的气氛,并尽快纠正错误。然而,会谈前半段的情绪给人一种有接触的感觉,我认为这确实代表了向抑郁位的转变,她可以对自己和她的客体表现出一些关注。然而,当我似乎走得太远或太快,把它与会谈中实际发生的事联系起来时,这激起了猛烈的攻击。

现在回想起来,我觉得我把诠释的层面弄错了,我没有意识到她无法维持这种整合，整合的水平是让她能够坚持把我作为一个她可以合作的分析师，同时承认对我的负面感受。相反她回到了一种心理状态，在这种状态下，她与自己的感觉是切断的，就像梦中的女孩一样。那个女孩微笑着，并不介意被切成两半，这似乎恰恰反映了病人带着微笑的和轻率的不关心。还有一种影射，即我更关心支票而非她的需求，所以她表现得仿佛她必须满足我一样。这种攻击从背后偷袭过来，似乎来自我，而且针对与我的关系，针对她的任何部分，这个部分希望通过提供材料与分析工作合作，承认她的矛盾心理并理解它。因此，所有理解的愿望都是分析师的，她把她的努力指向了阻止我。我们可以看到我如何成为病理组织的一部分，并通过为她将这些攻击付诸行动而在维持病理组织方面发挥了重要作用。事实上，我甚至可能被构陷在支票上攻击她，我怀疑我无法避免成为情绪转变的一方，随后她通过退缩、不接触来处理这个转变。

我想妒忌是引发这些攻击的原因之一，也许正是为了避免这些攻击，她很少承认我们的工作关系或者她的整体生活有任何改善。在接下来的几个月里，我只是顺便听说她申请了一所艺术学校，正在准备作品集，还听说她正在上驾驶课。然而她确实提到，她丈夫正在安装中央暖气，虽然她不愿意离开她的艺术工作，还是勉强同意去帮助他。她对安装工作相当投入和感兴趣，并承认当她真心去帮忙时，她觉得很满足。这似乎与她在治疗中开始形成的温暖气氛相吻合，尽管她仍然有些怨天尤人、生闷气和敏感。

随后她有三次会谈没有来，因为这很不寻常，于是我打电话向她询问发生了什么事。她解释说，在她帮忙装中央供暖系统时，散热器掉在自己的脚趾上了，事实上，她曾试图在她的会谈时间给我打电话，但我没有接，实际上是因为我的电话铃声无意中被关掉了。在她回来后，她承认，由于我没能接听，不仅她的脚趾，她的感情也受到了伤害，她又

## 第 18 章　病理组织与偏执 – 分裂位和抑郁位之间的相互作用

一次躺在床上，看起了小说。然后她描述了一个梦，梦里一个女孩死于神秘疾病，她被女孩的父母叫去和他们谈话。她不知道该说些什么，他们告诉她不要紧，仿佛他们看到她很难过，并小心翼翼地不让她哭。她接着补充说，"当有好事发生时，你可以说，'真好'，但是……"她拖长了声音。在梦中，她被召唤到的房间里有书架和一个煤炉，她能够将其与一个儿童之家的书架联系起来，她在婴儿时期曾被留在那里。她把自己对这个家的记忆理想化了，特别是那里的漂亮娃娃，但事实上她说她是被留在那里的，当时家人带着她的弟弟去度假，他们回来时她拒绝认她的母亲，并且病得很重，以至于她在接下来的两个星期里都无法离开这个家。

然后她又联想到边境上的一个等候室，当时他们一家在探望完她的祖母后被拦住。这一次，她的母亲被边防军带下火车，他们要检查她的护照是否有问题，一家人在一个有书架和煤炉的房间里等着她。

我能够诠释说，梦中的元素反映了她的感觉，即当我不接电话时，发生了类似于死于神秘疾病的悲剧事件，而当我给她打电话时，感觉就像我把她传唤回了分析中，要求她解释她的反应。我认为安装中央暖气所代表的分析工作使她更多地与她的感受相联系，而对梦境的联想似乎证实了她担心自己会失去母亲时的恐怖记忆被唤醒。

我们可以将这一分析片段中的移动概念化，用以反映从病理组织向抑郁位的转变，在抑郁位中发生了有意义的接触，于是分析工作成为可能。然而，这个病人也显示了当抑郁情绪变得无法容忍时，自恋的防御措施是如何被重新部署，把她拉回到病理组织中的。

病理组织似乎为病人提供了一个理想化的避风港，让她远离周身的可怕情境。这种倒错的味道与病人这边明显的漠不关心相连，她从边缘状态的自给自足中获得明显的快乐和力量。相比之下，分析师感到非常不舒服，他被要求带着关心，但从与病人的经验中知道，无论他做什么都是让她不满意的。我的印象是，如果我没有打电话给病人，她将无法发起这个走向我的动作，我们可能会有一个非常长的空缺，甚至分析会出现一次崩溃。另一方面，我不得不觉得给她打电话是技术上的一个严重错误，我有一种不安的感觉，觉得自己在做不正当的事，就好像我被引诱了，或者正在引诱她，让她觉得她是为了我的利益，在我的召唤下回来进行分析的。有意思的是我们会看到，有时是分析师的缺点被利用来证明病人有回到病理组织的理由。这里，病人可以争辩说，我没有接听她的电话意味着我让她失望了，这就证明她有理由退回到床上和小说中，这又可以被理想化为安全和温暖。这让分析师感到，他的任何疏忽都会成为倒错狂欢的起爆剂。

同样的议题似乎也是她沉默的一个因素，她的沉默似乎也是退缩到一种理想化的状态，她可以称之为她的荒岛，在那里她可以享受日光浴。我认为她对自己创造了这些心理状态的方式有一定的洞察力，她在那里找到的安全感是幻觉，而她创造的死寂和枯燥才是真实的，且对她极其不利。因此，她有一个真正的愿望，希望在分析中取得进展，并在她体内找到创造性的能力，这可能带来职业上的发展，并满足她长久隐藏着的愿望，即建立一个家庭。

然而，这种发展取决于她抵御破坏性攻击的能力，每当她接近抑郁位，接触到她对客体的需求和对它们的修复性冲动时，破坏性攻击常常就启动了。事实上，一些进步逐渐变得明显，她开始学习艺术课程并通过了驾驶考试。她还与她的父母有了更好的接触，她能够请求甚至感激他们。然而，在整个分析过程中，她的沉默仍旧是一个问题，富有成效的工作阶段中仍然散布着长段的死气沉沉和枯燥。

我认为我们有可能看到病理组织如何保护病人不受偏执－分裂焦虑和抑郁焦虑的影响。它提供了一种安慰，病人可以撤回到一种既不完全活着也不完全死了的状态，但也是一种接近死亡的状态，相对来说没有痛苦和焦虑。即使病人知道自己被切断联系，与感觉脱节，这种状态仍然在被理想化。我认为满足的倒错来源很重要，这些来源令她对这种边缘的心理状态成瘾。惊恐发作似乎代表着防御组织的崩溃，以及随之而来的回到偏执－分裂位的迫害性破碎状态。在其他时候，可以观察到她态度的变化，这似乎代表了向抑郁位的移动，这些可以被认为是在构成分析上有意义的变化。她似乎至少暂时能放弃对病理组织的依赖，并与作为其分析师的我建立起关系。然而，这种接触很明显如此不稳定，它可以很快被切断，例如，当我诠释她对支票的矛盾心理时就是这样。

## 讨论

关于病理组织的出色描述有好几处（Riviere, 1936; Meltzer, 1968; Rosenfeld, 1971; Segal, 1972; O'Shaughnessy, 1981; Riesenberg-Malcolm, 1981; Spillius, 1983; Sohn, 1985），我在这里只提几个在我描述的病人身上突出显示的特征。然后，我将简要地讨论这些组织对人格拥有强韧控制力的一些可能原因，并描述它们干扰发展的方式。最后，我将强调认识到组织和两个基本心位之间平衡的临床意义。

在幻想中，该组织可以以各种方式表现出来，最生动的是以罗森菲尔德（1971）所描述的方式表现为帮派或黑手党。他展示了分裂和投射性认同是如何导致否认自我的破坏性部分及破坏性内部客体，这些客体都分布到了帮派成员中。群体被理想化，防御系统的凝聚力由帮派的凝聚力代表，而帮派的凝聚力依赖于倒错方法来确保依赖和忠诚。帮派或其领导人会劝说、引诱，必要时威胁，以获得包括病人在内的成员的服从，而病人似乎往往是个不情愿的成员，但又太软弱，无法逃脱。

我以前曾提出（Steiner, 1982），病人对待组织的态度并不总是像他所假装的那样无辜，而且会发展出一种倒错的共谋，涉及自我各部分之间的复杂关系，其中好的和坏的部分不可避免地纠缠在一起。这往往使分析师难以碰到那个值得信赖的、可以对谈的病人，而诠释暗示着病人是需要被分析师拯救的受害者，可能会被体验为一种共谋。

在另一些时候，该组织有着明显的空间表征，有时以理想化地点的形式出现，如一个荒岛、一个洞穴或建筑物，病人可以在其中避难。例如，在我的病人身上，边境上的那个房间似乎已经成为一个理想化的避风港，与之相关的恐怖经历被否认了。随后，病人可能会发现自己很难从这个避风港走出来，去面对痛苦和焦虑所威胁着的现实世界。

该组织的这种空间外观可能是一些作者使用"心位"一词与之相联系的原因。梅兰妮·克莱因自己（1935）谈到躁狂位是对偏执-分裂焦虑和抑郁焦虑的一种防御，西格尔谈论了自恋心位（1983），而我则从边缘心位（Steiner, 1979）的角度来思考它。这有助于我们从空间角度对平衡图进行视觉化，不过也可能会产生误导，因为该组织实际上是在利用偏执-分裂机制。与其他心位的情况不同，我认为这些组织总是病理的，总是干扰着发展。甚至我认为大多数分析师在其中都能看到死本能的表达和妒忌的表现，以及对妒忌的防御（Spillius, 1983）。它可能允许一种受束缚的生活类型存在着，甚至有时能阻止或推迟急性崩溃，但为了达成与现实的真正接触，它必须被放弃。

因此，该组织似乎为雷伊（1979）所说的幽闭-广场恐惧之前困境提供了一种解决方案。如果病人试图从中出来而走向他的客体，那他往往会退缩，并辩称他无法承受体验更亲密的关系所带来的情感接触。在许多情况下，这被体验为一种幽闭恐惧性质的焦虑，客体被感觉为会禁锢自我、使自我窒息或对自我提出过多的要求而给自我带来威胁。另一方面也有一种恐惧，即松开防御会使病人陷入分裂性焦虑，特别是混乱和碎裂，这常常被体验为广场恐惧。如果他向他的客体移动，他会产生

## 第 18 章 病理组织与偏执 – 分裂位和抑郁位之间的相互作用

幽闭恐惧,而如果他远离这些客体,他就会产生广场恐惧。病理组织往往看上去是唯一的出路,因为在病理组织中,客体被束缚在有组织的结构中,与它们的情感距离可以在掌控中。

有时,关于放开病理组织的保护的焦虑似乎非常真实,病人会生动地表达出如果放弃它,他将不得不面对怎样的恐怖。然而在另一些时候,对它的需要就不那么有说服力,人们得到的印象是,求助于这个组织并不是出于必要,而是因为对它的依赖已经成瘾。这时,病人可能会表明,他已经洞察了该组织本质上的自我毁灭特性,而且他至少部分意识到,这种平衡提供的只是安全的一种假象。然而,该组织仍受到追随,这似乎至少部分是由于它所提供的倒错满足。大多数描写这种组织的作者都描述了施虐受虐的元素,我认为,我的病人那以沉默挑逗和折磨我的方式之中,施受虐元素也很清晰。

有时,倒错的味道主要来自真相被扭曲和歪曲的方式,这导致了与现实的一种特殊的边界关系,这种关系与性倒错中所描述的关系是类似的(Chasseguet-Smirgel, 1974)。弗洛伊德(1927)在对恋物癖的研究中首次提醒注意这些机制,在恋物癖中,女性的阴茎被认定又被否认,而且往往有巧妙的合理化协助这种否认。我认为它们是病理组织的特征,是倒错氛围的根源所在。

正是这些扭曲回避了抑郁位的内在现实,所以内心世界的灾难性状态没有被面对,因此病人不会承认自己需要哀悼,也不会实施修复。病人似乎并不是要破坏洞察力,而是要对它视而不见,然后可能投身到对真相的复杂掩盖中(Steiner, 1985)。这往往会误导分析师,并在错误的层面上引发诠释,例如在我的病人身上,我经常被说服她有能力理解,结果发现她无法或不愿意维持这种能力。我猜想,这也是病人给人留下矛盾印象的原因之一,即认真和诚实地希望得到分析,同时持续需要扭曲和伪造现实。

该组织的目的似乎是为了保持现状，即自恋性客体关系持续存在以及投射性认同导致自身和客体混淆的情境。这种情境与抑郁位早期阶段的情况相似，客体被占有、控制，并通过投射性认同而被认同。正是防御的这种组织性特征将客体和自身的投射部分黏合在一起，从而防止后者被撤回到自我中。

这意味着，抑郁位的下一阶段没有继续进行，即必须放弃和哀悼客体的阶段，病人被困在具象的内化客体中，每个客体都包含他不能放手的一部分自身。因为这样做不仅要面对客体的丧失，而且要面对包含在客体中的自身的丧失。哀悼通常会让自身与客体得以逐渐分离，哀悼没有发生，随之而来的好处也不会发生，例如从投射的回归中获得的自我的丰富，特别是由此产生的象征性思考能力。

病理组织显然具有重要的理论意义，但我认为这个概念作为临床工具是最有帮助的。如果把三角平衡图牢记在心，它可以帮助我们确定会谈中的主导焦虑，而这种焦虑往往与三种状态中的两种状态之间的过渡或可能来临的过渡有关。例如，以下这种过渡。

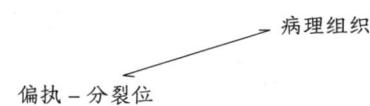

这往往是受困病人最为紧张的地方，特别是在分析的早期。实际上，病人可能由于防御组织的崩溃而寻求分析，组织崩溃可能导致出现症状。在分析中，他可能会试图重新建立这个组织，以获得缓解，并经常利用分析师作为防御系统的一部分（Riviere, 1936; Joseph, 1983）。分析师需要理解的是，在这个阶段，不存在通常分析意义上让病人感兴趣的理解，因为他的首要任务是找到自己的平衡点。有时，焦虑会迅速改善，但会迎来一个漫长的困顿期，只要分析还在，只要没有出现发展，病人就能较好地处理。由于害怕回到分裂和混乱的状态，所以不允许出现发展。

# 第18章 病理组织与偏执 – 分裂位和抑郁位之间的相互作用

在很长一段时间里，我的病人似乎对惊恐发作所代表的解体状态感到害怕，她在分析中实现的平衡使她相对没有焦虑，也几乎不能发展。

有时可能观察到病人以不那么病理的方式运作，在这种情况下，防御系统孤立地运作而不被卷入一个组织，这可以被认为是这种平衡的表现。

偏执 – 分裂位 ⟵⟶ 抑郁位

然而，即使在适应相对良好的病人中，也会出现病理组织掌管一切的情况，病人会变得卡住，有时只发生在他精神生活的一个有限区域，因为他无法成功解决某个特定的冲突。相比于整个分析都被病理组织支配的病人，我们在这个病人身上看到的情况就不那么恶性。如果分析在试图处理冲突的困难领域，那么这两种类型的病人的分析工作都发生在这种平衡状态中。

即使是在非常困顿的病人身上，通常也会看到他们偶尔向抑郁位移动，我认为识别和诠释这些移动是很重要的。当然，常见的情况是，在走向与抑郁性焦虑的接触之后，病人又退回到病理组织中，就仿佛病人认为自己无法承受与客体更密切的关系所带来的情感接触。有时，似乎是不能容忍内疚和绝望等体验，而这些体验正是抑郁位的特征；另外有时，出现了与放开保护性组织相关的不可忍受的心理痛苦（Joseph，1981）。分析的大部分时间可能要被用于跟踪这些来回的转变，在某些情况下，确实会发生进步和发展，病人设法从病理组织中走出来，进入一种更真实的客体关系（Segal，1983）。

## 总结

我介绍了一些临床材料，以说明如何认识一种病理组织，它存在于偏执－分裂位和抑郁位的平衡之中。防御结构在利用偏执－分裂的机制，如原始分裂和投射性认同，同时，它是高度组织化的，并由自恋性内部心理关系维系着，倒错满足在这种关系中起着重要作用。这种防御组织大致是为了产生一个真实或虚幻的安全场所，以避免在另两个心位经历焦虑。所有人在采用防御措施时都会有摇摆波动，因此可以认为是在这些组织和另两个心位之间移动。他们因而表现出偏执－分裂水平功能的某种证据，也表现出病理组织存在的证据，即便他们在其他时间和其他环境中可能以相对成熟的方式行使功能。然而，在一些病人中，病理组织主导了人格，并导致分析变得固定和僵化。

可以这么说，识别出这些防御组织能使分析师更准确地了解自己在临床材料中的位置，从而在病人可以理解的水平上跟他说话。

## 参考文献

Bion, W.R. (1963) *Elements of Psycho-Analysis*, London: Heinemann; paperback Maresfield Reprints, London: H.Karnac Books (1984).

Chasseguet-Smirgel, J. (1974) 'Perversion, idealization and sublimation', *International Journal of Psycho-Analysis*, 55, 349–57.

Freud, S. (1905) 'Fragment of an analysis of a case of hysteria', *SE* 7.

——(1927) 'Fetishism', *SE* 21.

Joseph, B. (1981) 'Toward the experiencing of psychic pain' in J.S.Grotstein (ed.) *Do I Dare Disturb the Universe?*, Beverly Hills: Caesura Press, 93–102.

——(1983) 'On understanding and not understanding: some technical issues',

*International Journal of Psycho-Analysis*, 64, 291–8.

Klein, M. (1935) 'A contribution to the psychogenesis of manic depressive states' in *The Writings of Melanie Klein*, vol. 1, London: Hogarth Press, 262–89; paperback New York: Dell Publishing Co. (1977).

——(1952) 'Some theoretical conclusions regarding the emotional life of the infant' in *The Writings of Melanie Klein*, vol. 3, London: Hogarth Press (1975) 61–93.

——(1957) Envy and Gratitude in The Writings of Melanie Klein, vol. 3, London: Hogarth Press (1975) 176–235.

Meltzer, D. (1968) 'Terror, persecution, dread', *International Journal of Psycho-Analysis*, 49, 396–401; reprinted in *Sexual States of Mind*, Perthshire: Clunie Press (1973).

O'Shaughnessy, E. (1981) 'A clinical study of a defensive organization', *International Journal of Psycho-Analysis*, 62, 359–69.

Rey, J.H. (1979) 'Schizoid phenomena in the borderline', in J.LeBoit & A.Capponi (eds.) *Advances in the Psychotherapy of the Borderline Patient*, New York: Jason Aronson.

Riesenberg-Malcolm, R. (1981) 'Expiation as a defence', *International Journal of Psychoanalytic Psychotherapy*, 8, 549–70.

Riviere, J. (1936) 'A contribution to the analysis of the negative therapeutic reaction', *International Journal of Psycho-Analysis*, 17, 304–20.

Rosenfeld, H.A. (1950) 'Notes on the psychopathology of confusional states in chronic schizophrenia', *International Journal of Psycho-Analysis*, 31, 132–7; also in *Psychotic States*, London: Hogarth Press (1965).

——(1964) 'On the psychopathology of narcissism: a clinical approach', *International Journal of Psycho-Analysis*, 45, 332–7; also in *Psychotic States*.

——(1971) 'A clinical approach to the psychoanalytic theory of the life and death instincts: an investigation into the aggressive aspects of narcissism',

*International Journal of Psycho-Analysis*, 52, 169–78 (also reprinted in this volume, pp. 239–55).

Segal, H. (1957) 'Notes on symbol formation', *International Journal of Psycho-Analysis*, 38, 391–7; also in *The Work of Hanna Segal*, New York: Jason Aronson (1981) 49–65.

——(1964) *Introduction to the Work of Melanie Klein*, London: Heinemann; also New York: Basic Books (1964).

——(1972) 'A delusional system as a defence against the re-emergence of a catastrophic situation', *International Journal of Psycho-Analysis*, 53, 393–401.

——(1983) 'Some clinical implications of Melanie Klein's work: the emergence from narcissism', *International Journal of Psycho-Analysis*, 64, 269–76.

Sohn, L. (1985) 'Narcissistic organization, projective identification and the formation of the identificate', *International Journal of Psycho-Analysis*, 66, 201–13.

Spillius, E. (1983) 'Some developments from the work of Melanie Klein', *International Journal of Psycho-Analysis*, 64, 321–32.

Steiner, J. (1979) 'The border between the paranoid-schizoid and the depressive positions in the borderline patient', *British Journal of Medical Psychology*, 52, 385–91.

——(1982) 'Perverse relationships between parts of the self: a clinical illustration', *International Journal of Psycho-Analysis*, 63, 241–51.

——(1985) 'Turning a blind eye; the cover-up for Oedipus', *International Review of Psycho-Analysis*, 12, 161–72.

# 总引言及其他引言材料中的参考文献

Abraham, K. (1919) 'A particular form of neurotic resistance against the psycho-analytic method', in *Seleected Papers on Psycho-Analysis,* trans. D.Bryan and A.Strachey, London: Hogarth Press (1942).

Bick, E. (1968) 'The experience of the skin in early object relations', *International Journal of Psycho-Analysis,* 49:484–6.

Bion, W.R. (1950) 'The imaginary twin', paper read to the British Psycho- Analytic Society, November 1950, in *Second Thoughts,* London: Heinemann (1967), 3–22; reprinted in paperback, Maresfield Reprints, London: H.Karnac Books (1984).

——(1952) 'Group dynamics: a re-view', *International Journal of Psycho-Analysis,* 33:235–47; also in M.Klein, P.Heimann, and R.E.Money-Kyrle (eds.) *New Directions in Psycho-Analysis,* London: Tavistock Publications (1955) 440–77; paperback, Tavistock Publications (1971); also reprinted by Maresfield Reprints, London: H.Karnac books (1985).

——(1954) 'Notes on the theory of schizophrenia', *International Journal of Psycho-Analysis,* 35:113–18; also in *Second Thoughts,* 23–35.

——(1955) 'Language and the schizophrenic', in *New Directions in Psycho-Analysis,* 220–39.

——(1956) 'Development of schizophrenic thought', *International Journal of Psycho-Analysis,* 37:344–6; also in *Second Thoughts,* 36–42.

——(1957) 'Differentiation of the psychotic from the non-psychotic personalities', *International Journal of Psycho-Analysis,* 38:266–75; also in *Second Thoughts*. 43–64.

——(1958a) 'On arrogance', *International Journal of Psycho-Analysis*, 39: 144–6; also in *Second Thoughts*, 86–92.

——(1958b) 'On hallucination', *International Journal of Psycho-Analysis*, 39: 341–9; also in *Second Thoughts*, 65–85.

——(1959) 'Attacks on linking', *International Journal of Psycho-Analysis*, 40: 308–15; also in *Second Thoughts*, 93–109.

——(1962a) 'A theory of thinking', *International Journal of Psycho-Analysis*, 43:306–10; also in *Second Thoughts*, 110–19.

——(1962b) *Learning from Experience,* London: Heinemann; reprinted in paperback, Maresfield Reprints, London: H.Karnac Books (1984).

——(1963) *Elements of Psycho-Analysis,* London: Heinemann; reprinted in paperback, Maresfield Reprints, London: H.Karnac Books (1984).

——(1965) *Transformations,* London: Heinemann; reprinted in paperback, Maresfield Reprints, London: H.Karnac Books (1984).

——(1967) 'Notes on memory and desire', *The Psychoanalytic Forum*, 2: 272–3 and 279–80.

——(1970) *Attention and Interpretation,* London: Tavistock Publications; reprinted in paperback, Maresfield Reprints, London: H.Karnac Books (1984).

Brenman, E. (1982) 'Separation: a clinical problem', *International Journal of Psycho-Analysis,* 63:303–10.

——(1985a) 'Cruelty and narrowmindedness', *International Journal of Psycho-Analysis,* 66:273–82.

——(1985b) 'Hysteria', *International Journal of Psycho-Analysis,* 66:423–32.

Eigen, M. (1985) 'Towards Bion's starting point: between catastrophe and death', *International Journal of Psycho-Analysis,* 66:321–30.

Freud, S. (1916) 'Some character types met with in psycho-analytic work', (see especially 'II—Those wrecked by success', *SE* 14, 316–31) *Standard Edition of the Complete Psychological Works of Sigmund Freud*), London: Hogarth Press

(1950–74).

——(1923) *The Ego and the Id, SE* 19, 3–66.

——(1924) The economic problem of masochism', *SE* 19, 157–70.

——(1937) 'Analysis terminable and interminable', *SE* 23, 209–53.

Gallwey, P. (1985) 'The psychodynamics of borderline personality', in D.P.Farrington and J.Gunn (eds.) *Aggression and Dangerousness,* London: John Wylie, 127–52.

——(in press) 'The psychopathology of neurosis and offending', in P.Bowden and R.Bluglass (eds.), *Principles and Practice of Forensic Psychiatry,* London: Churchill Livingstone.

Grinberg, L. (1962) 'On a specific aspect of countertransference due to the patient's projective identification', *International Journal of Psycho- Analysis,* 43: 436–40.

Grotstein, J.S. (1981) *Splitting and Projective Identification,* New York: Jason Aronson.

Heimann, P. (1950) 'On countertransference', *International Journal of Psycho-Analysis,* 31:81–4.

Hughes, A., Furgiuele, P., and Bianco, M. (1985) 'Aspects of anorexia nervosa in the therapy of two adolescents', *Journal of Child Psychotherapy,* 11:17–32.

Isaacs, S. (1948) 'The nature and function of phantasy', *International Journal of Psycho-Analysis,* 29:73–97; also in M.Klein, P.Heimann, S.Isaacs, and J.Riviere, *Developments in Psycho-Analysis,* London: Hogarth Press (1952) 67–121.

Jackson, M. (1978) 'The mind-body frontier: the problem of the "mysterious leap"', paper read to the Psychiatric Section of the Royal Society of Medicine in March, 1978.

Joseph, B. (1981) 'Defence mechanisms and phantasy in the psychological process', *Bulletin of the European Psycho-Analytical Federation,* 17:11–24.

——(1982) 'Addiction to near-death', *International Journal of Psycho- Analysis,*

63:449–56.

——(1986) 'Envy in everyday life', *Psychoanalytic Psychotherapy,* 2:13–22.

——(1987) 'Projective identification: some clinical aspects', in *Projection, Identification, Projective Identification,* J.Sandier (ed.), New York International Universities Press.

Klein M. (1921) 'The development of a child', in *The Writings of Melanie Klein,* vol. 1: *Love, Guilt and Reparation,* London: Hogarth Press (1975), 1–53; in paperback, New York: Dell Publishing Co. (1977).

——(1923) 'The role of the school in libidinal development', in *The Writings of Melanie Klein,* vol 1, 59–76.

——(1928) 'Early stages of the Oedipus conflict', in *The Writings of Melanie Klein,* vol. 1, 186–98.

——(1930) 'The importance of symbol formation in the development of the ego', in *The Writings of Melanie Klein,* vol. 1, 219–32.

——(1932) *The Psycho-Analysis of Children,* in *The Writings of Melanie Klein,* vol. 2, London: Hogarth Press, (1975); in paperback, New York, Dell Publishing Co. (1977).

——(1935) 'A contribution to the psychogenesis of manic depressive states', in *The Writings of Melanie Klein,* vol. 1, 262–89.

——(1940) 'Mourning and its relation to manic depressive states', in *The Writings of Melanie Klein,* vol. 1, 344–69.

——(1942) 'Some psychological considerations: a comment', in *The Writings of Melanie Klein,* vol. 3, *Envy and Gratitude and Other Works,* London: Hogarth Press (1975), 320–3, in paperback, New York: Dell Publishing Co. (1977).

——(1946) 'Notes on some schizoid mechanisms', in *The Writings of Melanie Klein,* vol. 3, 1–24.

——(1952a) 'Notes on some schizoid mechanisms', in M.Klein, P.Heimann, S.Isaacs, and J.Riviere *Developments in Psycho-Analysis,* London: Hogarth

Press, (1952) 292–320.

——(1952b) 'The origins of transference' in *The Writings of Melanie Klein,* vol. 3, 48–56.

——(1957) *Envy and Gratitude,* in *The Writings of Melanie Klein,* vol. 3, 176–235.

——(1975) *The Writings of Melanie Klein,* in four volumes, London: Hogarth Press; in paperback, New York: Dell Publishing Co. (1977).

Klein, M., Heimann, P., and Money-Kyrle, R.E. (eds.) (1955) *New Directions in Psycho-Analysis,* London: Tavistock Publications; in paperback, Tavistock Publications (1971).

Klein, S. (1965) 'Notes on a case of ulcerative colitis', *International Journal of Psycho-Analysis,* 46:342–51.

——(1974) 'Transference and defence in manic states', *International Journal of Psycho-Analysis,* 55:261–8.

——(1980) 'Autistic phenomena in neurotic patients', *International Journal of Psycho-Analysis,* 61:395–402.

——(1984) 'Delinquent perversion: problems of assimilation: a clinical study', *International Journal of Psycho-Analysis,* 65:307–14.

Langs, R. (1978) 'Some communicative properties of the bipersonal field', *International Journal of Psychoanalytic Psychotherapy,* 7:87–135.

Malin, A. and Grotstein, J.S. (1966) 'Projective identification in the therapeutic process', *International Journal of Psycho-Analysis,* 47:26–31.

Meissner, W.W. (1980) 'A note on projective identification', *Journal of the American Psycho-Analytic Association,* 28:43–67.

Meltzer, D. (1964) 'The differentiation of somatic delusions from hypochondria', *International Journal of Psycho-Analysis,* 45:246–53.

——(1966) 'The relation of anal masturbation to projective identification', *International Journal of Psycho-Analysis,* 47:335–42.

——(1968) 'Terror, persecution, dread—a dissection of paranoid anxieties',

*International Journal of Psycho-Analysis,* 49:396–400; also in *Sexual States of Mind,* Strathtay, Perthshire: Clunie Press (1973), 99–106.

——(1973) *Sexual States of Mind,* Strathtay, Perthshire: Clunie Press (1973), 90–8 and 143–50.

——(1975) 'Adhesive identification', *Contemporary Psychoanalysis,* 11:289–310.

——(1978) *The Kleinian Development,* Strathtay, Perthshire: Clunie Press.

Meltzer, D., Bremner, J., Hoxter, S., Weddell, D., and Wittenberg, I. (1975) *Explorations in Autism,* Strathtay, Perthshire: Clunie Press.

Mitchell, J. (1986) *The Selected Melanie Klein,* Harmondsworth: Penguin.

Money-Kyrle, R.E. (1956) 'Normal countertransference and some of its deviations', *International Journal of Psycho-Analysis,* 37:360–6; reprinted in *The Collected Papers of Roger Money-Kyrle* (ed. D.Meltzer with the assistance of E.O'Shaughnessy), Strathtay, Perthshire: Clunie Press, 1978, 330–42.

——(1969) 'On the fear of insanity', *The Collected Papers of Roger Money-Kyrle,* 434–41.

Ogden, T. (1979) 'On projective identification', *International Journal of Psycho-Analysis,* 60:357–73.

——(1982) *Projective Identification and Psychotherapeutic Technique,* New York: Jason Aronson.

Ornston, D. (1978) 'Projective identification and maternal impingement', *International Journal of Psychoanalytic Psychotherapy,* 7:508–28.

O'Shaughnessy, E. (1981a) 'A clinical study of a defensive organization', *International Journal of Psycho-Analysis,* 62:359–69.

——(1981b) 'A commemorative essay on W.R.Bion's theory of thinking',*Journal of Child Psychotherapy,* 7:181–92.

Rey, J.H. (1979) 'Schizoid phenomena in the borderline', in J.LeBoit and A.Capponi (ed.) *Advances in the Psychotherapy of the Borderline Patient.* New York: Jason

Aronson, 449–84.

Riesenberg-Malcolm, R. (1981a) 'Expiation as a defence', *International Journal of Psychoanalytic Psychotherapy,* 8:549–70.

——(1981b) 'Melanie Klein: achievements and problems (reflections on Klein's conception of object-relationship)', published in Spanish as 'Melanie Klein: logros y problemos', *Revista Chilena de Psicoanalisis,* 3: 52–63: also published in English in R.Langs (ed.) *The Yearbook of Psychoanalysis and Psychotherapy,* vol. 2, New York: Gardner Press (1986).

Rivière, J. (1936) 'A contribution to the analysis of the negative therapeutic reaction', *International Journal of Psycho-Analysis,* 17:304–20.

Rosenfeld, H. (1947) 'Analysis of a schizophrenic state with depersonalization', *International Journal of Psycho-Analysis,* 28:130–9; also in *Psychotic States,* London: Hogarth Press (1965), 13–33; also published in New York: International Universities Press (1966) and reprinted in paperback, Maresfield Reprints, London: H.Karnac Books (1982).

——(1949) 'Remarks on the relation of male homosexuality to paranoia, paranoid anxiety, and narcissism', *International Journal of Psycho- Analysis,* 30:36–47; also in *Psychotic States,* 34–51.

——(1950) 'Notes on the psychopathology of confusional states in chronic schizophrenias', *International Journal of Psycho-Analysis,* 31:132–7; also in *Psychotic States,* 52–62.

——(1952) 'Notes on the psycho-analysis of the superego conflict of an acute schizophrenic patient', *International Journal of Psycho-Analysis,* 33: 111–31. Also in M.Klein, P.Heimann, and R.E.Money-Kryle (eds.) *New Directions in Psycho-Analysis,* London: Tavistock (1955), 180–219; also in H.Rosenfeld, *Psychotic States,* 63–103.

——(1954) 'Considerations regarding the psycho-analytic approach to acute and chronic schizophrenia', *International Journal of Psycho-Analysis,* 35: 135–40.

Also in *Psychotic States,* 117–27.

——(1963) 'Notes on the psychopathology and psycho-analytic treatment of schizophrenia', *Psychiatric Research Report, no. 17,* American Psychiatric Association; also in *Psychotic States,* 155–68.

——(1964) 'On the psychopathology of narcissism: a clinical approach', *International Journal of Psycho-Analysis,* 45:332–7; also in *Psychotic States* 169–79.

——(1971a) 'Contribution to the psychopathology of psychotic states: the importance of projective identification in the ego structure and object relations of the psychotic patient', in P.Doucet and C.Laurin (eds.), *Problems of Psychosis,* vol. 1, The Hague: *Excerpta Medica,* 115–28.

——(1971b) 'A clinical approach to the psychoanalytical theory of the life and death instincts: an investigation into the aggressive aspects of narcissism', *International Journal of Psycho-Analysis,* 52:169–78.

——(1978a) 'Notes on the psychopathology and psycho-analytic treatment of some borderline patients', *International Journal of Psycho-Analysis,* 59: 215–21.

——(1978b) 'The relationship between psychosomatic symptoms and latent psychotic states', paper given at a scientific meeting of the British Psycho-Analytical Society on 3 May 1978.

——(1986) 'Transference—countertransference distortions and other problems in the analysis of traumatized patients', unpublished talk given to the Kleinian analysts of the British Psycho-Analytical Society, 30 April 1986.

——(1987) *Impasse and Interpretation,* London, Tavistock Publications.

Sandier, J. (1987) 'The concept of projective identification', in J.Sandier (ed.) *Projection, Identification, Projective Identification,* New York: International Universities Press. Paperback, London: H.Karnak Books.

Scott, W.C.M. (1948) 'Notes on the psychopathology of anorexia nervosa', *British Journal of Medical Psychology,* 21:241–7.

Segal, H. (1950) 'Some aspects of the analysis of a schizophrenic', *International Journal of Psycho-Analysis,* 31:268–78; also in *The Work of Hanna Segal* (including a postscript), New York: Jason Aronson (1981), 101–20; reprinted in paperback, London: Free Association Books (1986).

——(1952) 'A psycho-analytical approach to aesthetics', *International Journal of Psycho-Analysis,* 33:196–207; also in *The Work of Hanna Segal,* 185–206.

——(1956) 'Depression in the schizophrenic', *International Journal of Psycho-Analysis,* 37:339–43; also in *The Work of Hanna Segal,* 121–9.

——(1957) 'Notes on symbol formation', *International Journal of Psycho-Analysis,* 38:391–7; also in *The Work of Hanna Segal,* 49–65.

——(1964a) *Introduction to the Work of Melanie Klein,* London: Heinemann; also published New York: Basic Books (1964).

——(1964b) 'Phantasy and other mental processes', *International Journal of Psycho-Analysis,* 45:191–4; also in *The Work of Hanna Segal,* 41–7.

——(1967) 'Melanie Klein's technique', in B.B.Wolman (ed.) *Psycho-analytic Techniques,* New York: Basic Books (1967); also in *The Work of Hanna Segal,* 3–24.

——(1972) 'A delusional system as a defence against the re-emergence of a catastrophic situation', *International Journal of Psycho-Analysis,* 53 393–401.

——(1973) *Introduction to the Work of Melanie Klein,* 2nd edition, London: Hogarth Press.

——(1974) 'Delusion and artistic creativity', *International Review of Psycho-analysis,* 1:135–41; also in *The Work of Hanna Segal,* 207–16.

——(1982) 'Mrs Klein as I knew her', unpublished paper read to the Tavistock Clinic meeting to celebrate the centenary of the birth of Melanie Klein, July 1982.

——(1983) 'Some clinical implications of Melanie Klein's work: emergence from narcissism', *International Journal of Psycho-Analysis,* 64:269–76.

Sohn, L. (1985a) 'Narcissistic organization, projective identification, and the formation of the identificate', *International Journal of Psycho-Analysis,* 66: 201–13.

——(1985b) 'Anorexic and bulimic states of mind in the psycho-analytic treatment of anorexic/bulimic patients and psychotic patients', *Psycho-analytic psychotherapy,* vol. 1, no. 2, 49–56.

——(in press) chapter on 'Treatment' in a book on forensic psychiatry to be edited by J.Gunn and P.Taylor.

Steiner, J. (1982) 'Perverse relationships between parts of the self: a clinical illustration', *International Journal of Psycho-Analysis,* 63:241–51.

——(1987) 'The interplay between pathological organizations and the paranoid-schizoid and depressive positions', *International Journal of Psycho-Analysis,* 68:69–80.

Thorner, H. (1970) 'On compulsive eating', *Journal of Psychosomatic Research,* 14:321–5.

——(1981a) 'Notes on the desire for knowledge', *International Journal of Psycho-Analysis,* 62:73–80.

——(1981b) 'Either/or: a contribution to the problem of symbolization and sublimation', *International Journal of Psycho-Analysis,* 62:455–63.

Williams, A.Hyatt (1960) 'A psycho-analytic approach to the treatment of the murderer', *International Journal of Psycho-Analysis,* 41:532–9.

——(1964) 'The psychopathology and treatment of sexual murderers', in I. Rosen (ed.) *The Pathology and Treatment of Sexual Deviation,* London: Oxford University Press, 351–77.

——(1969) 'Murderousness', in L.Blom Cooper (ed.) *The Hanging Question,* London: Duckworth, 91–9.

——(1978) 'Depression, deviation and acting out in adolescence', *Journal of Adolescence,* 1:309–17.

——(1982) Adolescents, violence and crime, *Journal of Adolescence,* 5:125–34.

Williams, A.Hyatt and Coltart, N. (1975) 'The psychology of sexual development' in S.Jacobson (ed.) *Sexual Problems,* London: Paul Elek, 33–44.